KB122187

# 호텔경영론

## Hotel Management

김용순 지음

백산출판사

# 머리말

호텔산업은 세계관광의 지속적인 성장 속에서 21세기 고부가가치 산업으로 외화획득, 고용 창출을 통한 경제 성장과 삶의 질 향상, 인적 및 문화교류를 통한 세계화 등 다양한 파급효과를 유발하고 있다. 급변하는 환경 속에서 호텔산업은 국제화·다양화가 가속화 되어가고 있으며, 생활수준의 향상, 여가의 증대 및 레저에 대한 수요의 증대로 향후 빠른 속도로 발전해 나갈 것으로 전망되고 있다. 이에 호텔경영은 이전과는 달리 보다 폭넓은 시각으로 이해하여야 하며, 이를 위해서 충실한 기본적 개념과 이론 및 실무적 이해가 절실하게 되었다.

이 책은 저자가 호텔에서 경험한 실무를 중심으로 하여 호텔에 재직 중인 선, 후배님들의 자문과 호텔 관련 교수님들의 저서와 논문 및 호텔의 매뉴얼들을 참고로 하였다. 특히 호텔의 현장감을 살리기 위해 호텔에서 실제 사용하고 있는 다양한 양식, 교육자료 및 사례들을 적절히 배합하였다.

본서의 구성체계는 제1장 호텔의 개요, 제2장 호텔경영의 역사, 제3장 호텔사업의 특성 및 경영형태, 제4장 호텔의 경영조직, 제5장 객실영업, 제6장 하우스키핑, 제7장 호텔·레스토랑의 이해, 제8장 호텔·레스토랑 Mise-en Place, 제9장 메뉴관리, 제10장 커피숍·뷔페 레스토랑·룸서비스, 제11장 음료, 제12장 칵테일, 제13장 연회, 제14장 호텔 인적자원관리, 제15장 호텔 마케팅으로 기술하였다.

호텔경영의 실무에 적용할 수 있는 이론을 체계화하고 실무자뿐만 아니라 호텔리어로서 성장할 후학들에게 호텔에 대한 전반적인 이해의 틀과 기초지식을 함양하는데 조금이라도 기여하고자 노력하였다.. 여전히 부족하고 미진한 부분은 앞으로 계속 수정하고 보완할 것을 약속드리며, 본고가 나오기까지 적극적인 도움을 주신 백산출판사 진욱상 사장님과 임직원 여러분의 노고에 감사를 표합니다.

2011년 여름 연구실에서<br>저 자 드림

Contents

## Chapter 01 호텔의 개요



## Chapter 02 호텔경영의 역사

## Chapter 06 하우스키핑

## Chapter 12 칵테일

## Chapter 15 호텔 마케팅

Chapter

01

# 호텔의 개요

Chapter

# 01 호텔의 개요

## 제1절 호텔의 정의

호텔이란 용어는 라틴어의 'Hospes'에서 유래되었으며 이는 타향인, 나그네, 손님 또는 이들을 접대하는 집이나 장소를 의미한다. 파생어인 Hospital은 순례나 참배자들을 위한 숙소를 의미하는 Hotel과, 관광객의 숙소 또는 환자나 병자를 치료하고 고아나 노인들을 위한 병원을 의미하는 Hospital로 변천되어 사용되고 있다.

### 1. 관광진흥법

관광객의 숙박에 적합한 시설을 갖추어 이를 관광객에게 제공하거나 숙박에 딸리는 음식·운동·오락·휴양·공연 또는 연수에 적합한 시설 등을 함께 갖추어 이를 이용하게 하는 업으로 정의되어 있다.

### 2. 사전적 정의

웹스터 사전에 의하면 "a building or institution providing lodging, meals and service for the public"으로, 옥스퍼드 사전에는 "a building where meals and rooms are provided for travellers"로 정의하고 있다. 대부분 사전적 정의는 여행자들에게 객실과 식사 등을 제공하기 위하여 운영되는 건물이나 시설로 정의되어 있다.

## 제2절 호텔의 기능

호텔업은 객실, 식음료, 부대시설과 같은 물적 서비스와 서비스를 제공하는 인적 서비스 그리고 물적 서비스와 인적 서비스를 결합한 시스템적인 운영서비스를 상품으로 하는 기업이다. 초기에는 객실 중심의 서비스를 제공하는 단순한 기능에서 점차적으로 식음료서비스와 만남의 장소적 기능을 제공하게 되었으며, 현대에 와서는 기존의 숙식제공의 기능뿐만 아니라 상담, 회의 등을 할 수 있는 비즈니스 기능, 휘트니센터 등을 이용할 수 있는 스포츠·레저 기능, 예술 등의 문화적 기능까지를 충족시켜 줄 수 있는 종합적인 활동공간으로 다양해지고 있는 추세이다.

## 제3절 호텔의 분류

### 1. 법에 의한 분류

「관광진흥법」에 있어 관광숙박업은 호텔업과 휴양콘도미니엄업으로 구분하고 다음과 같이 세분하고 있다.

#### 1) 호텔업

##### (1) 관광호텔업

관광객의 숙박에 적합한 시설을 갖추어 이를 관광객에게 이용하게 하고 숙박에 딸린 음식·운동·오락·휴양·공연 또는 연수에 적합한 시설 등을 함께 갖추어 이를 관광객에게 이용하게 하는 업을 말한다. 관광호텔업을 종합관광호텔업과 일반관광호텔업으로 세분하였다가 2003년 6월 이를 통합하였다.

#### (2) 수상관광호텔업

수상에 구조물 또는 선박을 고정하거나 매어 놓고 관광객의 숙박에 적합한 시설을 갖추거나 부대시설을 함께 갖추어 이를 관광객에게 이용하게 하는 업이다. 종전의 해상관광호텔업에서 내수면까지 확대한 수상관광호텔업으로 바뀌었다.

#### (3) 한국전통호텔업

한국전통의 건축물에 관광객의 숙박에 적합한 시설을 갖추거나 부대시설을 함께 갖추어 이를 관광객에게 이용하게 하는 업이다.

#### (4) 가족호텔업

가족단위 관광객의 숙박에 적합하도록 숙박시설 및 취사도구를 갖추어 이를 관광객에게 이용하게 하거나 숙박에 딸린 음식·운동·휴양 또는 연수에 적합한 시설을 함께 갖추어 이를 관광객에게 이용하게 하는 업을 말한다. 종전의 국민호텔업을 포함한 확대된 개념이다.

#### (5) 호스텔업

배낭여행객 등 개별 관광객의 숙박에 적합한 시설로서 샤워장·취사장 등의 편의시설과 외국인 및 내국인 관광객을 위한 문화·정보 교류시설 등을 함께 갖추어 이용하게 하는 업이다.

### 2) 휴양콘도미니엄업

관광객의 숙박과 취사에 적합한 시설을 갖추어 이를 그 시설의 회원·공유자, 그 밖의 관광객에게 제공하거나 숙박에 딸리는 음식·운동·오락·휴양·공연 또는 연수에 적합한 시설 등을 함께 갖추어 이를 관광객에게 이용하게 하는 업을 말한다. 1957년 스페인에서 기존 호텔에 개인의 소유권 개념을 도입하여 개발한 것이 최초이며, 1982년 도입되었다.

## 2. 규모에 의한 분류

호텔의 규모는 대부분 객실의 보유수를 의미하며, Small 호텔은 25실 미만, Average 호텔은 25~100실, Above 호텔은 100~300실, Large 호텔은 300실 이상이다. 관광호텔업과 수

상관광호텔업, 가족호텔업은 객실을 30실 이상 갖추어야 하며, 휴양콘도미니엄업은 50실 이상의 객실을 보유하여야 한다.

## 3. 기간에 의한 분류

투숙기간에 따라 단기 체재객들을 위한 Transient 호텔, 1개월 이상의 장기 체재객들을 대상으로 하여 메이드 서비스가 제공되는 Residential 호텔, 취사시설을 갖추고 있어 아파트라는 인식이 강한 초장기 체재객들을 위한 Apartment 호텔 또는 Permanent 호텔이 있다.

## 4. 입지에 의한 분류

### 1) Metropolitan 호텔

대도시에 위치하며 수천 개의 객실을 갖추고 있는 대규모 호텔을 말한다. 대 연회장과 주차장 등을 갖추고 있으며 동시에 수천 명의 숙박객을 수용할 수 있다.

### 2) City 호텔

도시의 중심지에 위치한 호텔로 보통 도시의 중심가에 위치하고 있어 교통이 편리할 뿐만 아니라 쇼핑 등이 원활하게 이루어지고 다양한 비즈니스 시설을 갖추고 있다.

### 3) Suburban 호텔

한가한 교외에 위치한 호텔을 말한다. 넓은 주차장을 갖추고 있으며, 자동차 관광객들의 증가와 더불어 급격하게 증가하고 있다.

### 4) Country 호텔

산간에 세워지는 마운틴 호텔로 골프, 스키, 등산 등을 즐기기에 편리한 위치에 있다.

### 5) Airport 호텔

공항 내부나 공항과 근접한 지역에 위치하여 항공기를 이용하는 고객과 항공기 승무원을 위한 호텔로 출발하였다.

### 6) Seaport 호텔

공항호텔과 같이 항구와 인접한 지역에 위치하여 관광객이나 승무원들을 위한 호텔을 말한다.

### 7) Terminal 호텔

주로 터미널 주변에 위치한 호텔로 철도나 버스와 같은 교통수단을 이용하는 관광객들을 대상으로 하는 호텔이다.

### 8) Highway 호텔

고속도로 인근에 위치한 호텔을 말한다.

### 9) Beach 호텔

해변에 위치하여 피서객과 휴양객을 위한 숙박시설을 말한다.

### 10) Hot Spring 호텔

온천지역에 위치한 호텔로 치료목적이나 휴양을 위한 관광객을 대상으로 하는 호텔이다.

### 11) Lakeside 호텔

호수 주변에 위치한 호텔로 도시의 공해를 피해 여행하는 관광객들을 대상으로 하고 있다.

## 5. 목적에 의한 분류

### 1) Commerce 호텔

비즈니스의 목적을 가진 관광객들을 대상으로 하는 상용호텔이다. 그 특성상 대부분 도시 중심지나 상업지역에 위치하며, 상용고객이 주 고객층이다.

### 2) Convention 호텔

각종 다양한 회의를 유치하기 위한 호텔로 일반호텔에 비해 다양한 회의실을 갖추고 있다.

### 3) Resort 호텔

휴양지에 위치한 호텔로 해안, 산악, 온천, 피서지, 피한지 등에 위치하고 있으며, 휴식과 심신을 단련할 수 있는 시설을 갖추고 있다.

### 4) Casino 호텔

호텔의 기능이 대부분 카지노를 지원하는 것이다. 즉 호텔 내에 카지노 시설을 갖추고 있는 호텔을 의미한다.

### 5) Apartment 호텔

초장기 투숙객들을 위한 호텔로 취사시설을 갖추고 있어 아파트라는 인식이 강하다.

## 6. 숙박형태에 의한 분류

### 1) Motel

Motorist's Hotel의 약어로, 교통수단의 급속한 발달에 따라 자동차 관광객들이 증가함에 따라 도로변이나 도시외곽의 넓은 공간에 저렴한 객실료로 이용할 수 있는 숙박시설이다.

### 2) Youth Hostel

청소년을 위한 숙박시설로 청소년들의 심신단련과 보건휴양을 장려하기 위해 저렴한 가격으로 제공되는 숙박시설을 말한다. 남녀의 객실을 엄격히 구별되며, 식당은 셀프 서비스가 원칙이다. 회원증제도가 있으며, 우리나라는 1967년 한국유스호스텔 연맹이 발족되었다.

### 3) Yachtel

요트를 이용하는 관광객들을 대상으로 하는 숙박시설로 대부분 요트 계류장을 갖추고 있다.

### 4) Botel

보트를 이용하는 관광객들이 주로 이용하는 숙박시설을 말하며 대부분 보트를 정박시킬 수 있는 시설을 갖추고 있다.

### 5) Flotel

여객선 등의 선상에서 운영되는 호텔로서 일반호텔과 같은 다양한 시설을 갖추고 있다.

## 7. 등급에 의한 분류

호텔은 대부분 규모나 시설, 그리고 서비스 수준 등의 다양한 기준에 따라 등급으로 나눠져 있다. 우리나라 관광호텔의 경우에는 등급은 특 1등급, 특 2등급, 1등급, 2등급, 3등급으로 구분하고 무궁화의 숫자로 등급을 표시하고 있다. 외국의 경우에는 나라마다 One Star, Two Star, Three Star, Four Star, Five Star 또는 다이아몬드, 왕관, 매화 등으로 구분하고 있다. 서비스 제공 수준에 따라 Deluxe, Luxury, Upscale, Midscale With F&B, Midscale Without F&B, Economy, Budget으로 풀서비스를 제공하는 호텔과 제한된 서비스를 제공하는 호텔로 구분하기도 한다.

[그림 1-1] 특 1등급 호텔

[그림 1-2] 특 2등급 호텔

## 참고문헌

1) 안대희 외, 호텔경영의 이해, 대왕사, 2011.
2) 이희천 외, 호텔경영론, 형설출판사, 2010.
3) 유정남, 호텔경영론, 기문사, 1998.
4) 정희천, 최신 관광법규론, 대왕사, 2010.
5) 김영규 외, 현대호텔경영의 이해, 대왕사, 2004.
6) 고승익, 호텔경영론, 형설출판사, 2002.
7) 김재민 외, 신호텔경영론, 대왕사, 1997.
8) 차길수 · 윤세목, 호텔경영학원론, 현학사, 2006.
9) 이정학, 호텔경영의 이해, 기문사, 2007.
10) 주종대, 호텔현관객실실무론, 백산출판사, 2002.
11) Foster, D. L., An Introduction to Hospitality, MG-Hill, 1992.
12) Powers, T., Jo M. P., & Clayton W. B., Introduction to the Hospitality Industry, John Wiley & Sons. Inc., 2005.
13) Lovelock, C. H., Managing Services : Marketing, Operations, and Human Resources, Prentice Hall, 1985.

Chapter

02

# 호텔경영의 역사

Chapter

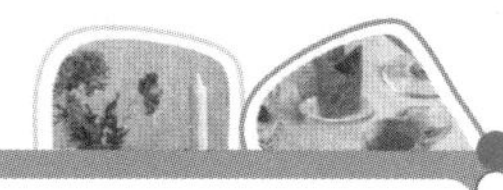

# 02 호텔경영의 역사

## 제1절 외국 숙박시설의 발전

대부분의 연구는 그리스나 로마시대 관광현상의 태동이나 로마패망 이후 산업혁명 이전까지 중세 암흑기의 십자군전쟁과 그랜드 투어를 중심으로 이루어지고, 그 외의 관광현상에 대한 특별한 기록들은 매우 부족한 실정이다.

### 1. 고대 숙박시설

유럽의 경우 관광이 현대적인 형태로 나타나게 된 것은 그리스 시대로, 기원전 776년 이후 올림피아에서 열렸던 올림픽 경기대회에 참여하거나 요양을 목적으로 많은 사람들이 이동을 하였으며, 이로 인한 숙박시설이 있었을 것으로 추정된다. 도시와 도시 사이를 연결하는 교통의 요지에 포장마차 형식의 이동식 숙박시설인 카라반(caravan)이 있었으며, 상용관광객들을 위하여 칸(kans) 또는 카라반서리(caravansary)라는 숙박시설이 있었다.

로마시대에는 관광이 한층 활성화되어 요양, 명승고적 탐방, 관람, 종교, 예술감상, 온천여행, 식도락 등의 목적으로 여행을 하였으며, 각종 신전에 참배하기 위하여 또는 제례에 참여하기 위한 관광이 성행하였다. 상업중심지의 고급 숙박시설인 Hospitum들이 발달하였고, 귀족과 부유층을 위한 소수의 Inn과 허가증을 소지한 관리들이 이용하던 Posthouse가 있었다. 그리고 대중들을 위한 Tavern도 다수 존재하였던 것으로 전해지고 있다.

## 2. 중세 숙박시설

서기 500년 로마가 멸망함에 따라 유럽 각국은 계속적인 지역 간의 분쟁으로 인하여 여행 자체가 불가능하게 되었다. 또한 유럽의 도로나 숙박시설들도 황폐화되었다. 이에 따라 모험여행이나 종교적인 성지순례여행을 비롯하여 매우 제한적인 여행만이 가능하였다. 이러한 관광객들의 숙박시설로 수도원이 대표적인 숙박과 음식을 제공하게 되었다. 수도원이 Xenodocheions라는 시설을 개발하여 관광객들이나 성지순례자들에게 숙박을 시켜 주었다. 1350년경부터 여행과 교역이 다시 증가함에 따라 중산계층의 관광객들이 증가하여 수도원으로는 숙박기능을 충족할 수 없게 되었다. 따라서 새로운 교통인 역마차의 도입에 따라 역 주변에 Coaching Inn이라는 새로운 형태의 시설이 등장하게 되어 숙박의 기능을 하게 되었다.

## 3. 근대 숙박시설

산업혁명은 사회 및 경제에 중대한 영향을 끼쳐 근대사회 형성에 큰 영향을 미쳤다. 도로 포장법의 개발로 도로가 개량되었고, 철도의 건설로 점차 많은 사람들이 역마차에서 열차로 이동하는 교통수단의 혁명이 일어났다. 유럽의 귀족들은 유럽지역을 장기간 여행하였고 숙박시설도 역마차 중심의 Coaching Inn에서 열차를 중심으로 한 English Inn으로 발전하게 되었다. 미국도 영국의 영향으로 Inn을 도입하여 관광객들을 위한 숙박과 지역주민들의 공공장소로 이용하게 되었다.

## 4. 근대 호텔의 출현

영국에서는 17세기 Feathers Hotel이 생겨난 후 호텔이라는 용어가 소개되기 시작하였고, 1774년 런던에 First Family Hotel이 개관되었다. 세계 최초의 호텔에 대한 견해는 다양하다. 1760년대 초반 프랑스의 Hotel Garni, 1794년 미국의 City Hotel이, 근대 호텔의 개념으로는 독일 바덴바덴의 Badische Hof, 근대 호텔산업의 원조라 불리는 미국 보스턴의 Tremont House가 1829년 건립되었다.

## 5. 호화 호텔의 시대

유럽에서는 왕족과 귀족들을 대상으로 하는 특권계급 계층을 위한 전용 사교장으로서의 호화호텔이 생겨나기 시작하였다. 이 시대의 대표적인 호텔로는 1850년 파리에 건립된 Le Grand Hotel로서 호화호텔의 대명사가 되었으며, 1898년 파리에 Ritz Hotel을 개업하여 대성공을 이룩하였다. 영국에서는 세자르 리츠가 1889년 Savoy Hotel, 1899년 런던에 The Calton이 개업하여 호텔경영사상 최초의 체인화를 실시하였다. 미국에서는 1870년 시카고의 Palmer House, 1897년 Waldorf-Astoria 등을 개업하였다.

## 6. 상용 호텔의 시대

20세기 접어들면서 미국의 스타틀러는 과학적이고 합리적인 경영방식을 도입하여 1908년 버팔로에 300개의 객실과 욕실을 가진 스타틀러 호텔을 개업하여 상용호텔의 시초가 되었다. 스타틀러는 'A room and a bath for a dollar and a half' 라는 슬로건으로 호텔의 대중화에 기여하였다. 1928년 시카고에 3,000실의 Stevens Hotel이 개관하였으며, 상용 여행의 증가로 인하여 호텔의 황금시대가 열려 평균 객실 점유율이 80%를 상회하였다. 그러나 1929년 말부터 시작된 경제 대공황으로 인하여 대부분의 호텔들은 문을 닫아야 했다. 그 후 제2차 세계대전으로 군인들과 그 가족들과 민간인들의 호텔수요가 급격히 증가하여 평균 객실 점유율이 90%를 기록하게 되었다.

## 7. 현대 호텔의 발전

1929년 말부터 제2차 세계대전 전까지 경제 대공황으로 인하여 대부분의 호텔들이 문을 닫아야만 했다. 1940년 이후 차츰 회복되기 시작하였다. 제2차 세계대전 이후 열차의 이용이 줄어들고 자동차 보급이 급속히 늘어나 전국적인 고속도로망이 정비되었으며, 자동차를 이용하여 여행을 다니게 되었다. 또한 상용여객기의 개발로 인하여 본격적인 비행기 여행의 시대가 시작되어 지구촌 시대를 맞이하게 되었다. 미국의 상용여행과 관광여행 수요의 창출의 원인은 미국의 경제호황으로 인한 것이다. 자동차시대로 인하여 모텔(motel)의 발전을 가져왔으며, Kemmons Wilson은 1952년 최초의 모텔인 Holiday Inn을 설립하였다. 또한 Hilton, Sheraton과 같은 체인호텔들이 본격적으로 성장하는 계기가 되어 현대 체인경영의 이론적 기초와 경영합리화의 모델을 제공하였다.

## 제2절 우리나라 숙박시설의 발전

### 1. 삼국시대~조선시대

삼국시대에는 일부 특권층에 의한 여행이 있었는데, 임금, 관료 및 승려나 학생으로 외교 · 학문탐구 · 수양 등을 위하여 국내 명승지나 해외로 여행할 수 있었으며, 대부분 중국, 인도, 페르시아가 많았다. 숙박시설에 관한 최초의 기록은 삼국사기에 나타난 신라시대의 역관이며, 통일신라시대에는 신라방이 신라인들의 숙소로 이용되었다. 고려시대에는 역참제가 발달하여 역마를 두고 교통과 숙박의 편리를 제공하였으며, 조선시대에는 객상을 숙박시켰던 객주와 여상을 숙박시켰던 여각, 그리고 시골의 길거리에서 술과 음식을 팔고 나그네가 쉬어가던 대중적인 숙박시설이었던 주막이 있었다.

### 2. 호텔의 등장

19세기 말 서구문물을 접하면서 전통적인 숙박시설들이 변화하기 시작하였다. 우리나라 최초의 호텔은 1888년 인천 서린동에 세워진 대불호텔이다. 대불호텔은 객실 11실의 3층 건물로 제물포를 이용하는 사람들이 주로 이용하였다. 1902년에는 서울 정동에 손탁호텔이 건립되어 2층에는 귀빈용 객실을, 1층에는 객실, 식당 및 연회장을 모두 갖추게 되었다.

이후 철도가 등장하면서 철도역을 중심으로 새로운 호텔들이 발전하였다. 1912년 부산 철도호텔이 최초로 건립되었고, 같은 해에 신의주 철도호텔, 1914년 조선호텔, 1925년 평양 철도호텔이 순차적으로 건립되었다. 이 시기에 철도역 외에도 상업중심지와 휴양지에도 금강산호텔, 장안사호텔, 경성호텔, 동래호텔, 목포호텔 등이 개관되었다.

### 3. 근대 호텔의 발전

1936년 일본인이 미국 스타틀러호텔의 경영방식을 도입하여 반도호텔을 개관하였다. 이 호텔은 당시 최대 규모인 객실 111개로 주로 일본인과 외국인들이 이 호텔을 이용하였다. 이 호텔은 호텔산업의 전환기를 가져왔으며, 대중적인 상용호텔을 표방하였다.

## 4. 현대 호텔의 등장

1948년 대한민국정부가 수립되면서 1949년부터 교통부 육운국이 정부 직영호텔을 직접 운영하고 관리하였다. 1952년 불국사 관광호텔과 해운대 관광호텔, 1954년 반도호텔 등이 운영되었으며, 1960년대 이후부터 호텔이 본격적으로 발전하기 시작한다. 1963년 개관한 워커힐호텔은 현대적인 시설을 갖춘 호텔로 당시 최대 규모인 254개의 객실을 보유하였다. 1970년 국제관광공사와 미국의 아메리카 에어라인이 합작 투자한 조선호텔이 개관하였고, 1978년 남산에 하얏트호텔, 신라호텔, 1979년 롯데호텔, 1983년 힐튼호텔, 그리고 아시안게임과 올림픽을 계기로 스위스 그랜드호텔, 인터콘티넨탈호텔, 라마다호텔, 롯데월드호텔 등이 개관하였다. 1990년대에는 제주신라호텔, 경주힐튼호텔, 경주현대호텔, 서울의 리츠칼튼호텔 등이, 2000년대에는 제주 롯데호텔, JW메리어트호텔, 파크하얏트서울, 인천하얏트리젠시 등이 개관하였다.

## 참고문헌

1) 안대희 외, 호텔경영의 이해, 대왕사, 2011.
2) 이희천 외, 호텔경영론, 형설출판사, 2010.
3) 유정남, 호텔경영론, 기문사, 1998.
4) 정희천, 최신 관광법규론, 대왕사, 2010.
5) 김영규 외, 현대호텔경영의 이해, 대왕사, 2004.
6) 고승익, 호텔경영론, 형설출판사, 2002.
7) 김재민 외, 신호텔경영론, 대왕사, 1997.
8) 차길수 · 윤세목, 호텔경영학원론, 현학사, 2006.
9) 이정학, 호텔경영의 이해, 기문사, 2007.
10) 주종대, 호텔현관객실실무론, 백산출판사, 2002.
11) Foster, D. L., An Introduction to Hospitality, MG-Hill, 1992.
12) Powers, T., Jo M. P., & Clayton W. B., Introduction to the Hospitality Industry, John Wiley & Sons. Inc., 2005.
13) Lovelock, C. H., Managing Services : Marketing, Operations, and Human Resources, Prentice Hall, 1985.

Chapter

03

# 호텔사업의 특성 및 경영형태

제1절 호텔사업의 특성

제2절 호텔사업의 경영형태

Chapter

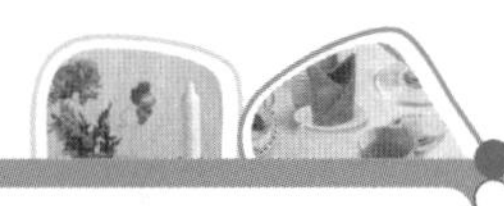

# 3 호텔사업의 특성 및 경영형태

## 제1절 호텔사업의 특성

### 1. 고정자산에 대한 의존성

일반 기업은 대부분 상품과 현금 같은 유동자산으로 구성되지만, 호텔업은 건물, 시설 등 고정자산의 시설투자가 총자본에 비하여 매우 높은 산업이다. 일반적으로 70~80% 이상이 되며, 초기투자 비용이 과다한 특성을 가지고 있다.

### 2. 인적서비스에 대한 의존성

호텔의 서비스는 인간 대 인간의 상행위로서 기계화나 자동화의 한계로 인하여 인적서비스에 대한 의존성이 높은 산업이다. 많은 인적자원으로 인하여 총경비 중에서 인건비의 비율이 40%에 이르기도 한다.

### 3. 시설의 조기 노후화

호텔은 불특정 다수가 연중무휴로 이용하기 때문에 노후화가 빠르며, 항상 국제적인 수준을 유지해야 하므로 진부화가 빨라 시설의 노후화 현상이 빠르다. 일반적으로 호텔 건물의 내구 연한은 일반 건물에 비하여 짧다.

## 4. 호텔상품의 특수성

호텔상품은 일반 제조업의 상품과는 달리 호텔에 직접 와서 구매해야 하므로, 생산과 소비의 동시성을 가지고 있다. 뿐만 아니라 생산할 수 있는 객실과 식음료는 어느 정도 한정되어 있어 탄력성이 낮아 재고가 불가능하다. 즉 장소적 · 양적 · 시간적 제약을 지니고 있다.

## 5. 계절성 상품

호텔업은 계절적인 이유로 성수기와 비수기가 존재하고, 주말과 주중의 차가 심하여 계절에 따라, 특정일에 따라 편중현상이 나타나 경영상의 어려운 과제로 남는다.

## 6. 연중무휴의 영업

호텔은 하루 24시간, 연중무휴로 365일 하루도 쉬지 않고 서비스가 제공된다.

# 제2절 호텔사업의 경영형태

## 1. 독립경영호텔(Independent Hotel)

독립경영호텔(independent hotel)은 호텔의 소유주가 개인 단독으로 소유와 경영을 하는 호텔을 의미한다. 대부분의 호텔들이 가족 소유의 중소규모의 기업형태를 갖추고 있다. 독자적으로 경영을 함으로 인하여 자주성이 보장되고 의사결정이 빠르며, 소비자의 욕구에 신축적으로 대응할 수 있고, 따라서 소규모시장이나 틈새시장을 공략하는 데 관심을 가진다. 그러나 자본조달에 어려움이 있고, 개인능력의 한계로 경영에 한계가 주어지며, 우수한 인력을 확보하기가 어렵다.

## 2. 체인호텔(Chain Hotel)

본사와 가맹호텔이 계약을 통하여 경영하는 호텔로 최소한 두 개 이상의 호텔들이 하나의 그룹으로 형성되어 호텔을 운영하는 것이다. 체인호텔은 본사가 자기자본으로 호텔을 구매하여 직접 경영하는 체인직영호텔과 타인자본과 결합한 프랜차이징호텔과 위탁경영호텔이 있다. 독립경영호텔과는 달리 다양한 마케팅활동을 할 수 있으며, 규모의 경제를 누릴 수 있고 외부로부터 자본조달이 유리하며, 우수인력 확보에 유리하다. 그러나 독립적인 독창성이나 고유성이 없고 표준화된 시설 등으로 인하여 소비자의 다양한 욕구를 즉시에 반영하기 어려우며 의사결정이 복잡하여 경영에 대한 제약이 있다.

### 1) 프랜차이즈호텔(Franchise Hotel)

프랜차이즈호텔은 본사와 가맹호텔 간에 계약을 맺어 본사는 호텔운영지원, 마케팅지원, 기술 등을 지원하고 가맹호텔은 프랜차이즈 최초 가입비, 로열티, 객실예약 수수료, 마케팅 비용 등을 지불하는 형태이다. 본사는 Franchisor, 가맹호텔은 Franchisee가 된다. 장점으로는 호텔사업 진출이 용이하여 체인화 기법 가운데 가장 빠른 성장수단이며, 브랜드의 인지도 상승으로 초기 신뢰성 확보, 본사의 다양한 분야의 지원, 공동광고효과, 브랜드 사용으로 인한 신용의 증가로 자본조달이 용이, 대규모의 구매로 인한 원가절감 효과를 누릴 수 있다. 단점으로는 경영권이 소유주에 있기 때문에 서비스 품질을 관리하기에 어려움이 있으며, 잘못된 선정시 과다한 로열티 발생, 본사의 통제로 인한 독자성 제한, 계약 종료 후의 이미지 저하, 표준화에 따른 지나친 투자로 인한 수익성 악화 등이 있다.

### 2) 위탁경영호텔(Management Contract Hotel)

경영과 소유권이 분리된 형태의 경영방식으로 경영계약에 의해서 호텔경영회사가 호텔 소유주를 대신하여 경영하고 감독하며 운영하는 것으로, 경영회사는 대부분 자본을 투자하지 않는다. 경영회사는 호텔의 전반적인 운영, 종사원의 선발, 승진, 해고 등 관리, 경리부서의 관리, 호텔물품 구매와 시설관리에 대한 전문화된 경영기법을 제공하며, 개관 전 예산작성, 구매 및 설치, 광고 등의 서비스가 제공되고, 호텔설비와 타당성조사, 자본조달 등에 대한 노하우를 제공한다. 소유주는 호텔경영에 필요한 모든 자본을 부담하며, 경영에 대한 간섭을 할 수가 없다. 또한 경영회사는 경영계약에 따라 경영계약 비용을 받는다. 경영계약 비용에는 영업이익기준, 총매출액기준, 혼합방식이 있다. 장점으로는 호텔경영회사는 큰 위험 부담 없이 신속히 성장할 수 있으며, 직접적인 경영으로 인하여 엄격한 서비스품질을 유지할 수 있고, 소유주는 선진호텔 경영기법을 획득할 수 있으며, 브랜드 사용으로 인하여 인지도가 향상되고 호텔사업의 성공가능성이 높아진다. 단점으로는 호텔경영회사는 성공에 따른 보상이 다소 결여되어 있으며, 자본에 대한 소유주의 의존도가 매우 높아 위험성이 내포되어 있고 소유주의 일방적인 계약해지의 경우에 호텔경영회사의 이미지가 실추될 수 있다. 소유주의 입장에선 경영의 전권이 상실되고 손실에 대한 부담이 매우 크다.

## 3. 임차경영호텔(Leased Hotel)

호텔경영전문회사가 기존의 호텔을 임차하여 운영하는 방식으로 임차계약에 의해 일정한 임차료를 지불하는 방법과 최소임차료와 영업실적 대비 일정비율을 지불하는 방식이 있다.

## 4. 리퍼럴그룹호텔(Referral Group Hotel)

체인호텔들이 성장함에 따라 독립경영호텔들은 경쟁력이 크게 약화되어 이들이 강력한 체인호텔에 대항하기 위하여 만든 상호 연합의 형태이다. 각자의 호텔들은 독립적인 경영권을 유지하면서 체인호텔들이 가지는 이점을 살리기 위해 리퍼럴 조직을 통해서 마케팅활동, 중앙예약시스템, 대량구매에 따른 원가절감의 이용할 수 있게 되었다.

## 5. 제휴호텔(Affiliation Hotel)

독립경영호텔들이 경영권의 독립성을 유지하면서 호텔경영에 대한 기술과 업무만을 제휴하는 형태이다.

## 참고문헌

1) 안대희 외, 호텔경영의 이해, 대왕사, 2011.
2) 이희천 외, 호텔경영론, 형설출판사, 2010.
3) 유정남, 호텔경영론, 기문사, 1998.
4) 정희천, 최신관광법규론, 대왕사, 2010.
5) 김영규 외, 현대호텔경영의 이해, 대왕사, 2004.
6) 고승익, 호텔경영론, 형설출판사, 2002.
7) 김재민 외, 신호텔경영론, 대왕사, 1997.
8) 차길수 · 윤세목, 호텔경영학원론, 현학사, 2006.
9) 이정학, 호텔경영의 이해, 기문사, 2007.
10) 주종대, 호텔현관객실실무론, 백산출판사, 2002.
11) Lattin, G. W., James E. L., & Thomas, W. L., The Lodging and Food Service Industry, The Educational Institute of the American Hotel & Motel Association, 1998.
12) Lovelock, C. H., Managing Services: Marketing, Operations, and Human Resources, Prentice Hall, 1985.
13) Eyster, J. J., The Negotiation and Administration of Hotel Management Contracts, Cornell University Press, 1977.
14) Khan, M. A., Restaurant Franchising, John Wiley & Sons. Inc, 1999.
15) Angelo, R. M., & Andrew N. V., And Introduction to Hospitality Today, The Educational Institute of the American Hotel & Motel Association, 1994.
16) Lewis, R. C., Chambers, R. E., & Chacko, H. E., Leadership in Hospitality Foundation and Practices, Van Nostrand Reinhold, 2010.
17) Lundberg, D. E., The Hotel and Restaurant Business, Van Nostrand Reinhold, 1989.
18) Burkart, A. J., & Medlik, S., Tourism: Past, Present and Future, Heinemann, 1981.

Chapter

04

# 호텔의 경영조직

Chapter

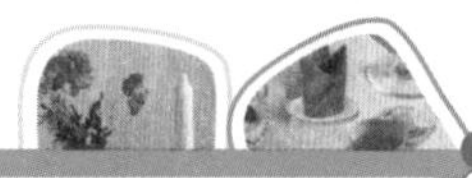

# 4 호텔의 경영조직

호텔은 대부분 영업부서(front of the house)와 지원부서(back of the house)로 구분하여 기업을 운영하고 있다. 호텔의 영업부서는 객실부문, 식음료부문 등으로 고객과 접촉하여 서비스를 제공하고, 인사·총무, 경리, 광고, 판매촉진 등의 부서는 고객과 접촉이 적은 부문으로 대부분의 관리부서를 의미한다.

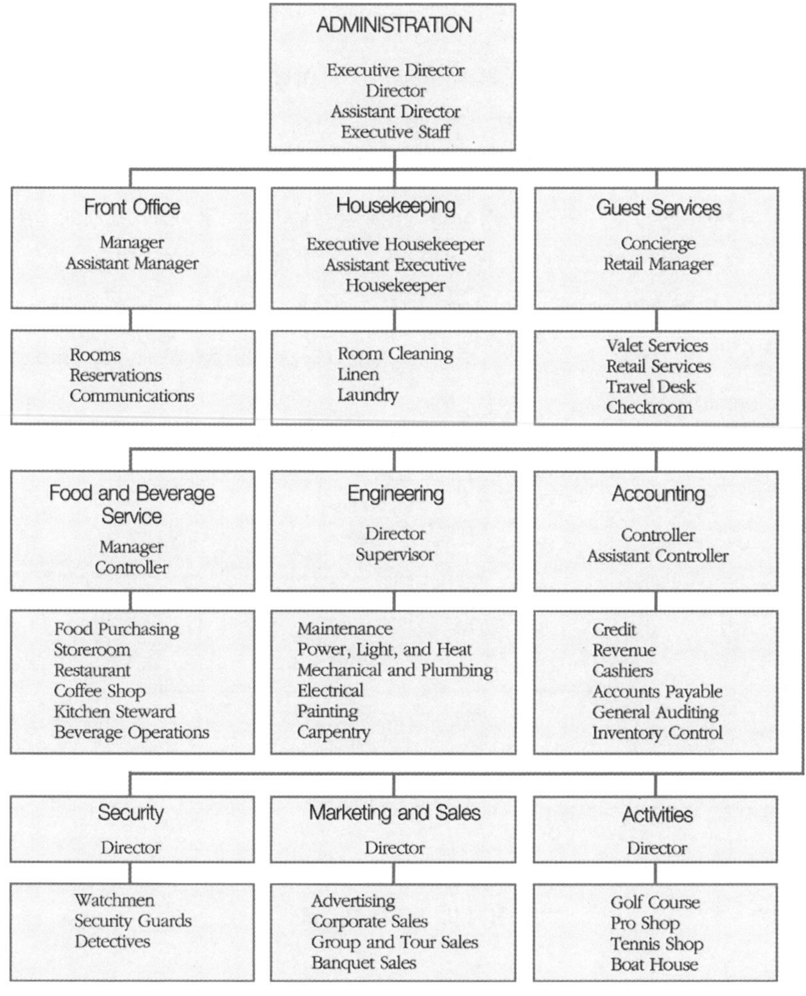


[그림 4-1] 호텔조직도[20)]

# 제1절 객실부문 조직

객실부문의 조직은 객실영업(front office), 유니폼 서비스(uniform service) 및 객실관리(house keeping)로 분류할 수 있다. 객실부문은 식음료부문과 함께 호텔업의 다양한 서비스 상품들을 직접 생산하고 판매하는 핵심생산부서의 하나이다. 특히 객실부문은 타 부문에 비해서 월등히 높은 수익구조를 가지고 있다.

## 1. 객실영업

프런트 오피스(front office)는 대부분 호텔의 로비에 위치해 있으므로 고객들에게 잘 보이며, 기능적인 면에서 고객과 부단한 접촉이 일어나므로 업무에 어려움이 있다. 프런트 오피스는 고객 활동의 심장이며 호텔의 꽃이다. 프런트 오피스를 통하여 모든 부서와 원활한 커뮤니케이션이 가능하며, 기능과 조직 면에서 타 부서와 조정과 협동의 고차원적 팀워크를 요구하는 최고기술의 응결점이다. 이곳에서 고객의 최초, 최후의 순간까지 고객과 계속적인 접촉을 하게 된다. 따라서 프런트 오피스는 대 고객창구로 이용된다. 고객의 접촉빈도가 가장 높은 부서로서 Room Clerk, Front Cashier, Information Clerk, Telephone Operator 등으로 구성되어 있다.

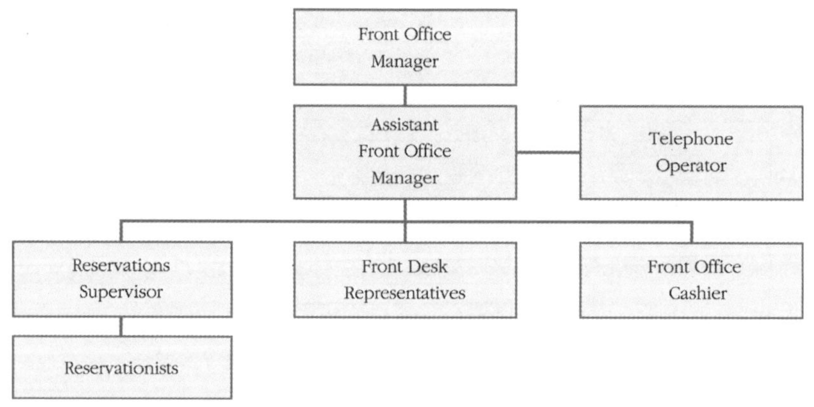


[그림 4-2] 프런트 데스크[20]

## 2. 유니폼 서비스

유니폼 서비스란 Guest Service라고도 칭하는데, 이는 도어맨, 벨맨, 페이지보이, 로비 하우스맨, 엘리베이터 오퍼레이터와 벨 캡틴이 유니폼을 착용하는데서 유래되었다. 그들의 주요업무는 고객의 등록을 위해 프런트 오피스로 안내하고, 고객을 객실로 안내하며, 호텔의 시설과 서비스의 안내 등이다. 즉 고객의 Check-in과 Check-out에 대한 전반적인 제반 서비스를 담당하고 있다.

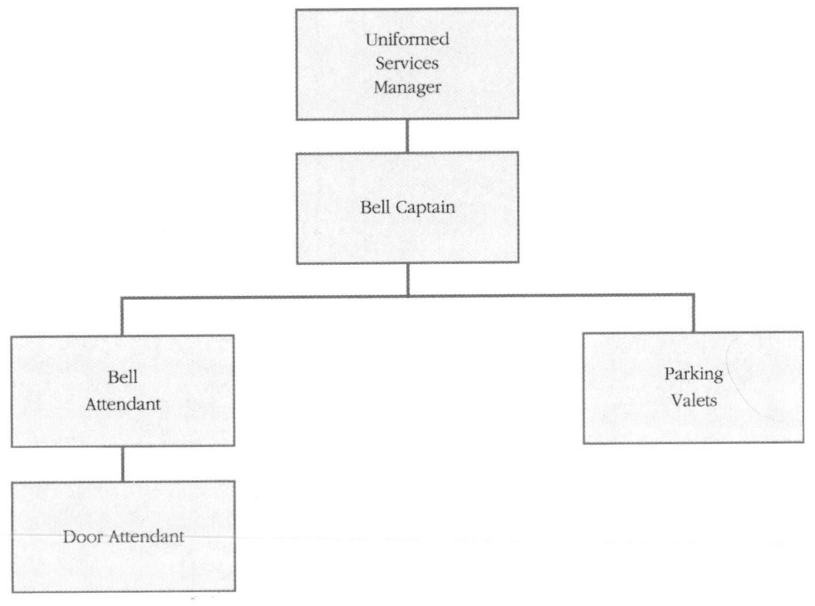


[그림 4-3] 유니폼 서비스[20)]

## 3. 객실관리

호텔에서 객실이라는 상품을 관리하는 가장 중요한 업무를 담당하는 부서가 하우스키핑이다. 하우스키핑은 호텔서비스 또는 제품을 재생한다는 부문이기 때문에 수익의 극대화와 이미지 창출을 위해 긴밀한 커뮤니케이션이 필요하며, Room Clerk, Front Cashier, Housekeeping을 호텔 커뮤니케이션의 주요 세 가지 요소라고 한다. 린넨, 유니폼, 객실용 소모품, 비품, 가구, 카펫, 침대, 침구, 분실물 취급, 공공장소 관리, 고객용 세탁물에 걸쳐 다양한 업무를 수행하며 대고객에게 청결, 정돈, 청소를 통해, 안락한 분위기 조성과 효과적인 인적서비스를 제공하는 것이 그 주요한 기능이다. 고객들에게 안락하고 쾌적한 분위기로 마치 자기 집처럼 아늑하게 느껴지는 서비스의 제공은 매우 중요한 것이다. 하우스키퍼는 호텔의 눈과 귀다.

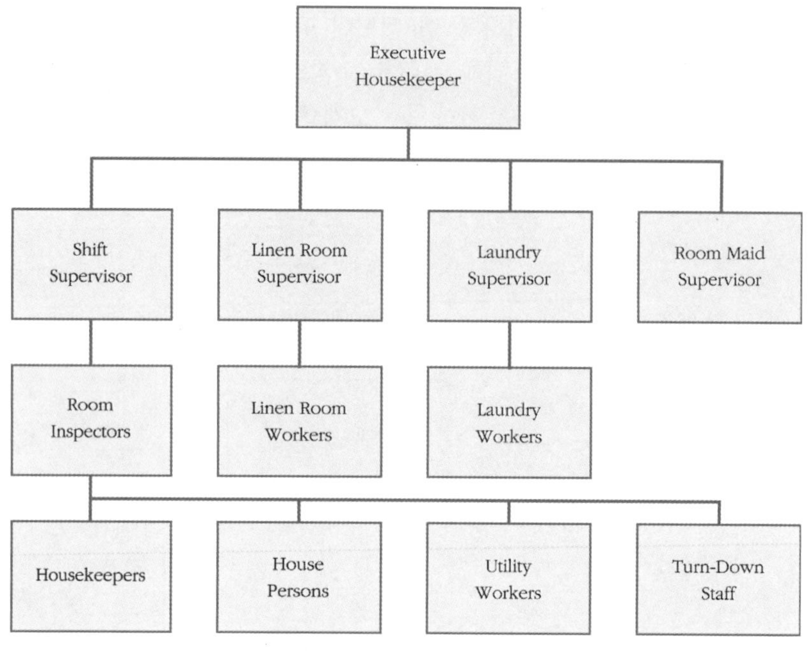


[그림 4-4] 하우스키핑[18)]

## 제2절 식음료부문 조직

### 1. 식음료부문

호텔의 식음료부문은 음식과 음료를 가장 효율적으로 조리하고 가장 유효하게 종사원이 서비스 할 수 있는 조직이 되어야 한다. 식음료부문은 케이터링(catering) 부서라고도 하며, 식료(food)와 음료(beverage), 그리고 서비스로 구성되어 있다. 호텔의 식음료는 전체 수입부분에서 객실 못지않게 중요한 비중을 차지하고 있다. 다양한 전문요리 레스토랑과 커피숍, 룸서비스, 칵테일라운지, 그리고 연회부서, 조리부서로 구성되어 있다.

## 2. 조리부문

조리부서는 더운 요리를 제공하는 Hot Kitchen, 과일과 야채 및 육류와 같은 식재료를 활용하여 찬 음식을 만드는 Cold Kitchen, 각종 어패류와 육류 및 가금류를 형태별로 반가공 생산하는 Butcher Kitchen, 과자와 빵을 만드는 Pastry & Bakery, 커피와 간단한 식사를 제공하는 Coffee Shop Kitchen, 업장별 주방인 Section Kitchen으로 구분할 수 있다.

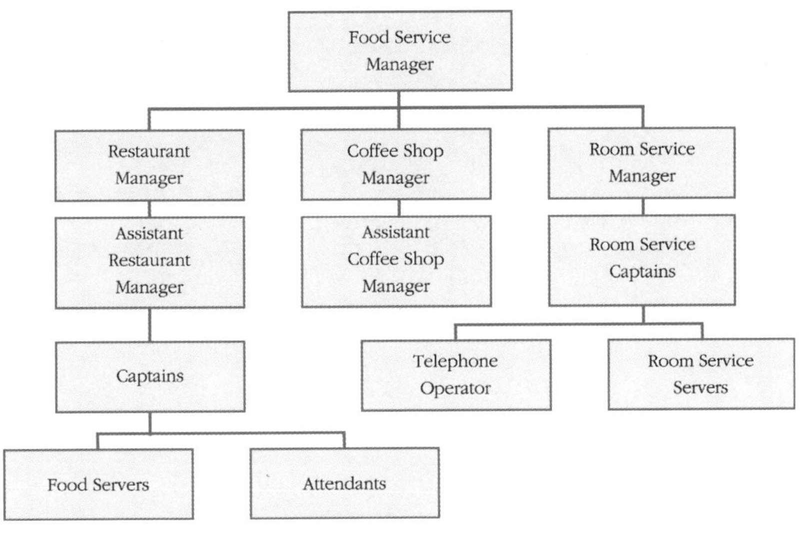


[그림 4-5] 식료부문[20)]

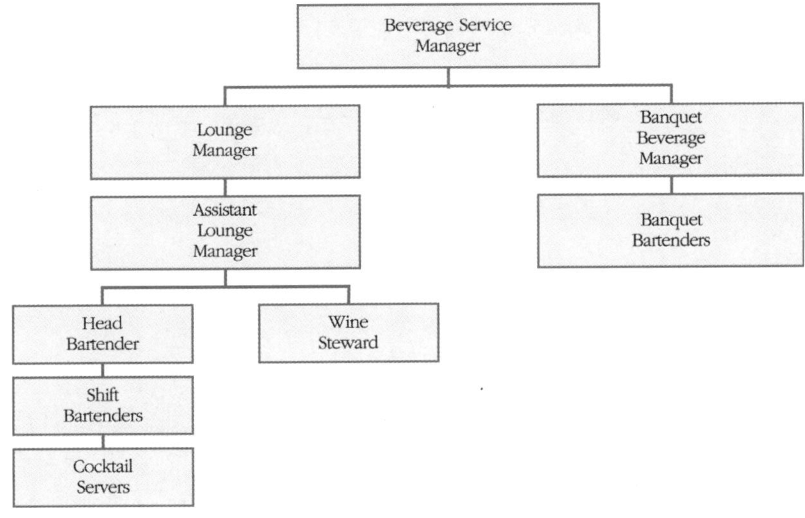


[그림 4-6] 음료부문[20)]

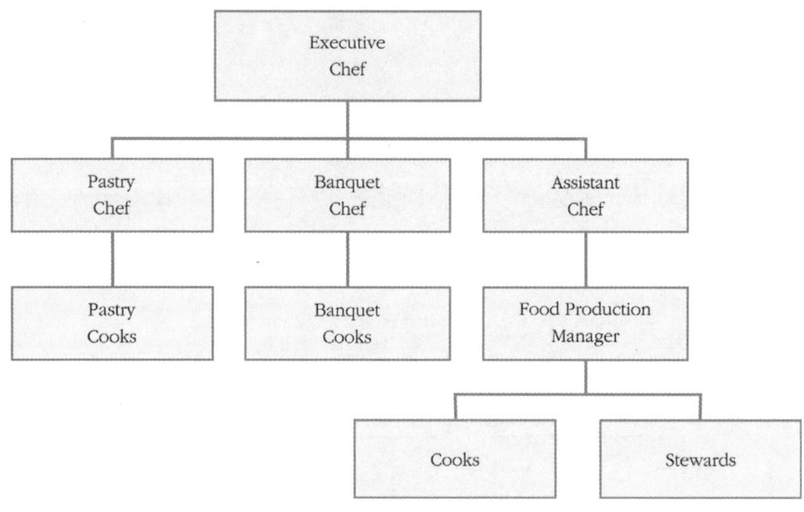


[그림 4-7] 조리부문[20)]

## 제3절 관리부문 조직

호텔의 관리부문은 호텔 최고경영자가 가장 합리적인 의사결정을 내릴 수 있도록 다양한 경영정보나 자료를 제공하는 참모적 역할을 할 뿐만 아니라 일선 영업부서의 지원부서로서의 역할을 하고 있다. 호텔관리부문은 인사 · 총무부, 경리부, 구매부, 기술부, 마케팅부로 크게 나눌 수 있다.

### 1. 인사·총무부

호텔의 인사계획을 수립하고 인력을 채용하며, 적재적소에 배치하고 주기적인 평가로 인사고과표를 작성하여 업무수행능력에 따른 상 · 벌 등의 업무를 담당하며 종사원의 교육훈련을 실시한다. 또한 관공서 업무, 일반행정 공문의 기안업무, 종사원의 복지 · 후생업무, 고객의 생명과 재산을 보호하는 경비업무관리 등 호텔의 총괄적인 업무를 수행한다.

## 2. 경리부

호텔의 각 영업장의 수납업무와 현금출납 및 영업회계처리, 종사원의 급여, 보험담당, 여신관리, 세무회계, 장부의 기장, 재무제표의 작성과 결산업무 등을 처리한다.

## 3. 구매부

호텔에서 구매할 물품에 대한 정보를 정기적으로 확보하여 질 좋은 물품의 공급에 노력해야 한다. 적정재고를 확보하기 위하여 적정량을 적시에 제공받아 일정한 재고수준을 유지하여야 한다. 구매계획을 수립하고, 구입된 물품의 수량, 품질 등을 검수하고 구입된 물품을 창고에 보관하고 출고하는 업무를 담당한다.

## 4. 기술부

호텔의 변전실 · 전기배선 · 조명시설 등의 전기시설, 보일러 원동기 · 연료저장탱크 · 배관시설 등의 냉 · 난방시설, 상 · 하수도, 목공 · 도장 · 미장 · 도배 등의 영선, 자동화재경보기 · 전기누전탐지기 · 소화기 등의 방화관리 등 모든 호텔시설의 보수, 유지, 수선의 업무를 담당하며, 에너지 관리 업무를 한다.

## 5. 마케팅부

국내 일반고객, 여행사, 항공사, 일반기업, 협회, 단체 등을 대상으로 하는 국내 마케팅과 외국의 지사나 외국호텔, 외국여행사, 외국기업, 협회, 단체들을 대상으로 하는 국외 마케팅 활동이 주를 이루고 있다. 호텔의 객실과 식음료 등에 대한 판매를 촉진시키고 홍보를 담당한다. 대부분 객실판촉과 연회판촉, 그리고 홍보팀으로 구성되어 있다.

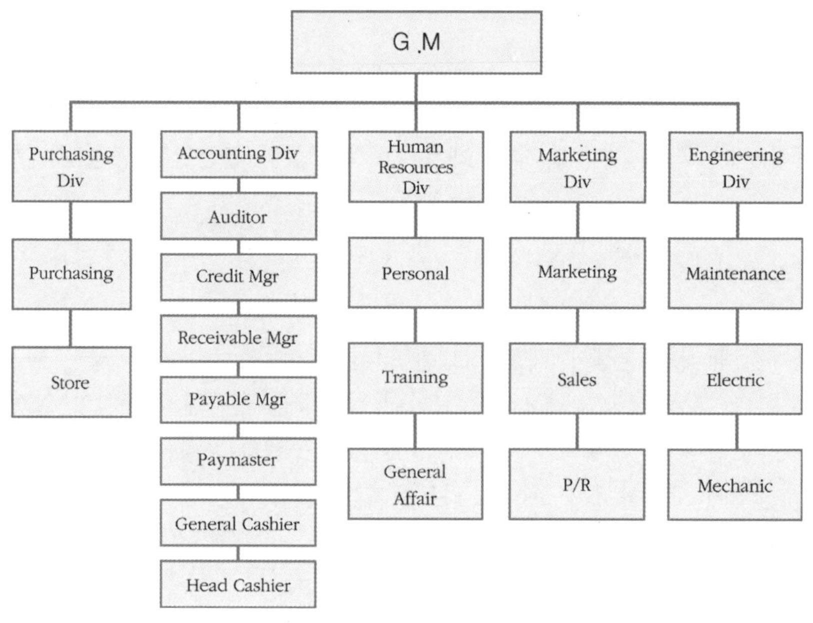


[그림 4-8] 관리부문

## 제4절 호텔종사원의 자격

관할 등록기관 등의 장은 관광숙박업에 대하여는 관광종사원의 자격을 가진 자가 종사할 수 있도록 당해관광사업자에게 권고할 수 있다. 문화체육관광부장관은 호텔경영사와 호텔관리사의 자격시험, 등록 및 자격증 발급은 한국관광공사에, 호텔서비스사의 자격시험, 등록 및 자격증의 발급은 한국관광협회중앙회에 위탁하였다.

### 1. 시험실시

시험은 매년 1회 이상 시행하는데, 시험시행일 60일 전에 일간신문에 공고한다.

## 2. 응시자격

### 1) 호텔서비스사

별도의 응시자격을 규정하지 않고 있으며, 연령·학력·경력의 제한 없이 누구나 응시할 수 있다.

### 2) 호텔관리사

① 호텔서비스사 또는 조리사 자격을 취득한 후 관광숙박업소에 3년 이상 종사한 자
② 전문대학의 관광분야의 학과를 졸업한 자 또는 졸업예정자 및 관광분야의 과목을 이수하여 이와 동등한 학력이 있다고 인정되는 자
③ 대학을 졸업한 자(졸업예정자 포함) 또는 이와 동등 이상의 학력이 있다고 인정되는 자
④ 고등기술학교의 관광분야를 전공하는 과의 2년제 과정 이상을 이수하고 졸업한 자 또는 졸업예정자

### 3) 호텔경영사

① 호텔관리사 자격을 취득한 후 관광호텔에 3년 이상 종사한 경력이 있는 자
② 특2등급 이상의 호텔에서 상근 임원으로 3년 이상 종사한 경력이 있는 자

## 3. 시험과목

필기시험의 합격기준은 매 과목 4할 이상, 전 과목의 점수가 배점비율로 6할 이상이어야 한다. 시험의 면제기준에 따라 시험의 전부 또는 일부를 면제받을 수 있다. 외국어시험은 호텔경영사와 호텔관리사는 영어, 호텔서비스사는 영어·일어·중국어 중 1과목을 응시하여야 하며, 다른 외국어 시험기관에서 실시하는 시험으로 대체한다.

### 1) 호텔서비스사

① 관광법규(30%)
② 호텔실무(현관·객실·식당 중심, 70%)

### 2) 호텔관리사

① 관광법규(30%)
② 관광학개론(30%)
③ 호텔관리론(40%)

### 3) 호텔경영사

① 관광법규(10%)
② 호텔회계론(30%)
③ 호텔인사 및 조직관리론(30%)
④ 호텔마케팅론(30%)

## 4. 면접시험

면접시험은 면접시험 총점의 6할 이상이어야 한다.
① 국가관 · 사명감 등 정신자세
② 전문지식과 응용능력
③ 예의 · 품행 및 성실성
④ 의사발표의 정확성과 논리성

## 참고문헌


1) 안대희 외, 호텔경영의 이해, 대왕사, 2011.
2) 이희천 외, 호텔경영론, 형설출판사, 2010.
3) 유정남, 호텔경영론, 기문사, 1998.
4) 정희천, 최신관광법규론, 대왕사, 2010.
5) 김영규 외, 현대호텔경영의 이해, 대왕사, 2004.
6) 고승익, 호텔경영론, 형설출판사, 2002.
7) 김재민 외, 신호텔경영론, 대왕사, 1997.
8) 차길수 · 윤세목, 호텔경영학원론, 현학사, 2006.
9) 이정학, 호텔경영의 이해, 기문사, 2007.
10) 주종대, 호텔현관객실실무론, 백산출판사, 2002.
11) 경주관광교육원, 현관객실관리, 한국관광고사, 1993.
12) Dittmer, P. R., & Gerald, G. G., The Dimensions of the Hospitality : an Introduction, Van Nostrand Reinhold, 1993.
13) Lewis, R. C., Chambers, R. E., & Chacko, H. E., Leadership in Hospitality Foundation and Practices, Van Nostrand Reinhold, 2010.
14) Lattin, G. W., James E. L., & Thomas, W. L., The Lodging and Food Service Industry, The Educational Institute of the American Hotel & Motel Association, 1998.
15) Lewis, R. C. and Nightingale, M. Targeting Service to Your Customer, Cornell Hotel and Restaurant Administration Quarterly, 1991.
16) Pride, W. M. and Ferrell, O. C., Marketing: Concepts and Strategies, Houghton Mifflin, 1991.
17) Gee, C. Y., International Hotels: Development and Management, The Educational Institute of the American Hotel & Motel Association, 1994.
18) Kappa, M. M., Nitscheke Aleta, and Schappert, P. B., Managing Housekeeping Operations, Educational Institute of the American Hotel & Motel Association, 1990.
19) O' Fallon, M. J. & Rutherford, D. G., Hotel Management & Operations, John Wiley & Sons, Inc., 2007.
20) Foster, D. L., An Introduction to Hospitality, MG-Hill, 1992.

Chapter

05

# 객실영업

Chapter

# 객실영업

## 제1절 숙박약관

호텔의 객실영업부서에서는 업무를 원활히 수행하기 위하여 반드시 숙박약관을 숙지하고 준수하여야 한다. 실제적인 호텔의 숙박약관을 살펴보면 다음과 같다.

〈표 5-1〉 숙박약관

### HOTEL REGULATION

**Article 1 (Applications of Provisions)**

(1) Accommodation contracts and related contracts to be entered into by this hotel shall be in accordance with these provisions, and particulars not provided for in these provisions, shall be made in accordance with the laws and customary practices.

(2) Notwithstanding the previous paragraph, this hotel also may enter into special agreements to the extent that they will not run contrary to the spirit of these provisions, the laws and customary practices.

**Article 2 (Rejection of Accommodation Requests)**

This hotel may refuse to provide accommodation in the following circumstances :

(1) When the accommodations requested does not come under these regulations.

(2) When this hotel is booked full and no room is available.

(3) When the person desiring accommodation is deemed liable conduct himself in a manner contrary to the laws or to the maintenance of public peace and good morals, through his stay in this hotel.

(4) When the person seeking accommodation can be clearly detected as being afflicted with an infectious disease.

(5) When requested to bear a special burden in regard to the accomodations.

(6) When this hotel is incapable of providing accommodation due to unavoidable causes as natural calamities and damage to its facilities

(7) When the person seeking accommodation is recognized to carry any pet or some dangerous.

(8) When the accommodation request runs counter to the regulations stipulated in the laws of the Republic of Korea.

**Article 3 (Clarification of Name, etc.)**

When this hotel has accepted a request for accommodation in advance of the day of occupancy(hereafter called request for accommodation or reservation) it may request the person
making the to clarify the following particulars, within a designated period.

(1) Name, sex, nationality and occupation, address and passport No. of the person occupying the accommodation.

(2) Other particulars deemed necessary by this hotel.

**Article 4 (Reservation Deposit)**

(1) When this hotel has accepted a request for reservation of accommodation, it may request the advance payment of a deposit, limited to the charge of accommodation for the period of stay within (when the period of stay is over 3 days, if shall be for 3 days) designated period.

(2) When the deposit in the previous paragraph comes within the scope of the following Article, it shall be made to cover the breach of agreement charge with any remainder refunded.

### Article 5 (Cancellation of Reservation)

When the person may cancel whole or a part of the reservation, this hotel shall receive payment for the breach of agreement charges as follows:

(1) Ordinary Guests

ⓐ When cancelled on the day before occupancy : 20% of the first day room charge per person.
ⓑ When cancelled on the day of occupancy : 80% of the first day room charge per person.
ⓒ When guests did not arrive the day they were expected : 100% of the first day room charge per person

(2) Group Guests

ⓐ When cancelled from 2 days to 9 days before occupancy : 10% of the first day room charge per person.
ⓑ When cancelled 1 day before occupancy : 30% of the first day room charge per person.
ⓒ When cancelled on the day of occupancy : 80% of the first day room charge per person.
ⓓ When guests did not arrive the day they were expected : 100% of the first day accommodation charge per person.

(3) This hotel may consider the reservation for accommodation as having been cancelled by the person does not appear by 6:00 p.m. of the day of occupancy and when he has not contacted this hotel beforehand. (When the hour of arrival is more or less stated, then it shall be 1hours after that hour)

(4) When the reservation is taken as cancelled, in accordance with the previous paragraph, but the guest is able to show that his failure to appear was due to the delay or non arrival of train, airplane or other public conveyances and not to any cause due to him, this hotel will not charge the cancellation fee.

(5) When this hotel has cancelled the reservation for accommodation, in accordance with the previous paragraphs, it shall refund any deposit received for the reservation.

### Article 6

Expect as otherwise provided for, this hotel may cancal reservations for accommodation in the following circumstances:

(1) When it comes under paragraph 1 to 8 of Article 2.

(2) When the clarification of particulars in clause 1 of Article 3 has been requested and not complied with within the designated period.

(3) When payment of reservation deposit, stipulated in paragraph 1 of Article 4 has been requested but not complied with within the designated period.

**Article 7 (Registration)**

Guests shall register the following particulars with this hotel, at the front office, on the day of arrival.

(1) Particulars stated in Clause 1 of Article 3.

(2) Other particulars deemed necessary this hotel.

**Article 8 (Payment of Bills)**

(1) Payment of Bills shall be made in Korean currency or foreign currency, traveller's cheques and coupons recognized by this hotel at the front desk of this hotel, at the time of departure or when requested by this hotel. However, the hotel cannot accept personal checks.

(2) Guests shall pay for accommodation from the commencement of occupancy, even when he voluntarily chooses not to use the room.

**Article 9 (Check out Time)**

The hour for vacating the room by the guest shall be 12:00 Noon. Notwithstanding, this hotel may accede to the use of the room beyond the check-out time.

In such case, there could be an additional charge made.

(1) Until 3 p.m. : 30% of the room charge.

(2) Until 6 p.m. : 50% of the room charge.

(3) After 6 p.m. : 100% of the room charge.

### Article 10 (Rejection of Continued Occupancy)

This hotel may reject the continued occupancy of the room, even for the period accepted, under the following circumstances :

(1) When it comes under Clause 3 to 8 of Article 2.

(2) When the guest does not observe the rules under Article 8 and 9.

### Article 11 (Observance of Rules)

Guests shall observe the rules established by this hotel.

### Article 12 (Responsibility of Accommodation)

(1) The responsibility of this hotel concerning accommodation starts from the time the guest is registered at the front desk and terminate at the time be leaves his room to depart.
(2) The hotel cannot accept responsibility for any accident arising out of the guest's failure to observe the rules of the hotel.
(3) In the even the guest can no longer be accommodated due to reasons for which this hotel is responsible, the hotel will arrange secure accommodation of the same or similar standard at facilities elsewhere.

### Article 13 (Safety Deposit)

Valuables are requested to be deposited in our safety deposit boxes with the Front Office Cashier. The hotel will not be responsible for valuables left in the rooms.

# 제2절 객실요금의 종류

## 1. 공표요금(Tariff)

공표요금은 호텔에서 공식적으로 공표하는 기본요금을 말한다. Tariff 또는 Rack Rate라고도 하며 객실가격표에 명시되어 있는 요금이다. 봉사료와 세금이 제외된 요금으로 호텔에 따라 1인 기준인 경우도 있고, 2인 기준인 경우도 있다. 1인 기준인 경우에는 2인이 투숙시에는 추가요금이 발생한다.

The Ritz-Carlton, Seoul

Tariff

| | Single Occupancy | Double Occupancy |
|---|---|---|
| Deluxe | ₩ 380,000 | ₩ 410,000 |
| Ondol | ₩ 380,000 | ₩ 410,000 |
| Business Deluxe | ₩ 400,000 | ₩ 430,000 |
| Deluxe Corner | ₩ 400,000 | ₩ 430,000 |
| Prime Deluxe | ₩ 400,000 | ₩ 430,000 |
| Deluxe Business Corner | ₩ 420,000 | ₩ 450,000 |
| Parlor Suite | ₩ 600,000 | ₩ 600,000 |

The Ritz-Carlton Club

| | Single Occupancy | Double Occupancy |
|---|---|---|
| Deluxe | ₩ 450,000 | ₩ 480,000 |
| Deluxe Corner | ₩ 470,000 | ₩ 500,000 |
| Balcony Deluxe | ₩ 500,000 | ₩ 530,000 |
| Parlor Suite | ₩ 700,000 | ₩ 700,000 |
| Deluxe Suite | ₩ 800,000 | ₩ 800,000 |
| Plaza Suite | ₩ 800,000 | ₩ 800,000 |
| Executive Suite | ₩1,000,000 | ₩1,000,000 |
| Royal Suite | ₩1,500,000 | ₩1,500,000 |
| Ritz-Carlton Suite | ₩2,000,000 | ₩2,000,000 |
| Presidential Suite | ₩5,500,000 | ₩5,500,000 |

* 10% Service Charge and 10% V.A.T will be added.
* Extra bed charge is ₩40,000.
* Check-out time is 12:00 noon

602 Yeoksam-Dong, Gangnam-Gu, Seoul 135-080, Korea
Phone:82-2-3451-8000 Fax:82-2-3451-8188
http://www.ritz.co.kr

The Ritz-Carlton Club Benefits

* Laptop installed in guest room
* Free Internet access
* Free sauna entrance fee at the Fitness Center
* Five complimentary food and beverage presentations in the Club Lounge

| | |
|---|---|
| Continental Breakfast | 07:00-10:30 |
| Mid-day Snacks | 11:00-14:00 |
| Traditional Afternoon Tea | 14:00-16:30 |
| Hors d'oeuvres | 17:00-19:30 |
| Chocolates & Cordials | 20:00-22:00 |

* Express check-in / out at the Club Lounge desk
* Complimentary maximum two hour use of the Club Meeting Room
* Free cellular phone rental fee at the Business Center
* Bvlgari toiletries and mouth wash as in-room amenities
* Unpacking service and one item free pressing service upon arrival
* Live flower set-up in bathroom

Business Deluxe Room Benefits

* Free mobile phone rental service
* 24 hour business butler service
* 10% discount for Business Center service

Guest Services

| | |
|---|---|
| 4-5F | Fitness Club (Aerobic, Golf Driving Range, Swimming Pool, Gym, Men's & Women's Sauna, Beauty Shop, Fitness Lounge) |
| 3F | Hanazono Japanese Restaurant / The Oksan Buffet Restaurant / The Bar |
| 2F | The César Grill |
| Lobby | Café Fantino / The Lounge / Blooming Shop, Rent-A-Car & Tour desk |
| 1F | Nyx & Nox, Nightclub & Karaoke |
| A1F | Kumkang Room |
| A2F | Chee-Hong, Chinese Restaurant / Caravali |
| A3F | The Ritz-Carlton Ball Room / Sorak Room |

[그림 5-1] 공표요금(Tariff)

## 2. 특별요금

### 1) 무료(Complimentary)

호텔의 홍보정책 일환으로 접대가 필요한 고객에게 호텔숙박료 또는 부대시설 이용에 대하여 요금을 징수하지 않는 것을 의미한다. 행사담당자, 여행사의 임직원, 주거래 기업, 사전답사자 등이 주요 대상이다.

### 2) 계절요금(Season-off Rate)

호텔의 특성상 성수기와 비수기가 존재함에 따라 마케팅 전략의 일환으로 비수기에 특별히 할인되는 요금이다.

### 3) 싱글요금(Single Rate)

싱글 룸을 예약하였으나 호텔의 사정으로 인하여 고객에게 더블이나 트윈 룸 또는 그 밖의 객실을 제공하고 실료는 싱글 룸 값으로 적용하는 경우의 요금이다.

### 4) 커머셜요금(Commercial Rate)

특정기업과의 계약에 의해 일정한 금액을 할인해 주는 요금이다. 상용 목적의 장기투숙객들이 계약하는 경우가 많다.

### 5) 단체요금(Group Rate)

호텔약관의 기준에 따라 국내외의 여행사나 단체고객들에게 할인해 주는 요금이다. 특히 여행사의 경우에 지속적인 고객의 송객으로 인하여 파격적인 할인요금을 적용해 준다.

### 6) 가이드요금(Guide Rate)

여행사 가이드나 TC가 투숙할 경우에 적용하는 요금으로 해당 객실요금의 할인율을 적용해 주는 것이 일반적이나 Comp로 제공되는 경우도 있다.

### 7) 슬립아웃차지(Sleep-out Charge)

고객이 투숙기간 중 개인의 사정으로 인하여 호텔에 투숙하지 못하는 경우에 호텔 측에 사전 통보를 하고 객실 키를 반납할 경우에 적용하는 요금이다.

### 8) 패키지 요금(Package Rate)

영업 전략상 객실에 식사나 부대시설 또는 외부 이벤트 등을 묶어서 제시한 요금으로 고객의 입장에서는 분리하여 이용하는 것보다 이익인 요금이다.

## 3. 추가요금

### 1) 심야요금(Midnight Charge)

고객이 개인적 사정으로 인하여 호텔 도착시간이 익일 새벽이나 아침일 경우에 고객을 위하여 판매하지 않은 객실에 부과되는 요금이다.

### 2) 홀드룸 차지(Hold Room Charge)

투숙객이 객실에 수하물을 두고 지방 등 여행을 가는 경우에 실료는 계산되어야 한다. 또한 객실을 예약하고 도착이 늦어질 경우에 발생하는 실료이다.

### 3) 레잇체크아웃차지(Late Check-out Charge)

투숙객이 퇴숙시간을 넘겨 객실을 계속 사용하는 경우에 부과되는 요금으로 Over Charge라고도 한다. 오후 3시 이후에는 30%, 5시 이후에는 50%, 6시 이후에는 100%를 부과한다. 그러나 호텔의 사정이 허락한다면 고객서비스 차원에서 무료로 처리하기도 한다.

## 4. 기타

### 1) 분할요금(Day Use, Part Day Charge)

시간당 요금제도로서 하루가 되지 않는 일부시간을 사용하는 경우에 적용하는 요금이다. 특히 공항 인근에 위치한 에어포트호텔에서 많이 적용하는 요금이다.

### 2) 취소요금(Cancellation Charge)

예약자가 개인의 사정으로 인하여 객실예약을 취소할 경우에 부과되는 요금이다. F.I.T의 경우에는 3일전 취소-20%, 2일전 취소-40%, 1일전 취소-60%, 숙박당일 6시 이전 취소-80%, 6시 이후 또는 연락이 없을 경우-100%를 부과한다. 단체의 경우 9~3일전 취소-10%,

2일전-30%, 1일전-50%, 숙박당일 오후 6시 이전-80%, 6시 이후 또는 연락이 없을 경우 -100%를 부과한다. 고객도 호텔이 위약시에는 300%를 청구할 수 있다. 대부분은 숙박 약관에 준한다.

### 3) 하우스 유스(House Use)

호텔 임원의 숙소나 출장 온 직원이 투숙 또는 사무실로 객실을 이용할 경우에 객실요금을 부과하지 않는다.

### 4) 패밀리플랜(Family Plan)

부모와 동반한 14세 미만의 어린이에게 엑스트라베드에 대한 추가요금을 적용하지 않는 요금이다.

### 5) 선택요금(Optional Rate)

고객이 객실 예약시에 호텔의 사정으로 인하여 객실요금을 정확하게 결정할 수 없을 경우에 미결정 요금을 의미한다.

### 6) 업그레이딩(Upgrading)

호텔의 사정으로 고객이 예약한 객실을 제공하지 못할 경우에 예약한 객실보다 가격이 높은 객실을 제공하고 예약한 객실료를 적용하는 요금이다. 이와 반대의 경우는 Down Grade라고 한다.

### 7) 균일요금(Flat Rate)

여행사나 단체고객의 경우에 서로 다른 형태의 객실을 사용하더라도 동일한 요금을 적용하는 것을 말한다.

### 8) 서드 퍼슨 요금(Third Person Rate)

2인 이상이 한 객실에 숙박할 경우에 적용되는 요금을 말한다. 엑스트라 차지와 같은 의미이다.

## 제3절 숙박형식에 따른 요금제도

### 1. 미국식 요금제도(American Plan)

풀빵숑(full pension)으로 객실요금에 조식, 중식, 석식의 식사요금이 포함되어 있는 요금제도로서 주변에 식사할 곳이 없는 휴양지 호텔이나 선상호텔에서 많이 적용하고 있다.

### 2. 유럽식 요금제도(European Plan)

유럽식 요금제도는 객실료와 식대를 별도로 구분하여 계산하는 요금제도이다. 한국의 호텔도 대부분 유럽식 요금제도를 채택하고 있다.

### 3. 콘티넨탈 요금제도(Continental Plan)

콘티넨탈 요금제도는 객실요금에 조식이 포함되어 있는 제도이다. 이 제도는 유럽에서 성행하고 있으며, 조식메뉴로 특히 롤빵이나 토스트에 커피나 홍차가 제공되는 간단한 아침식사인 Continental Breakfast가 제공된다.

### 4. 수정식 미국요금제도(Modified American Plan)

객실료와 조식에다가 중식이나 석식 중 하나를 부가한 것으로 객실요금에 2식이 포함된 요금제도이다. Demi Pension, Semi Pension, Half Pension 등으로 불리기도 한다.

### 5. 듀얼 플랜(Dual Plan)

고객의 요구에 따라 미국식 요금제나 유럽식 요금제를 적용하는 것을 말한다.

### 6. 버뮤다 요금제도(Bermuda Plan)

버뮤다 요금제는 객실요금에 미국식 조식이 포함되어 있는 제도이다.

# 제4절 객실영업부서의 업무

프런트(front)는 프런트 오피스(front office)의 약어로 현관업무라고 한다. 프런트 오피스는 프런트 영역과 예약실을 통합하여 일반적으로 프런트 오피스라고 한다. 대규모 호텔의 프런트 오피스는 객실등록, 우편, 키, 인포메이션 제공, 예약, 수납 및 기타로 구분할 수 있다. 프런트 오피스는 고객의 입숙, 체류, 퇴숙에 걸친 모든 정보가 제공되며 또한 모든 서비스가 파생되는 곳으로 호텔의 가장 중요한 중추적 기능을 하는 곳이다. 프런트 오피스 직원은 항상 감미롭고 미소를 지으며, 부드러운 자세로 주어진 근무시간에 서비스에 전념할 수 있어야 한다.

## 1. 예약 업무

호텔의 예약은 기수, 항공사의 동맹파업, 비행취소, 비행연착, 특별한 사건, 축제 및 천재지변 등 호텔의 책임 또는 통제를 초월한 불가항력적인 경우를 제외한 객실 변수를 예측하는 것이 문제였다. 당일 판매할 수 있는 호텔의 객실과 항공기 좌석은 만일 당일 판매에 실패했을 경우에는 영원히 판매할 수 없기 때문에 호텔의 예약관리는 매우 중요하다. 객실예약에 있어서 호텔은 선불을 요구할 수도 있고, 숙박예약 사절이 불가피한 경우도 있어 때때로 고객으로부터 화를 내게 하거나 오해를 받기도 한다. 예약은 전화, 인터넷 및 데스크 예약 등이 있으며 보장형 예약(guaranteed reservation)과 비보장형 예약(nonguaranteed reservation)으로 구분할 수 있다. 보장형 예약은 선지불하는 경우, 신용카드로 지불을 보장하는 경우, 일정액을 예치하는 경우, 여행사나 기업에서 지급을 보장하는 경우 등에 발생하는 예약이다. 비보장형 예약은 고객이 예약시에 신용을 설정하지 않는 예약을 말하며 통상적으로 익일 6시까지 도착을 원칙으로 한다. 전통적인 호텔경영에 있어서는 예약 그 자체가 하나의 판매행위로 간주되어 별도의 선불예치 등이 필요하지 않으나 객실예약에 무책임한 고객들로 인하여 판매의 기회를 잃는 예가 많아 이를 사전에 예방하고자 보장형 예약을 선호하는 호텔이 증가하고 있다. 고객이 선불 예약시에는 반드시 선불예약 영수증을 발행하여야 한다. 또한 예약상 규정된 내용의 기재사항을 빠짐없이 정확히 기록하고, 예약 완료시에는 고객의 예약번호를 반드시 고지하여야 한다. 또한 예약 취소시에도 반드시 예약 취소번호를 고지하여야 한다. 예약이 불가능할 시에는 정중하고 친절하게 거절하여야 한다.

**DEPOSIT(豫置證)**

NAME 姓 名 ____________ ROOM NO. 客室番號 ____________ DATE 日字 ____________

AMOUNT 金 額 | ₩ |

ACKNOWLEDGEMENT IS MADE OF RECEIPT OF AMOUNT PRINTED ABOVE
THIS HAS BEEN CREDITED YOUR ACCOUNT. THANK YOU.
상기 金額을 分明히 받았습니다. 이 金額은 손님의 計定에 對替하겠습니다.
上記金額確かにお頂りいたしました. この金額はお客様の勘定に振り替えさせていただきます

F/O CASHIER ____________ ACCOUNTING MANAGER ____________

[그림 5-2] 선불예약 영수증

### 1) 예약카드

예약카드의 필수적인 기재사항은 다음과 같다.

① 고객성명(guest name)
② 도착일(arrival date)
③ 출발일(departure date)
④ 객실요금(room rate)
⑤ 객실종류(room type)
⑥ 연락처(telephone number)
⑦ 사용객실수와 투숙객수(no. room and person)
⑧ 국적(nationality)
⑨ 예약신청자(booked by)
⑩ 회사명(company)
⑪ 교통수단(means of transport)
⑫ 체크인시간과 체크아웃시간(C/I time, C/O time)
⑬ 지불방법(payment)
⑭ 여권번호(passport no.)
⑮ 고객의 주소(address)
⑯ 특별요구사항(special request)
⑰ 예약입력자(made by)

## 2) 예약의 종류

### (1) 개인예약

개별고객의 숙박으로 가장 먼저 투숙일의 객실상황을 확인하고 예약이 가능하면 예약카드에 의하여 예약사항을 기입한다.

RESERVATION

| CONFIRMED | | | ARRIVAL | |
|---|---|---|---|---|
| MR.<br>MRS.<br>MISS. | NO PERSON<br>ADULT / CHILD | | TIME/FLT | |
| | | | DEPARTURE | |
| AFFILIATION | | | | |
| ROOM TYPE | | | | |
| RESERVED BY : | | | RATE :<br>(  )% DISCOUNT<br>AUTHORIZED BY | |
| SPECIAL REQUEST : | | | | |
| BILLING INSTRUCTION : | | | | |
| TREATMENT : | BUSINESS CODE | RECEIVED DATE | RECEIVED CLERK | RESERVATION NO. |

[그림 5-3] Reservation Card

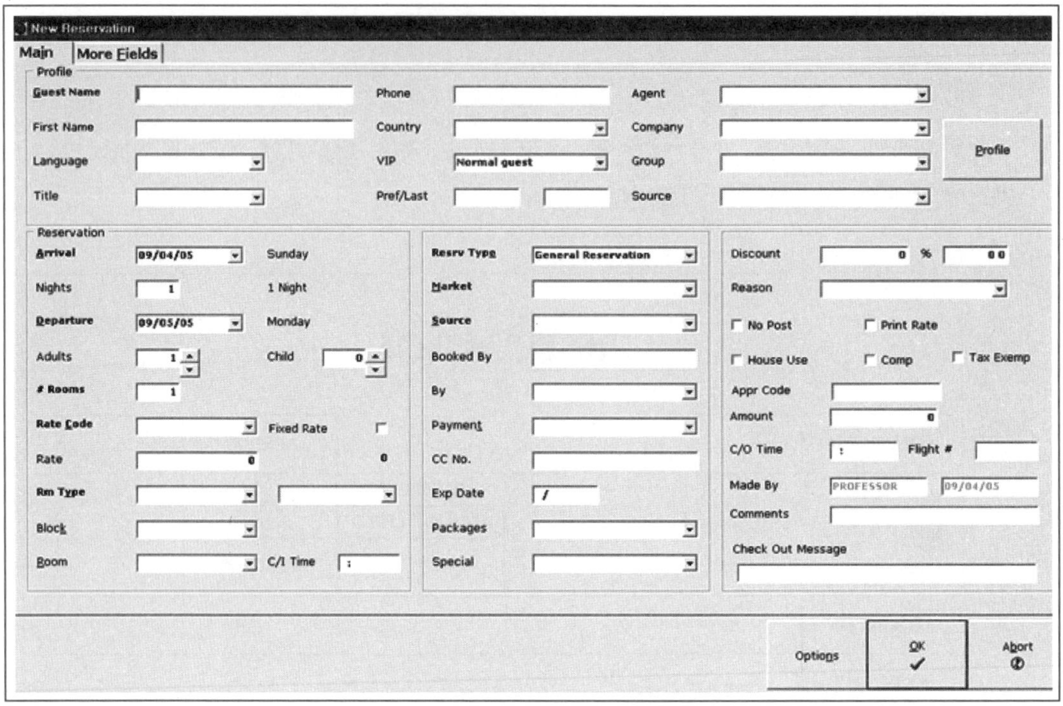

New Reservation

Main | More Fields

Profile

Guest Name | Phone | Agent
First Name | Country | Company | Profile
Language | VIP Normal guest | Group
Title | Pref/Last | Source

Reservation

Arrival 09/04/05 Sunday | Resrv Type General Reservation | Discount 0 % 0 0
Nights 1 1 Night | Market | Reason
Departure 09/05/05 Monday | Source | No Post | Print Rate
Adults 1 Child 0 | Booked By | House Use | Comp | Tax Exemp
# Rooms 1 | By | Appr Code
Rate Code | Fixed Rate | Payment | Amount 0
Rate 0 0 | CC No. | C/O Time : | Flight #
Rm Type | Exp Date / | Made By PROFESSOR 09/04/05
Block | Packages | Comments
Room | C/I Time : | Special | Check Out Message

Options | OK | Abort

[그림 5-4] Fidelio System(fit)

(2) 단체예약

단체의 기준은 호텔에 따라 다양하게 취급하고 있어 각 호텔의 약관에 준하여 적용한다. 단체예약시에는 예약카드 필수 기재사항을 보다 세밀히 검토하여 접수하여야 하며, 수시로 예약확인의 연락을 하여야 한다. 예약이 최종 확정되면 단체명단, 식사시간, 도착시간, 여정 등을 요구하여 확인하여야 한다.

(3) 여행사예약

국내·외 여행사로부터 직접 접수하는 경우로 여행사와 계약 하에 접수하여 처리한다. 이 경우에는 일정 수수료를 여행사에 지불하여야 한다. 고객이 투숙시에 여행사로부터 발행된 영수증을 가지고 오면 원본과 대조하여 확인한 후 투숙시킨다.

(4) 객실지정예약(Room Blocking Reservation)

대부분은 투숙객의 체류연장이나 당일 객실의 고장 등의 이유로 인하여 객실을 예약시에 사전에 지정하지는 않는다. 그러나 VIP나 단골고객 등이 특별한 사유가 있을 시에 대고객서비스 차원에서 객실을 지정하여 예약할 수도 있다.

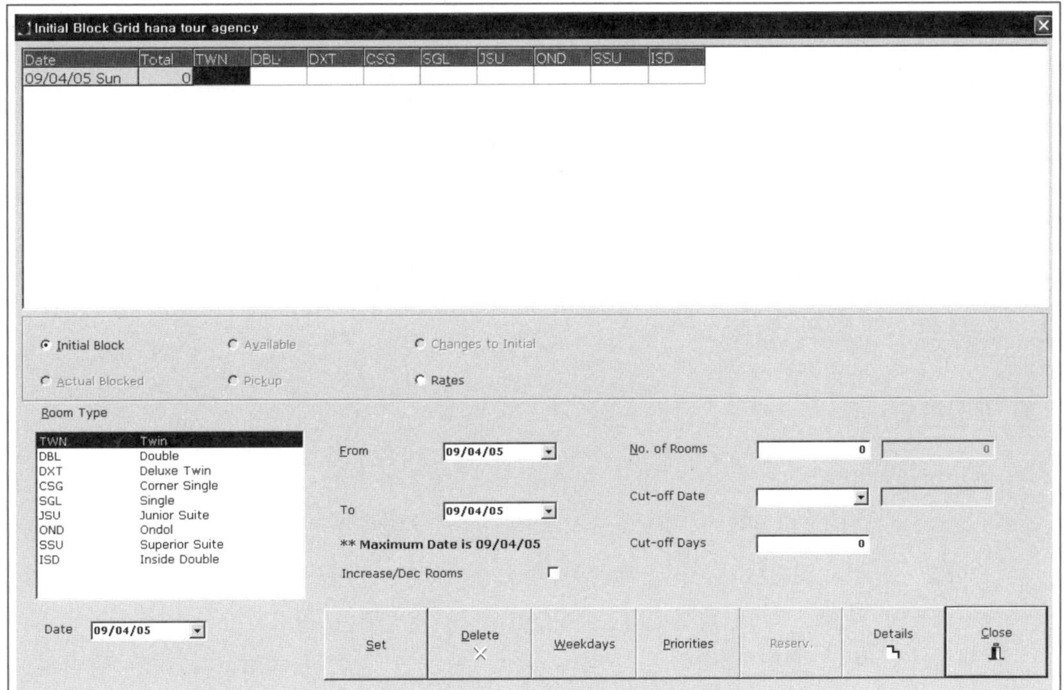


[그림 5-5] Fidelio System(group)

### 4) 초과예약(Over Booking)

호텔의 객실상품은 일정한 공정을 거쳐 생산하고 이를 판매하는 기업이나 공장과는 다른 호텔의 특성으로 인하여 당일 생산된 상품을 당일 판매하지 못하면 재고처리가 전혀 불가능하므로 객실수입의 극대화를 위하여 초과예약은 필요악적인 존재이다. 초과예약은 실제 판매가능한 객실보다 더 많은 객실을 초과하여 예약을 받는 것이다. 호텔의 노 쇼율, 예약 취소율 등을 정확하게 경험적으로 예상할 수 있지만, 이의 취급은 호텔에 많은 위험부담을 가져와 고객관리와 호텔의 평판과 명성유지의 입장에서 주의 깊게 취급해야 한다. 초과예약의 원인은 다음과 같다.

#### (1) 노 쇼우(No Show)

객실을 예약하고 아무런 연락도 없이 투숙하지 않는 경우를 말한다.

#### (2) 취소(Cancellation)

객실을 예약하고 여러 가지 사유로 인하여 이용할 수 없다는 내용을 호텔에 통보하는 경우를 말한다.

(3) 워크아웃(Walk Out)

투숙했던 고객이 공식적인 체크아웃 절차를 거치지 않고 떠나는 경우를 말한다.

(4) 조기퇴숙(Under Stay)

예약한 퇴숙일보다 먼저 체크아웃 하는 경우를 말한다.

## 2. 프런트 데스크 업무

### 1) 객실판매

객실판매의 중요성은 호텔수입의 원천이 객실판매에 주로 의존한다는 사실에 기인한다. 물론 오늘날 호텔기업의 경영방향이 한계성을 내포하고 있는 객실수입에만 전적으로 의존하던 경향을 벗어나 점차 한계성이 다소 극복되는 식음료 판매수입의 증대에 치중하는 경향이 있기는 하나 객실수입은 여전히 주된 원천임은 틀림없다. 사전 예약된 객실을 제외하고 예약 없이 입숙하는 고객(walk-in guest)과 같이 투숙하고자 하는 당일의 객실판매는 룸 클럭이 담당한다. 이러한 관점에서 룸 클럭(room clerk)은 호텔 객실을 판매하는데 세일즈맨으로서의 의식을 가져야만 한다. 수많은 객실을 가지고 있는 대규모 호텔에서는 플로어 클럭을 두어 고객의 편의를 도모하고 있는데, 이는 층별, 혹은 몇 개의 층마다 프런트 데스크를 설치하고 거기서 근무하고 있는 룸 클럭을 의미한다. 룸 클럭은 다음과 같은 지식을 갖추어야 한다.

(1) 상품분석

룸 클럭은 상품에 대한 지식을 확실히 갖고 있어야 한다. 즉 객실의 규모, 위치, 각 객실의 비품, 실내장식 및 요금에 관하여 정확하고 새로운 사항을 알고 있어야 한다. 이러한 최신의 사항을 인지하고 상품을 판매하기 위하여 수시로 객실을 순회할 필요가 있으며, 특히 객실을 개·보수한 후에는 반드시 돌아보아 확실히 파악해 두어야 한다. 또한 객실상품 외에도 식음료 등 다양한 호텔 내부의 상품에 이르기까지 정확하게 파악하여 정보를 제공하여야 한다.

(2) 경쟁자분석

우수한 룸 클럭은 주변의 경쟁호텔의 객실과 부대시설 등의 내용에 관해서도 숙지하고 있어야 한다. 고객이 주변호텔의 객실 등과 비교시에는 고객이 납득할 수 있는 설명을 할 수 있어야 한다.

### (3) 고객분석

고객의 인간성과 심성을 충분히 파악할 줄 알아야 한다. 여행으로 지쳐있는 고객에게 따뜻한 말 한마디는 동조자적 친구로서 좋은 인상을 심어 줄 수 있다.

### (4) 객실판매 유의점

① 고객에게 고가의 객실만을 팔려는 모습을 보이지 않게 노력하고 주의한다.
② 고객이 호텔 객실에 관해 충분한 지식을 가지고 있는 경우에는 판매하고자 하는 객실에 대한 판매의 소구점(selling points)을 충분히 설명하고 강조한다.
③ 복잡한 설명과 가격의 제시는 고객을 혼미하게 하거나 나쁜 인상을 줄 수 있으므로 주의한다.
④ 고객의 경제력을 판단한 이후 고가의 객실을 제시하는 경우에는 객실의 이점에 대한 강한 설득력이 필요하다.
⑤ 장기체재를 원하는 고객의 경우에는 각별히 주의한다.
⑥ 객실의 선택은 고객에게 일임하고 객실에 관해 충분히 설명해 주어 구매의욕을 유발시킨다.
⑦ 고객이 원하는 객실이 판매가 불가능할 경우에는 정중히 사과하고 미안함을 표시한 후 다른 객실을 추천한다.

## 2) 고객의 등록(Registration)

프런트에서 이루어지며 리셉션(reception)이라고도 하고, 등록업무를 담당하는 직원을 룸클럭(room clerk)이라고 한다. 호텔은 등록과정에서 등록카드를 작성한다. 등록과정에서 다음사항을 반드시 기록해야 한다.

### (1) 등록카드

① 고객의 성명, 주소, 전화번호, 여권번호 및 투숙객수
② 객실료
③ 퇴숙일, C/O Time
④ 룸 클럭 서명
⑤ 등록카드번호
⑥ 지불방법

REGISTRATION CARD

| Last Name(姓) | First Name(名) | ☐Mr. ☐Ms. ☐M/M ☐MMF | Arrival Date(到着日) | Departure Date(出宿日) |
|---|---|---|---|---|
| | | | Phone(電話) | Date of Birth(生年月日) |
| Address(住所) | | | Prestige No. | Purpose of Travel(旅行目的) |
| | | | Signature(署名) | |
| Passport No.(旅券番號) | Nationality(國籍) | | | |
| Name of Company(會社名) | Source of Business | | | |
| Room No. | Daily Rate | Payment (支拂方法) ☐Cash(現金) ☐Credit Card(信用カート) ☐Voucher(送狀) ☐Charge to(支給處) | Deposit(豫置金) | TAX |
| ※Remarks | | | | C/I Clerk |

SEOUL PLAZA HOTEL

[그림 5-6] Registration Card

(2) 등록과정의 4단계

① 접근단계

접근단계의 주목적은 고객에게 최대한 빠르게 첫인상, 즉 호의적인 관심을 얻어내는데 그 목적이 있다. 따라서 룸 클럭의 첫 행동은 친절한 인사와 미소를 지으며, 우호적인 분위기로 서비스를 제공할 준비가 되어 있음을 보여야 한다.

② 상품소개단계

고객에게 객실과 서비스를 제공하는 과정으로 만일 고객이 객실료와 희망하는 객실에 관한 언급이 없을 때는 일반적으로 중간가격의 객실과 고가의 객실을 우선적으로 제시하는 것이 가장 좋다. 훌륭한 룸 클럭은 고객의 필요와 욕구를 만족시킬 수 있는 객실의 특징을 강조할 줄 알아야 한다. 고가의 객실을 판매하는 것은 판매수입을 증가시키는 결과이나, 판매는 어디까지나 가격을 판매하는 것이 아니고 가치를 팔고 있다는 것을 잊어서는 안 된다.

CHECK IN/OUT :
ROOM RATE : ₩
DISCOUNT : less %
CLERK :
10% SERVICE CHARGE ☐ 10% V.A.T ☐
PLEASE PRINT IN ENGLISH (英語でご記入下さい.)

NGT
NAME (姓名) (LAST·氏) (FIRST·名) (MIDDLE) MR ☐ MRS ☐ MISS ☐
ARR. TIME (FLT. NO.)
RM TYPE
ROOM NO
ARRIVAL DATE (投 宿 日 字)

| MSG | TLX | ENVP | 其他 |
| --- | --- | --- | --- |
| | | | |

DEPARTURE DATE (退 宿 日 字)
RSV NO
GST-NO
DATE OF BIRTH (生 年 月 日)
PASSPORT NO (旅 券 番 号)
NATIONALITY (国 籍)
DISCOUNT %
RM RATE : ₩
HOME ADDRESS (現 住 所)
TEL (電話番号)
PURPOSE OF TRIP (旅行目的)
BUSINESS ADDRESS/TEL (會社名/電話番号)
PROFESSION (ご職業)

| PAYMENT | | | | CONDITON | | | |
| --- | --- | --- | --- | --- | --- | --- | --- |
| CA | CC | CH | AL | RO | RM | RB | RP |
| | | | | | | | |

GUEST SIGNATURE (ご署名)
ACCOUNT
CREDIT CARD/VOUCHER
DEPOSIT
IN-PUT
REMARKS

The management will not be responsible for money or valuable unless deposited in the Front Cashier.
貴重品は必ずフロソトの金庫にお預けください. さもなければ当ホテルは一切の責任を負いかねます.

CLERK :
CHECKER :
HOTEL LOTTE
SEOUL KOREA

[그림 5-7] Registration Card

③ 반대극복단계

고객의 반대에 대해 응대할 때는 특히 룸 클럭의 자세가 중요하다. 즉 주의 깊고 예의 바르게 고객의 말씀에 귀 기울일 수 있는 태도가 중요하며 대답을 너무 조급히 해서는 안 된다.

④ 판매종결단계

판매종결단계는 고객에게 구매행위를 완결하도록 만드는 것으로, 등록카드에 고객의 서명을 받는 과정이다.

Hotel Sofitel

AMBASSADOR SEOUL

| Surname(姓名) Mr. Mrs. Miss | Firstname | Initial | HOTEL USE |
|---|---|---|---|
| | | | Room No. / Room Type |
| Address(住所) | | | Rate / Market Code. |
| City | Country | Nationality(國籍) | Arrival |
| Date of Birth(生年月日) | Occupation & Title(職業 及 職責) | | Departure |
| Passport Number(旅券番號) | Purpose of Travel(旅行目的) | | Confirmation No. |
| The hotel will not be held responsible for any valuables left by the guest in their rooms. Safe deposit boxes are available free of charge at the front office cashier counter. | | | No. of Guests / Clerk |
| Payment Method: Deposit / C. Card / Cash / To Company / Voucher | | | Special Requirements |
| Name of Credit Card | Credit Card Number | | |
| Check Out Time : 12.00 Noon | | | |
| Company(會社名) | Telephone No. | | |
| Coming From | Next Destination | | |
| Company Account To | | | |

I agree to pay all charges incurred by me during my stay in the hotel, and to settle my account once it amounts to K-Won 500,000 unless prior arrangements have been made.

Signature(署名)

[그림 5-8] Registration Card

### (3) 단체등록

단체가 등록할 경우에는 특별한 취급절차가 요구된다. 즉 단체고객의 사전등록은 입숙하기 전에 완료되어야 한다. 또한 단체를 위한 회계업무를 간소화하기 위하여 고객원장(master folio)이 준비되어야 한다. 호텔의 규모가 크고 단체고객을 많이 수용하는 호텔에서는 그룹 코디네이터(group coordinator)를 두어 단체를 전문적으로 담당하도록 한다.

① 도착시간, 항공편, 퇴숙시간 등을 사전에 알아둔다.

② 조기도착 고객에 관해 사전에 준비하여 객실정비가 지연될 때를 대비하여, 고객이 지루하게 기다리지 않도록 시간관리 계획을 세운다.

③ 단체의 인솔자 성명을 알아야 하며, 특별고객의 경우에 사용객실과 휠체어나 특별한 요구 등이 있으면 사전에 파악해 둔다.

④ 입실명단(rooming list)을 미리 확보하여 각 객실의 열쇠를 준비한다.
⑤ 단체등록시 데스크를 일시적으로 분리하여 F.I.T 고객과의 혼잡을 피하는 것이 효율적이다.

### 3) 객실배정

고객이 희망하는 객실의 유형, 위치 및 가격의 객실을 적절히 잘 지정한다는 것은 아무리 강조하여도 지나친 것이 아니다. 룸 클럭의 비전문적인 접객태도 및 판매행위는 잠재적 반복고객 또는 단골고객을 놓칠 수 있다. 고객은 프런트 데스크에서 일어나는 불손, 결례를 제외한 모든 일들은 간과해 버리고 만다. 고객을 위한 객실배정은 룸 클럭의 주요한 기능 중의 하나이다. 객실배정은 가능한 능률적으로 즐겁고 예의바르게, 그리고 신속하게 해야 하며 프런트에서 지체됨이 없이 고객을 입실시키는 것이 중요하다.

#### (1) 객실배정의 기초절차

① 등록카드를 검토한다.
② 객실료와 퇴숙일자를 확인한다.
③ 열쇠는 벨맨에게 양도한다.
④ 고객에게 메시지나 우편물에 관해 문의한다.
⑤ 벨맨에게 고객을 안내하도록 한다.

#### (2) 객실배정의 약어

① DNS(did not stay)는 고객이 등록을 하였으나 호텔에 체류하지 않는 경우
② RNA(registered, not assigned)는 등록을 끝마쳤으나 객실을 지정받지 못한 상태
③ PIA(paid in advance)는 고객이 선불금을 지불하였을 경우
④ SPATT(special attention)는 특별관심 표명을 의미

### 4) 정보제공

투숙객들은 항시 자기의 여행 및 사업에 관련하여 다양한 정보를 필요로 한다. 고객이 원하는 정보를 인포메이션 클럭(information clerk)이 제공하여야 한다. 호텔 내・외부의 정보와 지식을 프런트 데스크에서 제공하지 않으면 안 된다. 도시, 여행, 관광자원, 명소, 종교 관련, 레스토랑 관련, 공항 및 열차 등의 교통수단의 이용에 이르기까지 정확한 지식을 파악해 두었다가 고객의 질의와 요청에 즉시 응답해 줄 수 있는 인포메이션 클럭

이 되어야 한다. 투숙객이 원하는 정보를 제공하여 선용하는 과정에서 고객의 체재를 연장시켜 호텔의 수입증대에 기여할 수 있다.

① 고객이 묻는 내용이 불합리하더라도 항상 정중하고 성실하게 관심을 표명한다.
② 고객과의 대화중에는 언쟁을 피한다.
③ 타 부서와 관련 있는 사항일지라도 친절하게 설명하고 책임이양하지 않는다.
④ 노인이나 어린이를 동반한 고객께는 보다 깊은 성의를 보인다.
⑤ 고객에게 정보를 제공하면서도 고객으로부터 얻는 새로운 정보에 재치 있게 대응한다.
⑥ 외부에서 투숙객을 찾아 온 경우에는 사전연락을 취하여 의사를 확인한다.
⑦ 투숙객의 이름은 모르고 객실번호만 알고 찾아올 경우는 거절한다.
⑧ 퇴숙고객의 연락처 등의 요청은 거절한다.

### 5) 메시지 전달

미도착객의 메시지나 연락처 등의 요청은 가능한 정중하게 거절하는 것이 좋다. 프런트 데스크에서 메시지의 취급은 메시지 클럭(message clerk)이 담당한다. 프런트 데스크에서 취급하는 메시지는 다음과 같다.

① 외부에서 객실로 방문하러 왔다가 부재시에 메시지를 남기는 경우
② 투숙객이 부재시 방문객이 호텔 내부에서 대기하고 있는 경우
③ 전화로 고객을 찾는데 부재시 메시지를 남기는 경우
④ 도착 예정객에게 전하는 메시지
⑤ 투숙객이 외출시 방문객이 물품을 전달해 주도록 하는 메시지

MESSAGE

Date & Time ..................

Room No. ..................
號室

To .................. 貴下（様）
While you were out.（御 留 守 中）

M ..................（様より）From.

Firm ..................
会社

Tel ..................
電話

☐ Phoned you.
お電話がありました。

☐ Want you call back.
お電話下さい。

☐ Came to see you.
御訪問されました。

☐ Will call again.
後程お電話くださるとのてとです。

☐ No particular message.
別にご伝言はございません。

Message ..................

Thank you

Clerk: ..................

Hotel Sofitel
AMBASSADOR SEOUL
MEMBER OF AMBASSADOR HOTELS

186-54, 2-KA, CHANGCHUNG-DONG CHUNG-KU SEOUL KOREA
☎ (822) 275-1101, FAX (822) 272-0773

[그림 5-9] Message Card

### 6) 키(Key)

키 클락은 대규모 호텔에서 볼 수 있는 분업된 한 형태의 직종이다. 룸 클락이 객실의 숙박등록 절차가 끝나고 나서 열쇠를 인도해주고 고객의 체재기간 중 열쇠를 보관하는 것이 원칙으로 보여지나, 실제 분업의 필요성이 보다 절실하여 열쇠의 인도, 보관의 주된 업무를 전담할 수 있는 직종의 멤버가 요청되는 것이다.

이 키 클락은 항시 룸 클락의 곁에서 고객의 객실왕래 동태에 관한 정보를 파악하고, 우편물의 전달과 레코드 클락의 업무도 함께 보조하는 것이 통상업무이다. 패스 키(pass key)는 각 층별로 하나씩 주어지는 키를 말하며, 마스터 키(master key)는 고객이 키를 분실하였거나 객실 내부에 문제가 발생하였을 경우에 모든 객실을 열 수 있는 만능열쇠를 말한다.

① 열쇠 인도
② 고객 문의에 응답
③ 예비열쇠 관리
④ 분실열쇠 관리
⑤ 등록보조
⑥ 마스터 키 관리

KEY CONTROL SHEET

Date ______ Page ____ of ____

| Key Code | Name | Signature | Time Out | Issued By | Time In | Signature | Received By |
|---|---|---|---|---|---|---|---|
| | | | | | | | |
| | | | | | | | |
| | | | | | | | |
| | | | | | | | |
| | | | | | | | |
| | | | | | | | |
| | | | | | | | |
| | | | | | | | |
| | | | | | | | |
| | | | | | | | |
| | | | | | | | |
| | | | | | | | |

[그림 5-10] Key Control Sheet[25)]

## 7) 메일(Mail)

호텔에 새로 전달되는 우편물 등을 고객에게 전해주고 미도착 고객의 우편물을 보관하였다가 전해주고 퇴숙한 고객에게 추송하는 등의 일이 메일 클럭(mail clerk)의 주된 직무이다.

가족, 집, 친구들에게 떨어져 있어 이들로부터 재산과 사업 및 안부에 관한 여러 정보를 이어주는 것이 곧 메일이다. 이러한 관점에서 호텔의 메일 클럭은 곧 고객의 재산과 사업상과 깊이 관계되어 있음을 잠시도 잊어선 안 된다.

### (1) Incoming Mail

수령하는 모든 우편물은 Time Stamp를 찍고, 보통우편물과 특수우편물을 구분하고 전달한다. 고객에게 전달시에는 반드시 고객에게 Sign을 받아야 한다. 미도착 고객의 우편물인 경우에는 Mail Box에 보관한다. 이것을 Hold Mail이라고 한다.

### (2) Outgoing Mail

메일 클럭은 세계 각국의 우편요금 리스트를 가지고 있어야 한다. 고객에게 좋은 서비스를 제공하기 위하여 우표를 팔기도 하고 우편저울을 준비하여 차질이 없도록 한다.

### (3) Forwarding Address

투숙객이 퇴숙할 때 차후 도착 예정지의 주소 또는 자택, 회사의 주소를 남기는 경우를 말한다. 퇴숙하는 고객이 원하는 경우에 유효기간을 표시하고 파일에 보관한다.

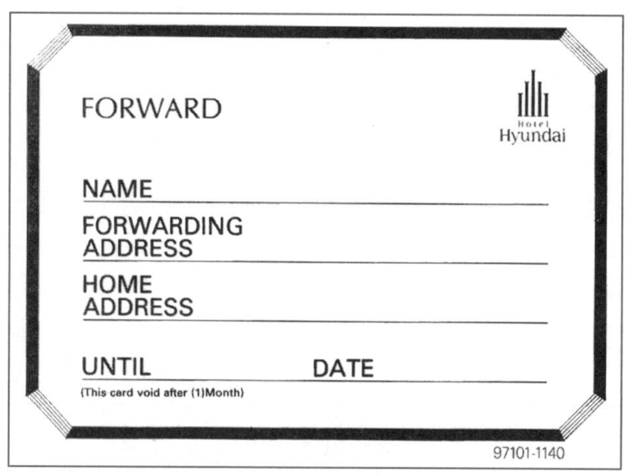
FORWARD

Hotel Hyundai

NAME

FORWARDING ADDRESS

HOME ADDRESS

UNTIL　　DATE

(This card void after (1)Month)

97101-1140

[그림 5-11] Forwarding Address Card

## 8) 회계수납

프런트에서 퇴숙고객의 정산업무를 담당하는 직원을 프런트 케셔(front cashier)라고 하며, 주요업무는 투숙객의 고객원장에 요금전기, 체크아웃처리 및 정산내역 설명, 현금 및 환전업무, 고객의 귀중품 보관업무 등이다.

### (1) 고객원장에 요금 전기

대부분의 경우에는 정보시스템으로 인하여 객실뿐만 아니라 각 업장에서 이용한 서비스에 대한 대가로 빌(bill)을 발생시키고 터미널을 이용하여 자동적으로 고객의 원장에 입력된다. 그러나 일부의 경우에는 프런트 케셔가 직접 입력을 한다.

① Paid Out

투숙하고 있는 고객들의 편의를 도모하기 위해서 소액현금을 빌려주고 퇴숙시 정산하는 서비스를 의미한다. 이러한 소액현금은 Petty Cash라고 한다.

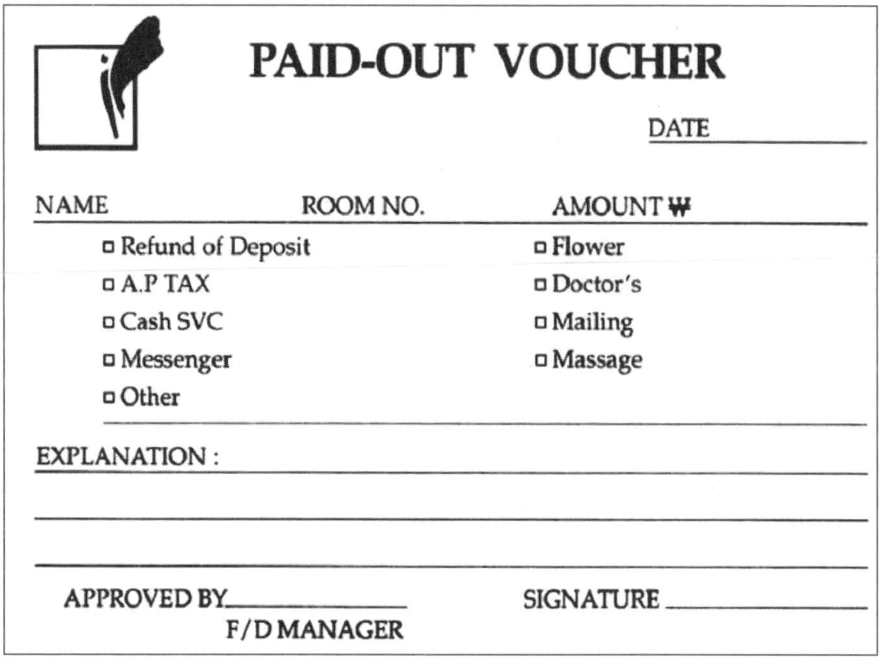

**PAID-OUT VOUCHER**

DATE ______

NAME ROOM NO. AMOUNT ₩

- □ Refund of Deposit
- □ A.P TAX
- □ Cash SVC
- □ Messenger
- □ Other
- □ Flower
- □ Doctor's
- □ Mailing
- □ Massage

EXPLANATION :

APPROVED BY______ F/D MANAGER

SIGNATURE ______

[그림 5-12] Paid Out Voucher

**PETTY CASH VOUCHER**

SEOUL RENAISSANCE HOTEL

PAY TO: ____________ DATE: ____________

AMOUNT: ₩____________ DEPARTMENT: ________ TEL NO: ________

| DESCRIPTION | A/C CODE | AMOUNT |
|---|---|---|
| | | |
| | | |
| | | |
| | | |
| | TOTAL | ₩ |

RECEIVED BY: ____________ CHECKED BY: ____________

REQUESTED BY: ____________

APPROVED BY: ____________ APPROVED BY: ____________

DIVISION HEAD ACCOUNTING

[그림 5-13] Petty Cash Voucher

② Miscellaneous

시설의 파손으로 인한 변상금이나 호텔객실의 타월 등을 판매한 잡수입을 의미한다.

가타수입및대체기록표
MISCELLANEOUS VOUCHER

HILTON

№ 5901

| NAME | ROOM | DATE |
|---|---|---|
| | | |
| | | |
| | | |

APPROVED BY ____________

____________
GUEST'S SIGNATURE

[그림 5-14] Miscellaneous Voucher

③ Allowance

정산이 끝난 매출액을 객실의 하자, 미니 바(mini-bar) 오류, 요금의 잘못된 적용, 이중계상, 투숙일 초과계상, 전화요금 오류, 종사원의 실수 등의 불가피한 사정으로 인하여 조정해야 할 경우를 말한다.

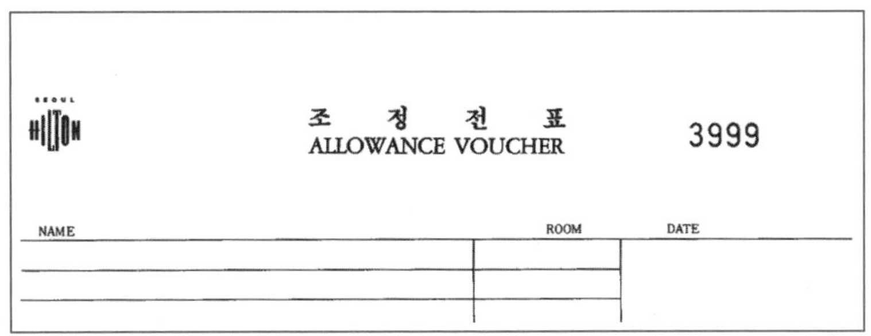

HILTON

조 정 전 표
ALLOWANCE VOUCHER

3999

| NAME | ROOM | DATE |
| --- | --- | --- |
| | | |
| | | |
| | | |

[그림 5-15] Allowance Voucher

(2) 투숙객 정산업무

퇴숙고객에 대한 정산 업무는 고객의 폴리오(folio)를 기본으로 하여 객실요금, 전화사용료, 미니 바(mini-bar), 룸서비스, 각종 레스토랑, 기타 부대시설 등을 빠짐없이 확인하여야 한다. 요금 정산시에 고객의 선수금 확인, 카드 오픈 등을 확인하여 실수가 없도록 하여야 한다.

HILTON

경상북도 경주시 신평동 370번지
370, Sinpyung-dong, Kyongju City
Kyungsangbuk-do, Korea

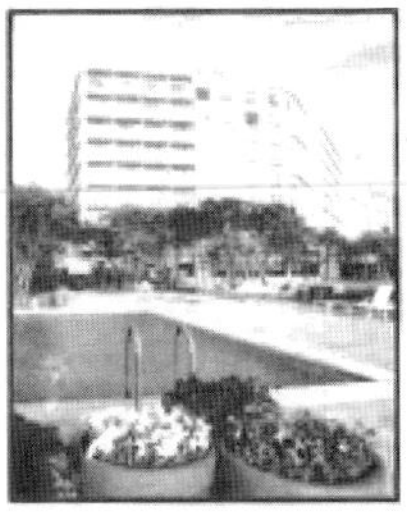

PLEASE PRINT

CHARGE TO __________

ADDRESS __________

CITY, STATE __________

I AGREE THAT MY LIABILITY FOR THIS BILL IS NOT WAIVED AND AGREE TO BE HELD PERSONALLY LIABLE IN THE EVENT THAT THE INDICATED PERSON, COMPANY OR ASSOCIATION TO PAY FOR ANY PART OR THE FULL AMOUNT OF THESE CHARGES.

GUEST'S SIGNATURE __________ APPROVED BY __________

ARRIVAL

DEPATURE

ACCT. No. ROOM No. No. OF GUESTS RATE

| | DATE | REFERENCE | DESCRIPTION | AMOUNT |
| --- | --- | --- | --- | --- |
| | | | | |

[그림 5-16] Guest Folio

Hotel Hyundai

**DEPOSIT(豫 置 證)**

NAME 姓 名 ______________ ROOM NO. 客室番號 ______________ DATE 日字 ______________

AMOUNT 金 額 | ₩

ACKNOWLEDGEMENT IS MADE OF RECEIPT OF AMOUNT PRINTED ABOVE THIS HAS BEEN CREDITED YOUR ACCOUNT. THANK YOU.
상기 金額을 分明히 받았습니다. 이 金額은 손님의 計定에 對替하겠습니다.
上記金額確かにお預りいたしました. この金額はお客様の勘定に振り替えさせていただきます

F/O CASHIER ______________ ACCOUNTING MANAGER ______________

[그림 5-17] Deposit Voucher

HILTON

SEOUL HILTON INTERNATIONAL

CASHIER'S REMITTANCE REPORT

CASHIER ______________

STATION ______________

DUTY STARTS AT: ________ A.M. P.M. ENDS AT ________ A.M. P.M.

| NET AMOUNT DUE | | | | | |
|---|---|---|---|---|---|
| ACTUAL BANK COUNT AT CLOSE OF DAY | | | CONTENTS OF ENVELOPE | | |
| CURRENCY: 10,000 | | | CURRENCY: 10,000 | | |
| 5,000 | | | 5,000 | | |
| 1,000 | | | 1,000 | | |
| 500 | | | 500 | | |
| 100 | | | 100 | | |
| ROLL COINS: 100 | | | COINS: 100 | | |
| 50 | | | 50 | | |
| 10 | | | 10 | | |
| 5 | | | 5 | | |
| 1 | | | 1 | | |
| LOOSE COINS: 100 | | | CHECK(Per Check List) | | |
| 50 | | | | | |
| 10 | | | | | |
| 5 | | | | | |
| 1 | | | | | |
| DUE FROM GENERAL CASHIER | | | | | |
| TOTAL BANK | | | | | |
| TOTAL AMOUNT ENCLOSED | | | | | |
| NET AMOUNT DUE | | | | | |
| CASH SHORT (ENTER IN RED) OVER (ENTER IN BLACK) | | | | | |
| DIFFERENCE RETURNABLE | | | | | |

[그림 5-18] Cashier' s Remittance Report

**ROOM/RATE CHANGE NOTICE**

| | |
|---|---|
| DATE : | TIME : |
| GUEST'S NAME : | |
| ROOM NO - FROM : | TO : |
| RATE - FROM : | TO : |
| EXPLANATION : | |
| F/D CLERK : | ATTENDANT : |
| APPROVED BY : | |

[그림 5-19] Room Rate Change Notice

### (3) 환전업무

환전상이라는 제도를 두고 외국인 관광객의 환전편의를 도모하고 외국환의 조기집중 및 외화유출을 방지하기 위하여 운영하고 있다. 고객으로부터 외화 또는 여행자수표를 매입할 때는 환전 신청서(application for exchange)에 신청자의 서명, 국적 및 여권번호, 일자, 외국환의 종류 및 금액, 적용환율, 원화환가액을 기입한 뒤 외환매입증서를 고객에게 교부하여야 한다. 외환매입증서는 재환전시에 제시하여야 한다. 환전상의 환전원은 지정영수통화의 당일 환율을 거래 외국환은행으로부터 통보받아 이를 고객에게 고시하고, 이를 적용하여 환전하며 전신환 매입률 기준의 1/100 범위 내에서 환전수수료를 받을 수 있게 되어 있다. 프런트 케셔는 General Cashier로부터 환전자금을 가지급 형식으로 할당받아 환전마감시 취득한 외국환과 교환잔금을 환전집계표 및 환전신청서와 함께 General Cashier에게 제출한다. General Cashier는 매입한 외국환 화폐 또는 여행자 수표를 익일까지 외국환 은행에 매각 또는 예치하여야 한다.

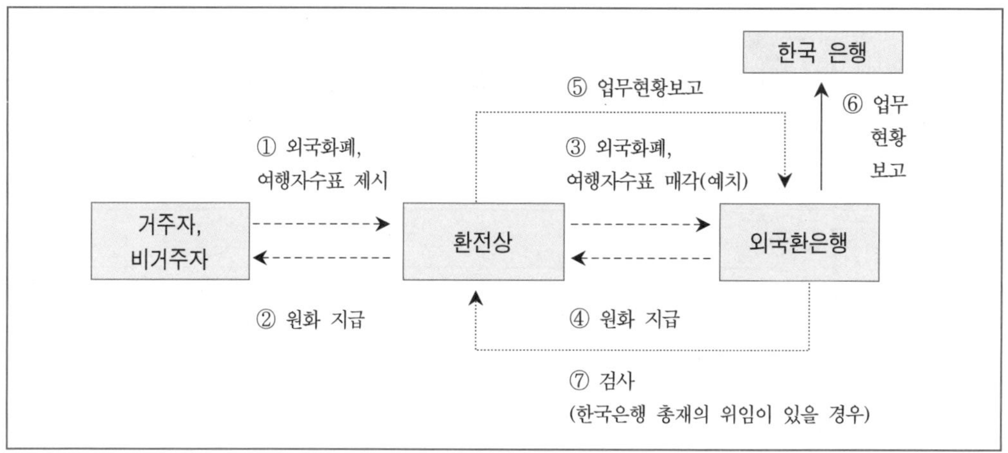


[그림 5-20] 환전상의 업무흐름

① 환전상은 거주자 또는 비거주자로부터 지정영수통화로 표시된 외국통화 및 여행자수표를 제시받으면 내국지급수단인 원화를 대가로 지급하고 이를 매입한다.

② 환전상의 취급수수료

지정거래외국환은행에서 정하는 당일의 당해 통화의 '외국환은행 대고객 전신환 매입률의 1/100 이내'로 한다.

*환전상 취급수수료=지정거래외국환은행의 당일 해당통화대고객 전신환매입률(TT/B)× 1/100 이내

③ 환전상 매입률

환전상 매입률은 해당 외국환별로 지정거래 외국환은행의 대고객 매입률에서 환전상 취급수수료를 공제한 율로서 각 통화형태별로 대고객 매입률을 산출한다.

*호텔의 외국환매입률 = 지정거래외국환은행의 당일 해당통화형태별 대고객매입률－환전상 취급수수료

④ 환전상 매입률 예시

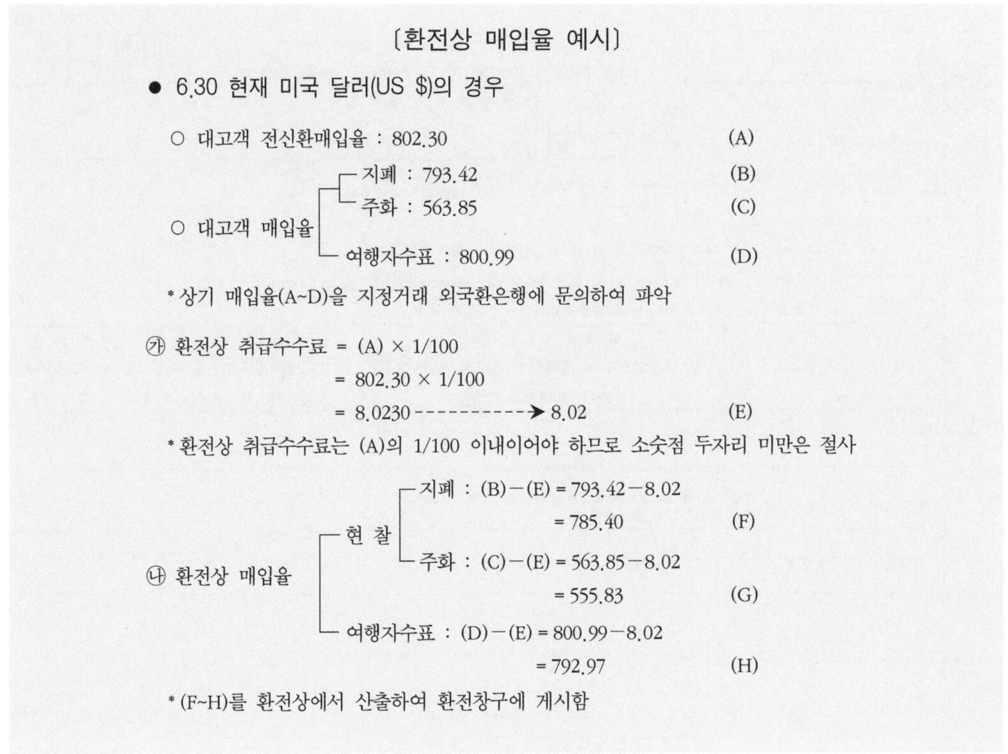

〔환전상 매입율 예시〕

● 6.30 현재 미국 달러(US $)의 경우

○ 대고객 전신환매입율 : 802.30 (A)

○ 대고객 매입율
- 지폐 : 793.42 (B)
- 주화 : 563.85 (C)
- 여행자수표 : 800.99 (D)

* 상기 매입율(A~D)을 지정거래 외국환은행에 문의하여 파악

㉮ 환전상 취급수수료 = (A) × 1/100
= 802.30 × 1/100
= 8.0230 -----------➤ 8.02 (E)

* 환전상 취급수수료는 (A)의 1/100 이내이어야 하므로 소숫점 두자리 미만은 절사

㉯ 환전상 매입율
- 현 찰
  - 지폐 : (B)−(E) = 793.42−8.02
    = 785.40 (F)
  - 주화 : (C)−(E) = 563.85−8.02
    = 555.83 (G)
- 여행자수표 : (D)−(E) = 800.99−8.02
  = 792.97 (H)

* (F~H)를 환전상에서 산출하여 환전창구에 게시함

[그림 5-21] 환전상의 매입률 예시

⑤ 외국환매각신청서와 외국환매입증명서

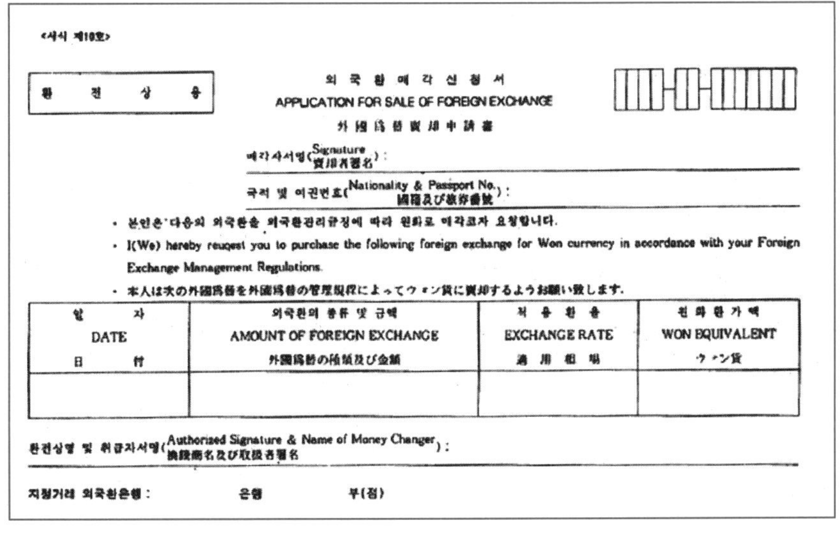

<서식 제10호>

환 전 상 용

외 국 환 매 각 신 청 서
APPLICATION FOR SALE OF FOREIGN EXCHANGE
外國爲替賣却申請書

매각자서명(Signature 賣却者署名) :

국적 및 여권번호(Nationality & Passport No. 國籍及び旅券番號) :

- 본인은 다음의 외국환을 외국환관리규정에 따라 원화로 매각코자 요청합니다.
- I(We) hereby reuqest you to purchase the following foreign exchange for Won currency in accordance with your Foreign Exchange Management Regulations.
- 本人は次の外國爲替を外國爲替の管理規程によってウォン貨に賣却するようお願い致します.

| 일 자<br>DATE<br>日 付 | 외국환의 종류 및 금액<br>AMOUNT OF FOREIGN EXCHANGE<br>外國爲替の種類及び金額 | 적 용 환 율<br>EXCHANGE RATE<br>適 用 相 場 | 원 화 환 가 액<br>WON EQUIVALENT<br>ウォン貨 |
|---|---|---|---|
| | | | |

환전상명 및 취급자서명(Authorized Signature & Name of Money Changer 換錢商名及び取扱者署名) :

지정거래 외국환은행 : 은행 부(점)

[그림 5-22] 환국환 매각신청서

<서식 제11호>

(앞 면)

| 환 전 상 용 |
|---|

외 국 환 매 입 증 명 서

CERTIFICATE OF FOREIGN EXCHANGE PURCHASED

外 國 爲 替 買 入 證 明 書

매각자서명(Signature 賣却者署名) :

국적 및 여권번호(Nationality & Passport No. 國籍及び旅券番號) :

- 귀하로부터 다음과 같이 외국환을 매입하였음을 증명합니다.
- This is to certify that we have purchased foreign exchange from you as follows.
- お客様から次のように外國爲替を買收ったことを證明する.

| 일자 DATE 日付 | 외국환의 종류 및 금액 AMOUNT OF FOREIGN EXCHANGE 外國爲替の種類及び金額 | 적용환율 EXCHANGE RATE 適用相場 | 원화환가액 WON EQUIVALENT ウォン貨 |
|---|---|---|---|
| | | | |

환전상명 및 취급자서명(Authorized Signature & Name of Money Changer 換錢商名及び取扱者署名) :

지정거래 외국환은행 : 은행 부(점)

(뒷 면)

- 참 고 : 귀하가 미사용 원화를 외국통화로 재환전하고자 할 때에는 외국환은행이나 개항장 또는 통관비행장에 설치된 금융기관인 환전상에 본 증서를 제시하여야 합니다.
- REMARKS : If you wish to reconvert any unused portion of your Won currency into foreign currency, please present this certificate to foreign exchange bank or authorized money changer at any international airport or port.
- 注 意 : お客様か未使用のウォン貨を外國通貨に再換錢する時には外國爲替銀行及び開港場又は通關飛行場にある金融機關である換錢商にこの證書を提示しなければならない.

재환전상황 (Reconversion 再換錢狀況) :

매각자서명 (Signature 賣却者署名) :

국적 및 여권번호 (Nationality & Passport No. 國籍及び旅券番號) :

| 일자 DATE 日付 | 원화금액 WON AMOUNT ウォン貨 | 적용환율 EXCHANGE RATE 適用相場 | 외국환의 종류 및 금액 AMOUNT OF FOREIGN EXCHANGE 外國爲替の種類及び金額 |
|---|---|---|---|
| | | | |

재환전환전상 또는 외국환은행명(Name of Money changer of Foreign Exchange Bank 換錢商名又は外國爲替銀行名) :

[그림 5-23] 외국환매입증명서

⑥ 일일환전보고서

HILTON

일 일 환 전 보 고 서
MONEY CHANGER DAILY REPORT

DATE: ____________

SHIFT: ____________ MONEY CHANGER ____________

RECEIPT NO. FROM: ____________ TO ____________

| CURRENCIES | | | AMOUNT | RATE | KOREAN W |
|---|---|---|---|---|---|
| U. S. A. | $ | CASH | | @ | |
| | | T/C | | @ | |
| JAPAN | ¥ | CASH | | @ | |
| | | T/C | | @ | |
| BRITISH | £ | CASH | | @ | |
| | | T/C | | @ | |
| GERMANY | DM | CASH | | @ | |
| | | T/C | | @ | |
| SWITZERLAND | SFR | CASH | | @ | |
| | | T/C | | @ | |
| HONG KONG | HK$ | CASH | | @ | |
| CANADA | CN$ | " | | @ | |
| FRANCE | FFr | " | | @ | |
| ITALY | LIR | " | | @ | |
| SWEDEN | Skr | " | | @ | |
| AUSTRALIA | A$ | " | | @ | |
| DENMARK | Dkr | " | | @ | |
| BELGIUM | BFr | " | | @ | |
| AUSTRIA | Sch | " | | @ | |
| NORWAY | Nkr | " | | @ | |
| NETHERLANDS | DFI | " | | @ | |
| SAUDI ARABIA | SR | " | | @ | |
| KUWAIT | KDin | " | | @ | |
| BAHRAIN | BD | " | | @ | |
| UAE | DH | " | | @ | |
| TOTAL | | | | | |

BALANCE ON HAND FROM LAST SHIFT: WON(W) ____________

ADD: AMOUNT FROM FRONT CASHIER ____________

ADD: AMOUNT FROM GENERAL CASHIER ____________

TOTAL ____________

LESS: AMOUNT TO GENERAL CASHIER ____________

BALANCE ON HAND TO NEXT SHIFT: ____________

[그림 5-24] 일일환전보고서

⑦ 통화고시환율

〈표 5-1〉 통화고시환율

| 통화코드 | 국가명 | 송금 | | 현찰 | | T/C 사실때 |
|---|---|---|---|---|---|---|
| | | 보내실때 | 받으실때 | 사실때 | 파실때 | |
| USD | 미국 | 1,074.80 | 1,054.20 | 1,083.12 | 1,045.88 | 1,077.27 |
| JPY | 일본 | 1,327.77 | 1,302.27 | 1,338.03 | 1,292.01 | 1,330.80 |
| EUR | 유럽연합 | 1,539.60 | 1,509.12 | 1,554.84 | 1,493.88 | 1,547.22 |
| GBP | 영국 | 1,717.54 | 1,683.54 | 1,734.55 | 1,666.53 | 1,726.04 |
| CAD | 캐나다 | 1,113.56 | 1,091.52 | 1,124.59 | 1,080.49 | 1,119.07 |
| CHF | 스위스 | 1,280.70 | 1,255.34 | 1,293.38 | 1,242.66 | 1,287.04 |
| HKD | 홍콩 | 138.11 | 135.39 | 139.48 | 134.02 | 138.80 |
| CNY | 중국 | 166.21 | 162.93 | 176.08 | 153.06 | 172.79 |
| THB | 태국 | 35.43 | 34.73 | 35.78 | 34.38 | 35.60 |
| IDR | 인도네시아 | 12.58 | 12.34 | 12.70 | 12.22 | 12.64 |
| SEK | 스웨덴 | 169.30 | 165.96 | 170.98 | 164.28 | 170.14 |
| AUD | 호주 | 1,154.70 | 1,131.84 | 1,166.13 | 1,120.41 | 1,160.41 |
| DKK | 덴마크 | 206.56 | 202.48 | 208.61 | 200.43 | 207.58 |
| NOK | 노르웨이 | 198.85 | 194.93 | 200.82 | 192.96 | 199.84 |
| SAR | 사우디 | 296.68 | 281.02 | 289.52 | 278.18 | 288.10 |
| KWD | 쿠웨이트 | 3,916.22 | 3,838.68 | 3,954.99 | 3,799.91 | 3,935.61 |
| BHD | 바레인 | 2,851.97 | 2,795.51 | 2,880.21 | 2,767.27 | 2,866.09 |
| AED | U.A.E | 292.70 | 286.92 | 295.60 | 284.02 | 294.15 |
| SGD | 싱가포르 | 877.16 | 859.80 | 885.84 | 851.12 | 881.50 |

(4) 귀중품 보관(Safe Deposit Box)

고객의 귀중품을 보관하였다가 되돌려 주는 서비스로 반드시 보관증을 발급하고 귀중품에 관한 약관을 설명하여야 한다.

I hereby acknowledge that all property stored in the safe deposit box of the **Hotel Hyundai** has been safely withdrawn, and all liability of the **Hotel Hyunday** there fore is released.
金庫に頂けたものを正に受けとりました. 依つて貴社の保管責任を解除します.

| Date | Signature | Time | Cashier |
|---|---|---|---|
| | | | |
| | | | |
| | | | |
| | | | |
| | | | |

## Safe Deposit Box Application
### (貸金庫ご利用證)

No.

| Room No. | |
|---|---|
| Print Name | |
| Signature | Date & Time |
| Box No. | Cashier |

## Conditions Governing Usage.

下記の約定承認して貸金庫を借悶用いたします.

### Safe Deposit Box

1. The use of this safe deposit box is limited to the period of stay at the Hotel Hyundai.
2. The deposit box shall be locked or unlocked only by the person(s) signing this application from.
3. The Hotel HUUNDAI is not responsible for any damage or loss resulting from the loss of the key through carelessness, theft, or other causes.
   In the event your key is lost, there will be a charge of ₩70,000 for replacement of lost key.
4. The safe deposit box is released upon check out and the key returned to the hotel. If the safe deposit box is still occupied without the hotel's open the box and remove the contents which will be given to the authorities as fogotten articles.

### 貸金庫のご案内

1. 貸金庫のご利用は,當ホテルご滯在期間中に限らせていただきます.
2. 貸金庫の開閉はご利用證にご署名のある方のみが行なえことができます.
3. 貸金庫の鍵を紛失した結果生じた損害につきましては, その原因の如何を問わず, 當ホテルは一切の責任を負いません.
   万一鍵を紛失さわた場合は, 弁償金實費70,000ウオンをご請求させて戴きます.
4. 借用期間滿了の際は, 直ちに貸金庫をお明けになり, 鍵をご返却くだちい. 尙, 期間滿了後三ケ月間何もご連絡の無い場合たは, 當ホテルにて金庫を開錠し, 保管さわていた物品は遺失物として所轄の機關に屆け出ます.

[그림 5-25] Safe Deposit Box Application

### 9) 각종 보고서 작성

객실판매현황의 파악과 객실영업일보 등 각종 보고서 작성은 나이트 클럭(night clerk)이 주로 담당하며, 근무시간이 밤 10시에서 익일 아침 7시까지이다.

#### (1) 주요업무

① 키 점검
② 야간도착고객 체크 인 절차
③ 노 쇼우, 캔슬 처리
④ 객실상황표 작성
⑤ 일일보고서 작성
⑥ 로그 북(log book) 작성
⑦ 익일 체크아웃 고객 현황파악

#### (2) 일일보고서

① 객실점유율(room occupancy) = $\frac{\text{판매객실수}}{\text{판매가능객실수}} \times 100$

② 평균객실료(average room rate) = $\frac{\text{순수객실매출액}}{\text{판매객실수}}$

③ 침대이용률(bed occupancy) = $\frac{\text{판매침대수}}{\text{총침대수}} \times 100$

④ 노 쇼율(no show) = $\frac{no-show\text{객실수}}{\text{예약된 객실수}} \times 100$

⑤ 일드율(yield) = $\frac{\text{실질매출총액}}{\text{잠재매출총액}} \times 100$

⑥ 더블판매점유율(double occupancy) = $\frac{\text{고객수}-\text{판매객실수}}{\text{판매객실수}} \times 100$

## 3. 기타업무

### 1) 교환실 업무(Telephone Operator)

호텔에서는 교환실을 P.B.X 또는 스위치보드(switch board)라고도 한다. 교환실의 주요 업무는 교환업무, 모닝콜(morning call), 시외 및 국제전화 연결, 업무일지 작성, 호텔안내 업무 등이다. 객실에서는 대부분 고객이 직접 시외전화나 국제통화를 걸 수 있어 교환실의 업무가 매우 간소화되었다.

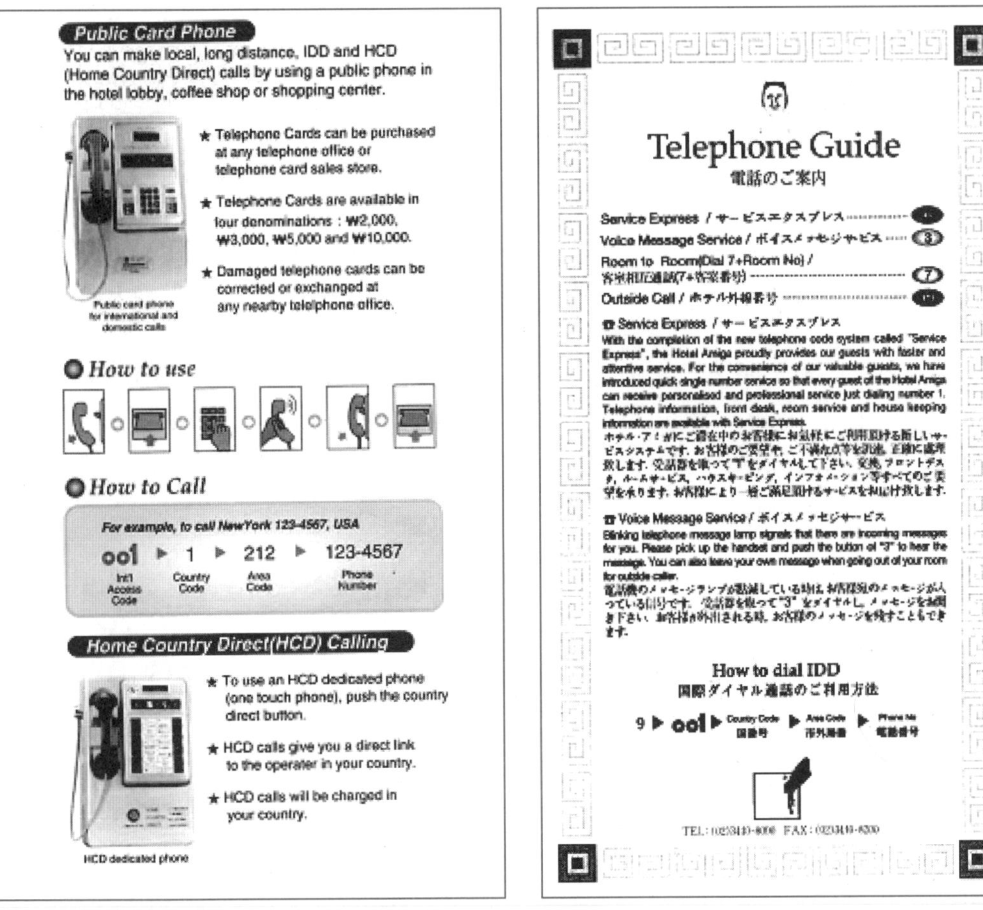


[그림 5-26] Telephone Guide

## 2) 비즈니스센터(Business Center)

호텔 투숙객과 상용고객을 위하여 팩스송수신, 복사, 서류작성, 서류번역, 통역, 항공기 예약 및 재확인 대행, 교통편 예약 및 구입업무 등 각종 비서업무를 제공하는 곳을 말한다.

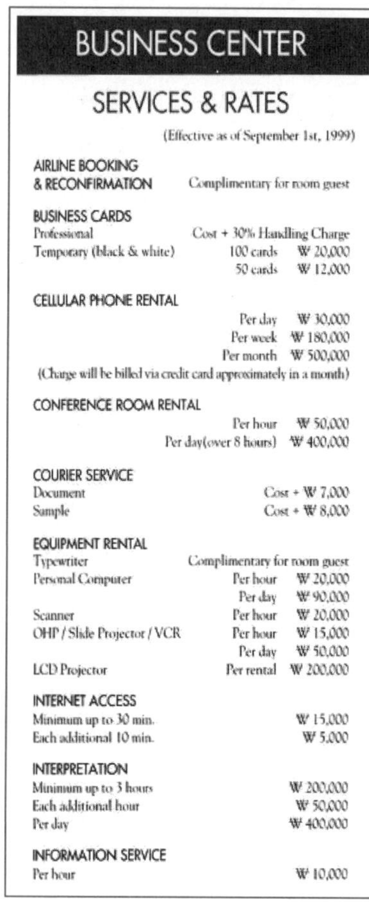

BUSINESS CENTER

SERVICES & RATES

(Effective as of September 1st, 1999)

**AIRLINE BOOKING & RECONFIRMATION** — Complimentary for room guest

**BUSINESS CARDS**

| | | |
|---|---|---|
| Professional | Cost + 30% Handling Charge | |
| Temporary (black & white) | 100 cards | ₩ 20,000 |
| | 50 cards | ₩ 12,000 |

**CELLULAR PHONE RENTAL**

| | |
|---|---|
| Per day | ₩ 30,000 |
| Per week | ₩ 180,000 |
| Per month | ₩ 500,000 |

(Charge will be billed via credit card approximately in a month)

**CONFERENCE ROOM RENTAL**

| | |
|---|---|
| Per hour | ₩ 50,000 |
| Per day(over 8 hours) | ₩ 400,000 |

**COURIER SERVICE**

| | |
|---|---|
| Document | Cost + ₩ 7,000 |
| Sample | Cost + ₩ 8,000 |

**EQUIPMENT RENTAL**

| | | |
|---|---|---|
| Typewriter | Complimentary for room guest | |
| Personal Computer | Per hour | ₩ 20,000 |
| | Per day | ₩ 90,000 |
| Scanner | Per hour | ₩ 20,000 |
| OHP / Slide Projector / VCR | Per hour | ₩ 15,000 |
| | Per day | ₩ 50,000 |
| LCD Projector | Per rental | ₩ 200,000 |

**INTERNET ACCESS**

| | |
|---|---|
| Minimum up to 30 min. | ₩ 15,000 |
| Each additional 10 min. | ₩ 5,000 |

**INTERPRETATION**

| | |
|---|---|
| Minimum up to 3 hours | ₩ 200,000 |
| Each additional hour | ₩ 50,000 |
| Per day | ₩ 400,000 |

**INFORMATION SERVICE**

| | |
|---|---|
| Per hour | ₩ 10,000 |

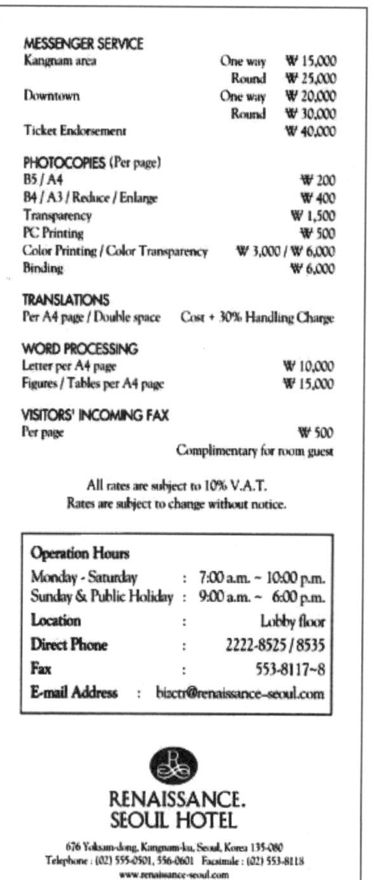

**MESSENGER SERVICE**

| | | |
|---|---|---|
| Kangnam area | One way | ₩ 15,000 |
| | Round | ₩ 25,000 |
| Downtown | One way | ₩ 20,000 |
| | Round | ₩ 30,000 |
| Ticket Endorsement | | ₩ 40,000 |

**PHOTOCOPIES** (Per page)

| | |
|---|---|
| B5 / A4 | ₩ 200 |
| B4 / A3 / Reduce / Enlarge | ₩ 400 |
| Transparency | ₩ 1,500 |
| PC Printing | ₩ 500 |
| Color Printing / Color Transparency | ₩ 3,000 / ₩ 6,000 |
| Binding | ₩ 6,000 |

**TRANSLATIONS**

| | |
|---|---|
| Per A4 page / Double space | Cost + 30% Handling Charge |

**WORD PROCESSING**

| | |
|---|---|
| Letter per A4 page | ₩ 10,000 |
| Figures / Tables per A4 page | ₩ 15,000 |

**VISITORS' INCOMING FAX**

| | |
|---|---|
| Per page | ₩ 500 |
| | Complimentary for room guest |

All rates are subject to 10% V.A.T.
Rates are subject to change without notice.

**Operation Hours**

| | | |
|---|---|---|
| Monday - Saturday | : | 7:00 a.m. ~ 10:00 p.m. |
| Sunday & Public Holiday | : | 9:00 a.m. ~ 6:00 p.m. |
| **Location** | : | Lobby floor |
| **Direct Phone** | : | 2222-8525 / 8535 |
| **Fax** | : | 553-8117~8 |
| **E-mail Address** | : | bizctr@renaissance-seoul.com |

RENAISSANCE.
SEOUL HOTEL

676 Yoksam-dong, Kangnam-ku, Seoul, Korea 135-080
Telephone : (02) 555-0501, 556-0601 Facsimile : (02) 553-8118
www.renaissance-seoul.com

[그림 5-27] Business Center

### 3) 상용고객층(Executive Floor)

호텔에서 특별히 상용고객과 귀빈들을 위해 전망 좋은 객실 층을 지정하여 운영하고 있으며 해당 층에 별도의 라운지서비스를 제공하고 있다. 일반층의 고객들은 출입을 할 수 없으며, 전담직원이 배치되어 고객의 체크-인, 체크-아웃서비스, 회의실 제공서비스, 라운지에 간단한 식음료 제공서비스, 사무용기기 제공서비스, 신문 및 잡지 제공서비스 등 다양한 서비스를 제공하고 있다.

### 4) 도어서비스(Door Service)

호텔에 도착하여 가장 먼저 접하는 종사원이 바로 도어맨(door man)이다. 호텔 고객서비스 가운데 가장 많이 사람이 붐비는 호텔 정문에서 특성 있는 유니폼을 착용하고 항시 질서와 정돈을 유지하는 경우와 고객이 처음 도착했을 때 혹은 호텔을 떠날 때 정중히 호텔을 대표해서 예의를 표하는 서비스를 말한다. 도착고객의 영접, 고객안내, 호텔정문의 질서유지, 발렛서비스, 주차장 관리, 출입문 관리, 출발고객 환송 등의 업무를 하고 있다.

### 5) 벨서비스(Bell Service)

고객을 정문에서 프런트 데스크까지 안내하며, 프런트에서 지정 객실로 안내하고 객실 키와 객실 사용법을 알려주는 것이 주요업무이다. 주요업무는 체크-인서비스, 객실변경서비스, 체크-아웃서비스, 로비의 관리서비스, 기타 관광안내 등이다.

### 6) 포터서비스(Porter Service)

포터의 기본 직무는 고객의 짐을 받아들이고 보관하고 내보내는 일이다. 짐 중에서도 주로 무거운 짐의 처리를 말한다. 때로는 가벼운 짐의 처리도 맡을 때가 있으나, 대부분은 벨맨이 하고 내보내는 일은 포터가 맡아 서비스한다. 또한 공항 등지에서 고객을 영접, 영송하기 위하여 파견되거나 고객의 짐을 챙기고 정리하며 고객을 에스코트하는 일도 겸하기도 한다.

### 7) 엘리베이터서비스(Elevator Service)

일반 건물의 엘리베이터서비스에 비해 호텔의 서비스는 이 기계를 이용하는 모든 고객이 한 사람, 한사람 더할 나위 없는 소중한 고객이며, 엘리베이터서비스가 호텔의 이미지에 영향을 준다. 고객의 생명과 안전, 사전확인과 내부청결, 운전작동주의 등이 주요 업무이다.

### 8) 컨시어지서비스(Concierge Service)

컨시어지 데스크는 대부분 로비에 위치하고 있으며, 고객에게 고품질의 서비스를 제공하기 위하여 밀착하여 상담하고 안내를 한다. G.R.O로 운영되는 호텔도 있다. 호텔 내·외부에 대한 다양한 정보제공, 여행에 필요한 교통편, 쇼핑센터 안내, 관광지 추천, 고객영접, 환송, 예약 등의 서비스를 제공한다.

### 9) 당직지배인(Duty Manager)

당직지배인은 호텔 전체에 관한 사항과 고객요구에 의한 업무처리, 컴프레인 처리, 호텔의 안전관리, 재산관리, 영업책임 등의 업무를 수행한다. 대부분 현관 종사원들의 업무활동과 고객의 행동을 파악하기 위하여 로비에 근무하며 총지배인을 대신하여 호텔과 고객 간의 문제들을 해결한다.

### 10) 휘트니스서비스(Fitness Service)

투숙객들의 체력단련을 위한 공간으로 헬스, 에어로빅, 수영장, 사우나, 테니스코트, 스쿼시코트, 스크린골프 등의 다양한 시설을 갖추고 있다.

## 참고문헌


1) 안대희 외, 호텔경영의 이해, 대왕사, 2011.
2) 이희천 외, 호텔경영론, 형설출판사, 2010.
3) 유정남, 호텔경영론, 기문사, 1998.
4) 정희천, 최신관광법규론, 대왕사, 2010.
5) 김영규 외, 현대호텔경영의 이해, 대왕사, 2004.
6) 고승익, 호텔경영론, 형설출판사, 2002.
7) 김재민 외, 신호텔경영론, 대왕사, 1997.
8) 차길수 · 윤세목, 호텔경영학원론, 현학사, 2006.
9) 이정학, 호텔경영의 이해, 기문사, 2007.
10) 주종대, 호텔현관객실실무론, 백산출판사, 2002.
11) 고석면 외, 호텔경영정보론, 백산출판사, 2007.
12) 김동식, 피델리오시스템, 백산출판사, 2005.
13) 김왕상 · 신강현, 호텔객실실무관리론, 대왕사, 2003.
14) 남택영 · 김상진, 호텔실무 영업회계, 한올출판사, 2000.
15) 박대환 외, 호텔객실영업론, 백산출판사, 2008.
16) 박중환, 현대호텔마케팅론, 형설출판사, 1998.
17) 신형섭 · 전홍진, 호텔객실서비스 실무론, 학문사, 2000.
18) 하헌국, 호텔경영과 실무, 한올출판사, 1999.
19) 한국관광협회중앙회, 관광호텔서비스매뉴얼, 1992.
20) 호텔신라, 교육매뉴얼(하우스키핑, 객실예약업무), 1995.
21) 호텔인터컨티넨탈, Rooms Division Service Manual, 2005.
22) Lefever, M. M., The Gentle Art of Overbooking, The Cornell H.R.A. Quarterly, 1988.
23) Tunison, L. R., Front Office Management(2nd ed), Educational Institute of the American Hotel & Motel Association, 1990.
24) Gee, C. Y., International Hotels: Development and Management, The Educational Institute of the American Hotel & Motel Association, 1994.
25) Kappa, M. M., Nitscheke Aleta, and Schappert, P. B., Managing Housekeeping Operations, 1990.
26) Lattin, G. W., James E. L., & Thomas, W. L., The Lodging and Food Service Industry, The Educational Institute of the American Hotel & Motel Association, 1998.

27) Andrew, S., Hotel Front Office A Training Manaual, McGraw-Hill, 2009.

28) Ismail, A., Front Office Operations and Management, Thomson Learning Inc., 2002.

29) Rutherford, D. G., & O'Fallen, M. J., Hotel Management and Operations, John Wiley-Sons, Inc., 2007.

Chapter

06

# 하우스키핑

Chapter

# 하우스키핑

## 제1절 하우스키핑의 개요

### 1. 하우스키핑의 개념

하우스키핑(housekeeping)은 객실정비 또는 객실관리부서로 불리어지며, 객실의 청소와 호텔시설과 비품의 유지관리, 각 레스토랑, 회의실, 주방, 현관, 복도, 화장실 등 전역에 걸친 공공장소의 청결유지, 각종 린넨류의 관리 등의 업무를 수행하는 부서이다.

### 2. 하우스키핑의 중요성

#### 1) 호텔상품의 생산

청결과 관리를 통해 객실뿐만 아니라 로비, 공동장소 등 호텔상품을 총체적으로 관리하게 된다. 이러한 측면에서 호텔상품을 구성하는 가장 핵심적인 역할을 하고 있다.

#### 2) 호텔재산의 관리

호텔은 고정자산에 대한 의존도가 높은 기업으로 이러한 건물, 설비 등과 비품, 집기, 기타물품들을 유지하고 관리하는 책임이 하우스키핑에 있으므로 그 중요성이 강조되고 있다.

#### 3) 호텔수익의 영향

객실은 식음료나 기타 다른 부분보다도 객실 대비 투입되는 원가면에서 호텔 수익에 지대한 영향을 미치고 있다.

# 제2절 객실관리

침대의 구성은 침대(frame), 매트리스(mattress), 패드(pad), 시트(sheet), 담요(blanket), 스프레드(spread)로 이루어진다.

## 1. 객실의 종류

### 1) 싱글 룸(Single Room)

객실에 1인용침대가 준비되어 한 사람이 투숙할 수 있도록 갖추어져 있으며, 객실의 넓이는 보통 13㎡ 이상이다.

### 2) 트윈 룸(Twin Room)

한 객실에 1인용침대가 두 개 준비되어 두 사람이 동시에 투숙할 수 있도록 갖추어져 있으며, 객실의 넓이는 19㎡ 이상이다.

### 3) 더블 룸(Double Room)

한 객실에 더블침대가 준비되어 두 사람이 동시에 투숙할 수 있도록 갖추어져 있으며, 객실의 넓이는 19㎡ 이상이다.

### 4) 트리플 룸(Triple Room)

트윈 룸에 한사람이 더 투숙 가능하도록 엑스트라 베드를 추가한 객실을 말한다.

### 5) 패밀리 트윈 룸(Family Twin Room)

가족여행객을 위한 객실로서 싱글침대 하나와 더블침대 하나가 들어 있는 객실을 말한다.

### 6) 디럭스 트윈 룸(Deluxe Twin Room)

객실이 대형화되는 형태로서 일반 트윈과는 차별화가 되어 있으며, 더블침대 2개가 준비되어 있는 객실을 말한다.

### 7) 특실(Suite Room)

주로 두 개의 객실을 사용하여 만든 것으로, 1개의 객실에는 침대를 넣어서 침실로 사용하며, 또 하나의 객실은 거실로 사용한다. 특실은 호텔마다 최고급으로 화려하게 꾸미고 각 호텔은 이러한 특실을 여러 개씩 보유하고 있으며, 침실과 응접실 외 레스토랑, 회의실, 주방, 대기실 등 여러 개의 객실을 배합하여 호화스러운 특실을 갖추고 있다. 주로 다음과 같은 명칭을 많이 사용한다. Imperial, Ambassador, Prince, Royal, President, Princess 등등

### 8) 스튜디오 룸(Studio Room)

객실에 정규침대 대신 Studio Bed를 설비한 객실로서 낮에는 응접용 소파로 사용하고 야간에는 침대로 만들어 사용할 수 있도록 설계된 1인용 객실이다. 소파의 등 부분에 주머니가 붙어 있어 그 속에 베개가 준비되어 있다. 이러한 객실은 상용고객을 위하여 주간에는 사무실과 거실로 사용하고 야간에는 침실로서 각기 그 기능을 달리할 수 있는 객실이다.

### 9) 커넥팅 룸(Connecting Room)

객실과 객실이 나란히 위치하여 객실 간에 통할 수 있는 문을 만들어 복도를 이용하지 않고도 왕래할 수 있는 객실을 말한다.

## 2. 가구의 종류와 인쇄물

### 1) 가구 종류

호텔에서는 일반적으로 고가의 건축비로 인하여 공간을 최대한 활용하여 가능한 좁게 하면서도 최대의 기능을 발휘하는 경향으로 가구를 만들고 있다. 테이블 하나에도 여러 가지 비품을 부착하여 다목적으로 활용하고 있으며, 객실 구석의 공간에 삼각형 테이블과 안락의자를 배치하여 공간을 절약하면서도 객실의 품위를 살리고 있다.

① 옷장(Closet)

객실 출입구 안쪽에 벽장처럼 옷장이 설치되어 있으며, 일반적으로 욕실과 마주보이도록 배치하고 있다.

② 나이트 테이블(Night Table)

침대의 머리맡에 놓여 있는 것으로 여기에 Control Box가 설치되어 누워서 객실 내의 모든 전등, TV, 라디오, 에어컨 등을 끄고 켤 수 있도록 하고 있다.

③ 티 테이블(Tea Table)

보통 일반 객실에 비치한 사각형이나 원형 테이블로 안락의자 2개를 겸비하고 있다.

④ 화장대(Dressing Table)

일반적으로 화장대를 말하며, 근래에는 Writing Table에 거울과 서랍을 겸비하여 다목적으로 사용하며 의자도 포함한다. 글도 쓸 수 있고 화장품을 올려놓을 수도 있으며, 서랍에는 옷을 넣을 수 있다. 적당한 조명장치가 준비되어 있으며 넓고 길이가 길면 사용하는데 편리하다.

⑤ 램프(Lamp)

객실 내의 조명이 약하므로 보조등을 필요로 하며 객실구석에 세워 놓고 있는 등은 Floor Lamp라고 하고, 화장대 위에 놓인 등은 Stand Lamp, 침대 머리맡에 놓는 등은 Night Lamp라고 한다.

⑥ 수하물 받침대(Baggage Stand)

고객의 가방이나 수하물을 올려놓는 받침대로 객실의 가구 배열에 따라 배치되는 일반적으로 옷장 옆에 있다.

⑦ 전화, 라디오 및 TV

전 객실에 전화와 라디오, TV를 필수적으로 배치하고 있다.

⑧ 휴지통(Waste Basket)

휴지나 쓰레기를 넣을 휴지통을 말하며 각 객실마다 비치한다. 가능한 불에 타지 않는 것이 좋으며, 그렇지 않을 때는 휴지통 밑에 불연성의 밑받침을 해놓는 것이 안전하다.

⑨ 응접세트(Sofa Set)

티 테이블, 사이드 테이블, 몇 개의 안락의자와 긴 안락의자 및 보조의자를 겸비한 응접용 세트로 보통 특실에 준비되어 있다.

⑩ 장롱(Wardrobe)

일반 객실의 옷장과는 달리 서랍이 여러 개 달린 장롱을 말하며, 장기 투숙객에게는 가장 필요한 가구이다.

⑪ 책상(Writing Table)

호화롭게 꾸며진 사무용 책상을 말하며 문방구류, 인쇄물 등을 비치하고 있다.

⑫ 회의용 테이블(Dining Table)

응접실에 비치하며 식탁 겸 회의용으로 쓰인다.

⑬ 냉장고(Refrigerator)

객실 내에 비치된 냉장고로 호텔 측에서 냉장고에 식음료를 넣어 두고 고객이 소비한 만큼 계산하도록 한다.

### 2) 인쇄물과 소모품

① 봉투와 편지지
② 그림엽서
③ 메모지, 메시지, 팩스용지
④ 설문지 또는 건의서
⑤ 세탁물 의뢰 용지
⑥ D/D Card
⑦ Room Rate
⑧ 숙박약관
⑨ 호텔안내서
⑩ 룸서비스 메뉴
⑪ 관광지도 및 안내서
⑫ 호텔안내책자
⑬ 비상구 표시도
⑭ Blade Box
⑮ 볼펜, 구두닦기류, 바늘과 실, 성경, 실내화, 재떨이, 옷솔과 구둣솔, 성냥, 화장지, 화병 등등

## 3. 침대의 크기

### 1) 일반적 침대(Conventional Bed)

침대의 프레임에서 약간 낮게 매트리스를 끼어 들어가게 되어 있다. 프레임의 앞과 뒤에 헤드보드(head board)와 풋 보드(foot board)가 달려 있다.

### 2) 할리우드 침대(Hollywood Bed)

일반적인 침대에 붙어 있는 풋 보드가 없고 때로는 헤드 보드까지 없는 경우가 있으며, 매트리스를 프레임 속에 끼워 넣지 않고 프레임과 같은 넓이로 만들어 위에 올려놓게 만든 침대이다. 걸터앉기에 편리하고 그 높이를 조정하여 소파 대용으로 사용하기에 편리하다.

### 3) 킹사이즈 침대(King Size Bed)

서양인들 중 체구가 큰 고객들을 수용하기 위하여 일반 침대보다 규격이 큰 침대를 사용하고 있다. 보통 세미 더블베드를 두 개 맞붙인 크기이다.

### 4) 소파 침대(Sofa Bed)

주간에는 긴 안락의자로 사용할 수 있으며, 좁은 객실공간을 최대한 활용하기 위하여 만들어진 침대로 침대 꾸미기에 손질이 많이 가고, 턴다운 서비스(turn down service)를 해줘야 하는 불편함이 있다.

### 5) 스튜디오 침대(Studio Bed)

할리우드 침대를 객실 벽에 밀어 놓고 베개를 치우고 수프레드를 덮은 상태에서 안락의자로 사용하도록 한 것이다. 의자 등받이는 벽에 부착 또는 별도로 이동 가능하게 만들어 침대를 반쯤 벽에 밀어 넣을 수 있거나, 또는 침대를 벽에 붙여 놓고 이동식 등받이를 올려놓으면 소파로 활용할 수 있도록 만들어진 침대이다.

### 6) 엑스트라 침대(Extra Bed)

객실에 두 사람 이상의 고객이 함께 투숙할 시에 임시로 가설하는 침대로서 이동하기에 편리하게 만들어졌다. 헤드 보드와 풋 보드가 없고 스프링 박스 위에 매트리스를 직접 올려놓으며 반으로 접을 수 있고, 침대 다리에 바퀴가 8개 달려 있다.

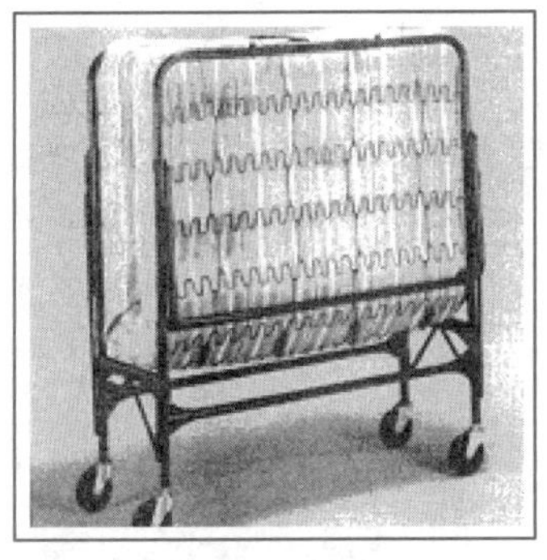

[그림 6-1] Rollaway Bed[15)]

### 7) 어린이용 침대(Baby Crib)

아기를 동반한 고객을 위하여 임시로 설치하는 어린이용 침대로 주위에 울타리처럼 되어 있다.

〈표 6-1〉 침대의 크기

| 구분 | 세로(cm) | 가로(cm) | 높이(cm) |
|---|---|---|---|
| single | 195~200 | 85~100 | 35~48 |
| double | 195~200 | 140~160 | 35~48 |
| semi-double | 195~200 | 110~130 | 35~48 |
| sofa bed | 195~210 | 80~100 | 30~40 |

## 4. 침구류

### 1) 린넨류 및 부속품

침대 꾸미기 시에 사용되는 린넨류 및 부속품은 다음과 같다.

① 누비요(bed pad)
② 시트(sheet)
③ 담요(blanket)
④ 베개와 베갯잇(pillow & pillow case)
⑤ 스프레드(bed spread)

### 2) 시트, 패드, 담요

매트리스 위에 패드를 깔고 시트 1매로 매트리스를 싼 후 1매의 시트로 담요를 싸는 것이 세계적으로 공통이다. 유럽 일부에서는 기후관계로 담요 위에 깃털이불을 덮는 경우도 있다.

### 3) 베개

베개는 딱딱한 것, 부드러운 것, 높은 것, 낮은 것 등이 있으나 대체적으로 내용물에 따라서 다르다. 스프링, 스펀지, 메밀껍질, 깃털 등이 있는데, 호텔에서는 깃털 베개를 가장 많이 사용하고 있다. 한 침대에 베개를 두 개 겹쳐 놓음으로써 높게 베는 고객은 두 개 모두 사용하도록 하며, 베개의 높고 낮음은 고객의 취향에 맞게 사용하여 불편이 없도록 한다.

### 4) 베갯잇

베갯잇은 케이스란 말과 같이 주머니로 되어 있으며, 이 속에 베개를 넣고 입구를 접어 넣어 쓰고 있다. 그러므로 베갯잇은 길이가 베개의 길이보다 약 2/3 가량 길어야 한다.

### 5) 스프레드

주간에는 새로이 판매하는 객실의 침대에 미관상, 위생상 좋도록 덮는 것으로 담요와 베개까지 전부 덮는다. 가장자리를 늘어뜨려 여러 가지 품위 있는 색이나 천으로 모양 있게 만들어진다.

## 제3절 하우스키핑의 업무

## 1. 객실관리 책임자

객실관리 책임자(executive housekeeper)는 무엇보다도 하우스키핑 종사원들에게 영향을 줄 수 있는 갖가지 요인을 파악하고, 이러한 지식을 인간관계가 원활하게 진행되도록 전용할 수 있는 능력을 갖추어야 한다. 하우스키핑 종사원들을 통솔하는 능력과 아울러 채용, 교육, 평가, 능력개발 같은 인사관리기술도 지니고 있어야 한다. 청소약품, 청소방법 및 청소장비를 알아야 하고 호텔의 구조와 관리방법도 익히고 있어야 한다. 간단한 엔지니어링의 원칙을 하우스키핑 업무에 응용할 수 있어야 하며, 실내장식의 기초는 파악하고 있어야 한다.

회계, 재정 및 구매기술에 관한 지식도 갖추어야 하며, 다른 부서와의 상관관계도 이해해야 하고, 다른 부서의 책임자들과 효과적으로 업무에 관해 협의할 수 있어야 한다. 마케팅에 관해서도 명확히 알고 있어야 하며 서비스 판매에 대해서도 적극적인 역할을 해낼 수 있어야 한다.

## 2. 수퍼바이저(Supervisor)

하우스키핑의 수퍼바이저는 작업진행에 직접적인 책임을 진다. 이들은 호텔의 한 층이나 여러 층과 같은 호텔 내의 특정한 장소에 대한 임무가 주어진다. 하우스키핑 종사원들이 그들의 업무를 수행하는데 필요한 보급품이나 도구를 갖추고 있는지 살피는 것도 그들의 업무에 속한다. 이것은 종사원 한 명 한 명의 작업 상황을 직접 감독하고 신임종사원에 대해 업무를 배정하는 한편 관할 종사원의 교육과 재교육에 대한 책임을 진다.

## 3. 룸 메이드(Room Maid)

룸메이드는 메이드 카트를 이용하여 기본적인 청소업무를 수행하고 객실과 욕실, 홀, 사무실 및 작업장에 대해서도 책임을 진다. 즉 객실을 청소하고 정비하는 직원을 말한다. 작업자체가 근본적으로 육체노동이므로 시력과 청력이 좋아야 하고, 민첩하며 팔다리를 자유자재로 사용할 수 있어야 한다. 주문이나 지침을 읽고 이해할 수 있어야 하며, 지루한 작업을 극복하고 고객, 동료, 슈퍼바이저 등과의 소통도 원활해야 한다. 이들은 또한 자기가 속해 있는 플로어나 부서에 대해 객실상황에 대해서도 보고할 수 있는 능력을 갖추어야 하며 서비스 상황과 린넨 상황에 대해서도 보고능력을 갖추어야 한다.

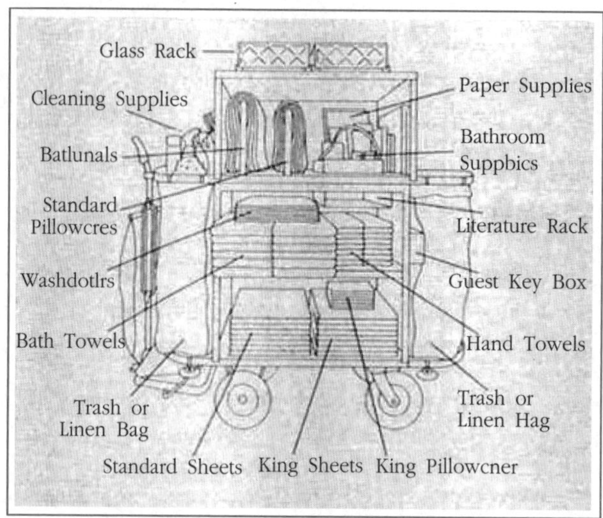


[그림 6-2] Maid Cart[15)]

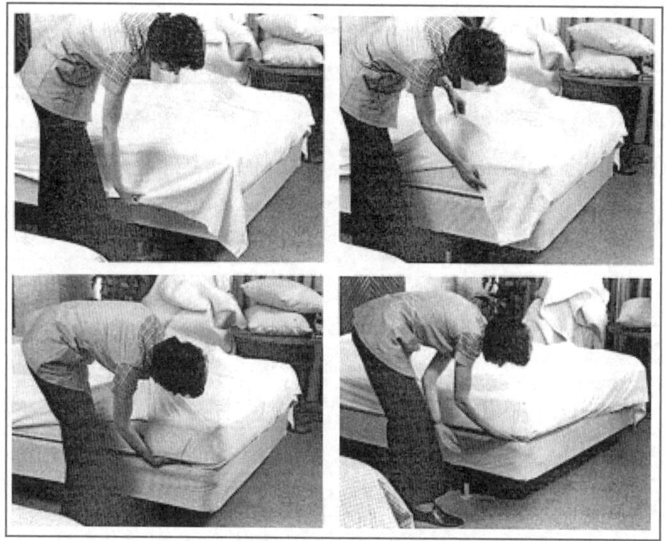

[그림 6-3] Make Bed[15)]

## 4. 인스펙터(Inspector)

객실을 상품으로 판매할 수 있는지를 점검하는 직원을 말한다. 창문과 커튼의 청소상태, 화장대, 욕실의 거울, 침대와 침구의 상태, 냉·온수 및 배수상태, 비품, 소모품, 타월류의 비치상태, 미니에 비치된 물품 확인 등이 주요 업무이다.

**Room Inspection Report**

ROOM NO. ____________________

TYPE ____________________ DATE INSPECTED ____________________

CONDITION: □ EXCELLENT □ ACCEPTABLE □ UNACCEPTABLE

| | BEDROOM | CONDITION | | BATHROOM | CONDITION |
|---|---|---|---|---|---|
| 1 | Doors, locks, chains, stops | | 21 | Doors | |
| 2 | Lights, switches, plates | | 22 | Lights, switches, plates | |
| 3 | Ceiling | | 23 | Walls | |
| 4 | Walls | | 24 | Tile | |
| 5 | Woodwork | | 25 | Ceiling | |
| 6 | Drapes and hardware | | 26 | Mirror | |
| 7 | Windows | | 27 | Tub, caulking, grab bars | |
| 8 | Heating/air conditioning setting | | 28 | Shower head and curtain | |
| 9 | Phone | | 29 | Bath mat | |
| 10 | TV and radio | | 30 | Vanity | |
| 11 | Headboards | | 31 | Fixtures/faucets/drains | |
| 12 | Spreads, bedding, mattress | | 32 | Toilet flush/seat | |
| 13 | Dressers, nightstand | | 33 | Towels facial/hand/bath | |
| 14 | Promotional material | | 34 | Tissue toilet/facial | |
| 15 | Lamps, shades, bulbs | | 35 | Soap | |
| 16 | Chairs, sofa | | 36 | Amenities | |
| 17 | Carpet | | 37 | Exhaust vent | |
| 18 | Pictures and mirrors | | | | |
| 19 | Dusting | | | | |
| 20 | Closet | | | | |

OTHER ____________________

INSPECTED BY ____________________ (Signature)

[그림 6-4] Room Inspection Report[15)]

## 5. 하우스 맨(House Man)

하우스 맨이 하는 일은 보급품과 사용된 물자를 운반하며, 주로 룸 메이드가 하기 힘든 일을 도와주는 역할을 한다. 카펫을 세탁하고 가구를 손질하며 벽을 닦는 일도 한다. 따라서 신체적인 건강한 사람이어야 하며, 상당한 손기술도 익히고 있어야 한다.

## 6. 유틸리티(Utility Workers)

엑스트라 배우, 단역 배우의 의미를 가지고 있지만, 호텔에서는 공공구역을 청소하는 종사원을 말한다. 호텔의 로비, 주차장, 화장실 등의 청소를 담당하는 직원들이다.

## 7. 린넨(Linen Workers)

린넨이란 호텔에서 사용한 타월, 담요, 시트, 가운, 테이블보, 냅킨, 커튼, 종사원 유니폼 등 면류나 화학섬유로 만들어진 마직류를 말한다. 정기적으로 세탁하고 교체하여 원활하게 유지하기 위해 적정재고를 유지해야 한다. 객실 린넨의 공급, 구매 및 출고 의뢰, 각종 보고서 작성 등이 주요업무이다.

대표적인 타월의 종류는 다음과 같다.

〈표 6-2〉 타월의 종류

| | 가로(cm) | 세로(cm) | 무게(g) |
|---|---|---|---|
| wash cloth | 30 | 30 | 40 |
| face cloth | 80 | 36 | 120~140 |
| bath cloth | 120 | 65 | 350~450 |
| foot cloth | 80 | 50 | 140~180 |

## 8. 미니 바(Mini Bar)

객실 내의 냉장고에 간단한 소용량의 양주류, 안주류, 음료 등을 진열해 놓고 고객의 기호에 따라 이용하게 하고 이를 퇴숙시에 계산하게 하고 있다.

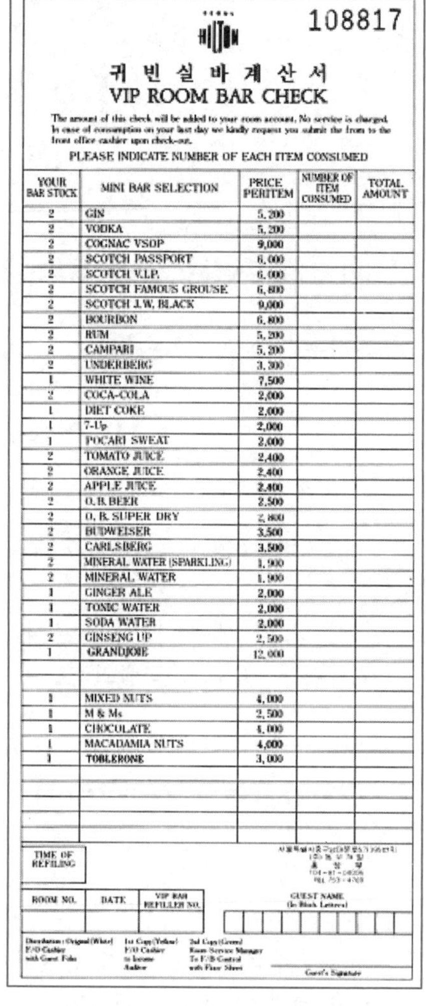

108817

귀 빈 실 바 계 산 서

VIP ROOM BAR CHECK

The amount of this check will be added to your room account. No service is charged. In case of consumption on your last day we kindly request you submit the from to the front office cashier upon check-out.

PLEASE INDICATE NUMBER OF EACH ITEM CONSUMED

| YOUR BAR STOCK | MINI BAR SELECTION | PRICE PERITEM | NUMBER OF ITEM CONSUMED | TOTAL AMOUNT |
|---|---|---|---|---|
| 2 | GIN | 5,200 | | |
| 2 | VODKA | 5,200 | | |
| 2 | COGNAC VSOP | 9,000 | | |
| 2 | SCOTCH PASSPORT | 6,000 | | |
| 2 | SCOTCH V.I.P. | 6,000 | | |
| 2 | SCOTCH FAMOUS GROUSE | 6,800 | | |
| 2 | SCOTCH J.W. BLACK | 9,000 | | |
| 2 | BOURBON | 6,800 | | |
| 2 | RUM | 5,200 | | |
| 2 | CAMPARI | 5,200 | | |
| 2 | UNDERBERG | 3,300 | | |
| 1 | WHITE WINE | 7,500 | | |
| 2 | COCA-COLA | 2,000 | | |
| 1 | DIET COKE | 2,000 | | |
| 1 | 7-Up | 2,000 | | |
| 1 | POCARI SWEAT | 2,000 | | |
| 2 | TOMATO JUICE | 2,400 | | |
| 2 | ORANGE JUICE | 2,400 | | |
| 2 | APPLE JUICE | 2,400 | | |
| 2 | O.B. BEER | 2,500 | | |
| 2 | O. B. SUPER DRY | 2,800 | | |
| 2 | BUDWEISER | 3,500 | | |
| 2 | CARLSBERG | 3,500 | | |
| 2 | MINERAL WATER (SPARKLING) | 1,900 | | |
| 2 | MINERAL WATER | 1,900 | | |
| 1 | GINGER ALE | 2,000 | | |
| 1 | TONIC WATER | 2,000 | | |
| 1 | SODA WATER | 2,000 | | |
| 2 | GINSENG UP | 2,500 | | |
| 1 | GRANDJOIE | 12,000 | | |
| | | | | |
| | | | | |
| 1 | MIXED NUTS | 4,000 | | |
| 1 | M & Ms | 2,500 | | |
| 1 | CHOCOLATE | 4,000 | | |
| 1 | MACADAMIA NUTS | 4,000 | | |
| 1 | TOBLERONE | 3,000 | | |
| | | | | |
| | | | | |
| | | | | |
| | | | | |
| | | | | |

TIME OF REFILING

| ROOM NO. | DATE | VIP BAR REFILLER NO. |
|---|---|---|
| | | |

GUEST NAME (In Block Letters)

Distribution: Original (White) F/O Cashier with Guest Folio
1st Copy (Yellow) F/O Cashier to Income Auditor
2nd Copy (Green) Room Service Manager To F/B Control with Floor Sheet

Guest's Signature

[그림 6-5] 미니 바 빌

## 9. 세탁실(Laundry)

최근에는 거의 호텔이 세탁시설을 호텔에 갖지 않고 Linen Supply가 되어있기 때문에 대규모 호텔에 있어서도 Laundry 전문의 부분을 폐지하여 고객의 Laundry 취급은 객실과가 실시하고 있는 호텔이 증가하고 있다. 고객이 Laundry를 낼 때에는 Floor Station에 연락을 해서 객실과가 고객으로부터 세탁물을 접수하게 된다. 세탁물은 고객자신이 객실 내에 놓여 있는 Laundry List에 수량을 기입하고 Laundry Bag에 넣어서 객실과에 건넨다. 객실과는 이 List와 물건과를 확인하고 틀리면 정정을 해서 Laundry에 낸다. 세탁이 완료된 세탁물은 객실과에 의해서 객실에 배달된다. 이 때 세탁물에 첨부되어 있는 Laundry List를 조사하여 객실번호, 이름, 물품, 수량이 틀리지 않는가를 확인한 다음 객실에 넣도록 한다.

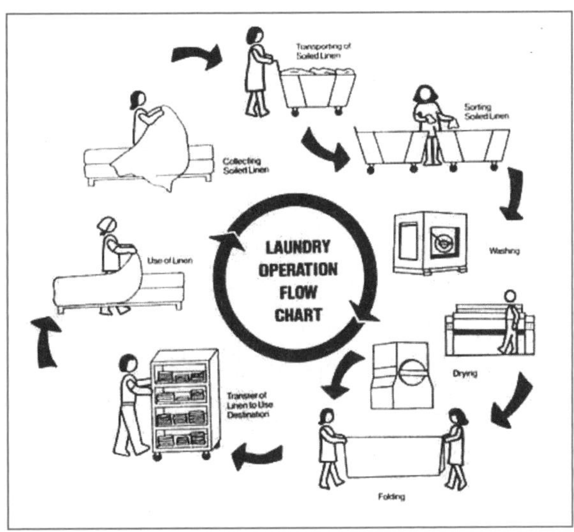


[그림 6-6] Laundry Operation Flow Chart 1[15)]

[그림 6-7] Laundry Operation Flow Chart 2[15)]

(Printed) Room No. DATE

Regular service : Article received before 10:00 A.M. will be returned the same day.
Special service : 1-hour serice 100% surcharge added.
Special service : 4-hour service 50% surcharge added.

午前10時前注文品は, 當日内にもどれます.
1時間内サービス : 100%の料金を加算いたしま
4時間内サービス : 50%の料金を加算いたしま

Light 薄く / Medium 中柄 / Heavy 濃く / None 無し

Instruction: 求事項

DIAL26 FOR SERVICE

26

| ount 量 | Gentlemen's List 紳士用 | Amount 金額 | Guest Count 數量 | Ladies's List 婦人用 | Amou 金 |
|---|---|---|---|---|---|
| | Coat 코트 コート | 5,000 | | Jacket 자케트 ジャケット | 5.0 |
| | Trousers 바지 ズボン | 5,000 | | Slacks 바지 スラックス | 5.0 |
| | Shirt 와이셔츠 シャツ | 3,500 | | Blouse 부라우스 ブラウス | 3.5 |
| | Sport Shirt 스포츠셔츠 スポツシャツ | 3,500 | | Skirt 스커트 スカート | 5.0 |
| | Pajama Suit 잠옷한벌 パジャマ | 4,000 | | Dress, Plain 원피스 ワンピース | 6.0 |
| | Tee Shirt 티셔츠 ティシャツ | 2,000 | | Sweateat 스웨터 スエーター | 4.0 |
| | Drawers 팬티 パンツ | 1,400 | | Slip 속치마 スリップ | 2.4 |
| | Handker chief 손수건 ハンカチフ | 800 | | Panties 팬티 パンティ | 1,2 |
| | Socks, Pair 양말 ソックス | 1,200 | | Socks or hoses 양말 ストッキング | 1,2 |
| | Raincoat 바바리 レインコート | 10,000 | | Brassiers 부라자 ブラヅャ | 1,2 |

PIECES TOTAL PRICE ₩

CLEANING ドライクリーニソグ
(드라이크리닝)

PRESSING サービス
(다림질만)

(Printed) Room No. DATE

Regular service : Article received before 10:00 A.M. will be returned the same day.
Special service : 4-hour service 50% surcharge added.
Special service : 1-hour serice 100% surcharge added.
Press Only : 50% of regular drycleaning charge.

午前10時前注文品は, 當日内にもどれます.
4時間内サービス : 50%の料金を加算いたします
1時間内サービス : 100%の料金を加算いたします
普通サビス : ドライクリニンクの50%の料金です.

Instruction: 要求事項

| ount 量 | Gentlemen's List 紳士用 | Amount 金額 | Guest Count 數量 | Ladies's List 婦人用 | Amou 金 |
|---|---|---|---|---|---|
| | Suit 양복한벌 スーツ | 12,000 | | Suit, 2-pcs 양복한벌 スーツ・上・下 | 12,0 |
| | Coat 양복상의 コート | 6,000 | | Jacket 자케트 ジャケット | 6,0 |
| | Trousers 바지 ズボン | 6,000 | | Slacks 바지 スラックス | 6,0 |
| | Vest 조끼 チョッキ | 2,500 | | Blouse 부라우스 ブラウス | 4,5 |
| | Necktie 넥타이 ネクタイ | 2,000 | | Skirt 스커트 スカート | 6.0 |
| | Necktie Silk 실크넥타이 ネクタイシルク | 3,000 | | Dress, Plain 원피스 ワンピース | 8.0 |
| | Overcoat 오바코-트 オーバコート | 12,000 | | Dress, 2-pcs 투피스 ドレス・上・下 | 12,0 |
| | Sweater 스웨타 スエーター | 5,000 | | Overcoat 오바코트 オーバコート | 11,0 |
| | Shirt 와이셔츠 シャツ | 4,000 | | Sweater 스웨타 スエーター | 4,5 |
| | Shirt Silk 실크셔츠 シャツシルク | 6,500 | | Blouse Silk 실크부라우스 ブラウスシルク | 5.0 |
| | Raincoat 바바리 レインコート | 12,000 | | Skirt long 긴스커트 スカートロン | 6,0 |
| | Muffler 마후라 マフラ | 2,400 | | Korean Dress 한복 韓服 | 14,0 |

PIECES TOTAL PRICE ₩

OTAL 10 V.A.T GRAND TOTAL

: Hotel is not responsible for buttons, belts, buckles, ornaments, etc. all leathers, suedes and fragile goods.

お知うせ : 當ホテルは, ボタン, ベルト, バクル装飾品 又は皮革, セーム等が洗濯時, 破損がある場合責任を負いません.

[그림 6-8] 세탁 빌

## 10. 턴다운 서비스(Turn Down Service)

오픈 베드라고도 하며 투숙한 고객을 편히 주무실 수 있게 만들어주는 준비작업이다. 주간에 완전히 준비가 되고 철저히 점검된 객실을 가능한 한 가장 좋은 서비스로 유지하기 위해서 이 작업을 실시한다. 간단히 스프레드를 걷어 정리한다든지, 모포를 접는 정도의 작업이 아니고 전반적인 객실서비스가 마무리 정리될 수 있도록 작업에 임해야 한다.

## 11. 분실물 및 습득물(Lost & Found)

객실 내와 객실 외부에서 발견된 물건 등은 객실사무실에서 보관한다. 고객이 체크아웃된 뒤에 객실 내에서 분실물을 발견할 시에는 객실번호, 성명 등을 확인하고 층의 책임자에게 제출한다. 또 복도에서의 습득물은 발견장소에서 확인하여 책임자에게 제출한다. 객실사무실에서는 분실물 기록부에 기록하고 보관창고에 보관한다. 그리고 연락하고 처리한다.

LOST AND FOUND LOG

| Item No. (optional) | Date and Time Found | Description of Article (include color, brand, etc.) | Area/Room No. Where Found | By Whom Found | How Disposed Of (Enter address if mailed) | By Whom | Date |
|---|---|---|---|---|---|---|---|
| | | | | | | | |
| | | | | | | | |
| | | | | | | | |
| | | | | | | | |
| | | | | | | | |
| | | | | | | | |
| | | | | | | | |
| | | | | | | | |
| | | | | | | | |
| | | | | | | | |

[그림 6-9] Lost & Found Log[15)]

## 12. 룸서비스(Room Service)

객실에 식음을 제공하는 것을 룸서비스라 한다. 대규모 호텔에는 룸서비스 전문의 Section이 있고, Order Taker가 직접 고객으로부터 식음의 주문을 받으며 룸서비스 접객원이 주문된 요리와 음식을 객실에 서비스한다. 따라서 이와 같은 호텔에는 객실과도 어느 정도 룸서비스의 메뉴에 관해서 알고 있지 않으면 안 되고 음식서비스의 예절도 알아놓지 않으면 안 된다. 특히 룸서비스의 경우에는 전화에 의한 주문이기 때문에 고객이 외국인 경우에는 주문을 접수할 때 틀리지 않도록 각별히 주의한다.

## 참고문헌

1) 안대희 외, 호텔경영의 이해, 대왕사, 2011.
2) 이희천 외, 호텔경영론, 형설출판사, 2010.
3) 유정남, 호텔경영론, 기문사, 1998.
4) 정희천, 최신 관광법규론, 대왕사, 2010.
5) 김영규 외, 현대호텔경영의 이해, 대왕사, 2004.
6) 고승익, 호텔경영론, 형설출판사, 2002.
7) 김재민 외, 신호텔경영론, 대왕사, 1997.
8) 차길수 · 윤세목, 호텔경영학원론, 현학사, 2006.
9) 이정학, 호텔경영의 이해, 기문사, 2007.
10) 주종대, 호텔현관객실실무론, 백산출판사, 2002.
11) 경주조선호텔, 객실부매뉴얼, 1987, 1994.
12) 한국관광협회 중앙회, 관광호텔서비스매뉴얼, 1992.
13) 호텔신라, 교육매뉴얼(하우스키핑, 객실예약업무), 1995.
14) 호텔인터콘티넨탈, Rooms Division Service Manual, 2005.
15) Kappa, M. M., Nitscheke Aleta, and Schappert, P. B., Managing Housekeeping Operations, Educational Institute of the American Hotel & Motel Association, 1990.
17) Foster, D. L., An Introduction to Hospitality, MG-Hill, 1992.
18) Rutherford, D. G., & O'Fallen, M. J., Hotel Management and Operations, John Wiley-Sons, Inc., 2007.
19) Andrews, S., Hotel Housekeeping, Mc-Graw-Hill, 2009.
20) Andrews, S., Hotel Housekeeping Management & Operations, Mc-Graw-Hill, 2010.
21) Raghubalan, G., & Raghubalan, S., Hotel Housekeeping: Operations and Management, 2009.

Chapter

07

# 호텔 · 레스토랑의 이해

Chapter

# 호텔 · 레스토랑의 이해

## 제1절 레스토랑의 개념

### 1. 레스토랑의 유래

식당은 인간이 여러 가지 목적으로 집을 떠나 이동하면서 먹고 쉬는 장소가 필요하게 됨에 따라 발생되었다. 기록에 의하면, B.C 512년경 고대 이집트에 식당의 기원이라 할 수 있는 음식점이 있었다고 한다. 이곳에서는 곡물, 들새고기, 양파요리 등 매우 단조로운 요리만 제공되었으며, 소년들은 부모를 동반해야 출입할 수 있었고, 소녀들은 결혼할 때까지 출입이 금지되어 있었다고 한다. A.D 79년경 로마시대에는 나폴리의 Vesuvius 산 줄기의 휴양지에 '식사하는 곳'이 매우 많이 있었으며, 유명한 카라카라(Kala Kala)라는 대중목욕탕의 유적에서도 식당의 흔적을 찾아볼 수가 있다. 이 목욕탕은 216년 카라카라 제왕 때 사용되었던 것으로 한 변이 330m나 되며, 수용 인원이 무려 1,600명이었다고 한다. 이 건물 내에는 증기탕, 온수탕, 냉수탕 등 여러 가지 욕실과 체육장, 경기장, 도서실, 강연실, 학습실, 미트라교의 예배당까지 갖추어져 사교장 겸 스포츠장으로 사용되면서 음식물을 제공하는 식당이 있었다고 한다. 그리고 수도원과 사원에서도 여행자를 위하여 식사와 숙소를 제공했다고 한다. 12세기경 영국에서는 선술집이 번창했으며, 1650년에는 영국 최초의 커피하우스(coffee house)가 옥스퍼드에서 개업되었고, 일정한 가격으로 점심이나 저녁식사를 제공하는 '오디너리(ordinary)'란 간이식당도 있었다.

프랑스에서는 1765년 몽 블랑거(Mon. Boulanger)라는 사람이 "블랑거는 신비의 스테미너 요리를 판매 중(Boulanger sells magical restoratives)"이라는 선전간판을 내걸고, 양의 다리와 흰소스(white sauce)를 끓여 만든 '레스토랑(restaurants)' 이란 이름의 수프를 판매했었다. 이 수프는 루이15세를 비롯하여 대중들에게 인기가 대단하였는데, 이 수프의 이름이 전래되어 오늘날의 식당, 즉 '레스토랑(restaurant)' 이란 말이 되었다는 설도 있다.

## 2. 레스토랑의 정의

레스토랑이란, "영리 또는 비영리를 목적으로 일정한 장소와 시설을 갖추어 인적 서비스와 물적 서비스를 동반하여 음식물을 제공하고 휴식을 취하게 하는 곳" 이다. 'Restaurer' 란 단어의 본래 의미는 '수복한다, 재흥한다, 기력을 회복시킨다' 라는 뜻으로, 즉 피로한 심신을 다시 원상으로 회복시킨다는 것을 의미하고 있다. 즉 사람들에게 음식물을 제공하는 공중의 시설, 정가판매점, 일품요리점이라고 표현하고 있듯이, 레스토랑이란 음식물과 휴식장소를 제공하고 원기를 회복시키는 장소라는 것이다. 최근 선진국에서는 레스토랑을 EATS상품을 판매하는 곳이라 하고 있다. EATS란 접대(Entertainment : 인적 서비스), 분위기(Atmosphere : 물적 서비스), 맛(Taste : 요리), 위생(Sanitation : 청결)을 뜻한다.

# 제2절 식음료부의 조직

## 1. 식음료의 역할

인간생활의 3대 요소인 의·식·주 가운데 식문화의 창조에 일익을 담당하고 있는 호텔의 식음료 부문은 객실과 더불어 호텔의 주요한 상품을 이루고 있고, 가장 탄력성이 강한 상품으로 호텔 수익증대에 큰 기여를 하고 있다. 따라서 호텔기업은 이윤의 극대화를 유지하고, 새로운 식문화 창조라는 사회적 요구에 부응하기 위해 식음료부문의 효율적인 운영에 끊임없는 노력을 기울이고 있는 것이다. 특히 다양한 고객의 욕구를 충족시켜 줌으로써 수익증대의 목적을 달성할 수 있는 식음료 접객원에 의한 인적 판매는 정보를 제공하고 고객을 설득하여 수요를 확산시키고 구매행동으로 유도하는 중요한 역할을 수행한다.

## 2. 식음료부의 직무

### 1) 식음료 부장(Manager or Director)

최고 책임자로서 식음부문의 계획 및 정책의 수립, 영업장의 관리, 감독, 종사원의 인사관리 등 전반적인 운영에 대해 책임을 지고 있다.

### 2) 식음료 과장(Assistant F&B Manager)

모든 업장의 운영상태 및 문제점을 파악하고 운영에 관하여 식음료 부장을 보필하고, 고객에게 제공되는 음식물의 양, 질에 대한 점검을 해야 한다. 또 종사원의 교육훈련과 서비스 강화훈련에 책임을 가지고 종사원의 고충, 불평처리에 있어서의 조정역할을 담당한다.

① 업장의 운영에 필요한 비품 및 소모품 청구 등의 문서업무를 한다.
② 종사원 또는 고객의 의견이나 제안을 경청하고 기록, 분석하여 업무에 참고한다.

### 3) 영업장 지배인(Outlet Manager)

식음료 부서의 영업방침에 따라 담당 영업장을 운영한다. 영업장의 매출실적 관리, VIP영접, 고객만족도 점검, 식음재료원가관리, 품질관리, 인사고과관리 등을 행하며 유관부서와 긴밀한 관계를 유지하여 영업장이 원활하게 운영되도록 노력한다.

① 업장관리(매출관리, 재고관리, 업장 환경관리, 원가관리, 특별행사 기획)
② 고객관리(고객 대장관리, 고객 불평처리 및 예방, 예약관리)
③ 인력관리(근태관리, OJT, 인사고과, 교육훈련)
④ 재산관리(집기, 비품관리)
⑤ 문서관리(문서의 기록・보관)

### 4) 영업장 부지배인(Assistant Outlet Manager)

영업장 지배인을 보좌하여 스탭회의를 주관하며 직원의 근태관리, 종업원의 주문전표와 계산서 등을 감독한다. 영업장 부재시에는 업무를 대행한다.

### 5) 캡틴(Captain)

캡틴은 직접 고객을 접대하여 주문을 받고 주방에 전달한다. 식음료에 대한 정확한 지식을 가지고 서비스에 임하는 책임자로 종사원의 복장, 용모를 점검하는 책임을 가진다.

① 접객 책임자로서 영업준비 상태와 종사원의 복장 및 용모를 점검하고 업장의 청결 유지를 위해 종사원에게 청소담당 구역을 분할한다.
② 업장 내의 기물, 서비스물품 등이 제 위치에 있는가를 항상 점검한다.
③ 안내원이 없을 경우에는 손님을 영접하여 테이블로 안내하고, 메뉴를 제안하는 형식을 통해 주문을 받는다.
④ 신입 종사원을 교육시키고, 종사원 간의 업무교대에도 효율화를 기해야 한다.
⑤ 응급처리 능력에 대한 절차 및 방법을 숙지하고 있어야 한다.

### 6) 웨이터, 웨이트리스(Waiter, Waitress)

① 매일의 메뉴를 캡틴에게 받아 숙지하고, 특별 식사와 후식에 대해서도 관심을 기울인다.
② 예약석을 확인해 두고 식탁 위의 설치 기물, 장식물, 린넨 등이 청결하게 제 위치에 있는가를 확인·점검한다.
③ 고객의 행동에 항상 주의를 기울여 식사의 순서에 시간이 지체되거나 너무 빠른 실수를 하지 않도록 한다. 또 각 음식에 알맞은 주류 종류를 숙지하고 음식소비시간을 정확히 파악하여 수많은 음식이 서비스되는 과정 속에서도 고객이 쾌적함을 느끼게 하여야 한다.
④ 캡틴을 보좌하여 주문된 식음료를 직접 고객에게 제공한다.

### 7) 버스 보이, 걸(Bus boy, Bus girl)

① 각종 기물(은기류, 글라스류, 도자기류, 기타 테이블 장식물)과 얼음, 비알코올성 음료를 준비하는 책임이 있다.
② 주문 후에 필요한 기물의 세팅을 한다.
③ 업장 내의 모든 시설, 기물의 청소를 맡는다.
④ 식기세척원, 음식물 저장소 근무원, 주방장 보조접객원 등과 긴밀한 관계가 있다. 또 안내원이나 수납원과 상호협조 관계에 있다.
⑤ 음식을 운반하며 사용이 끝난 접시를 세척장으로 옮긴다.

### 8) 안내원(Receptionist)

① 식당에 드나드는 고객을 영접·환송하며 그들을 안내한다.
② 식당 내의 점검사항을 수시로 실시하며 접객원들의 서비스를 돕는다.

③ 고객의 좌석예약을 받아 귀빈에게는 경험 있는 접객원을 배정한다.

④ 안내원은 깨끗한 용모와 숙련된 화술을 구사할 줄 알아야 하며, 항상 미소로 고객을 맞아야 한다.

### 9) 레스토랑 캐셔(Restaurant Cashier)

레스토랑의 고객이나 접객원으로부터 고객의 식음료비 계산서를 받아 요금을 수납하고 POS를 다루며 그날의 영업실적을 지배인에게 보고한다.

### 10) 연회 지배인(Banquet Manager)

연회 지배인은 각종 사회단체의 성격, 단체의 종류, 사회적 모임의 경향 등에 관심을 가지고 현대적 추세에 적합한 연회업장 준비에 만전을 기해야 한다.

### 11) 연회 캐셔(Banquet Cashier)

연회 수납원의 업무는 레스토랑 수납원에 비해 단순하지만 예약사항이 수시로 변경되고 주문이 다양하기 때문에 업무처리에 주의를 필요로 한다. 각 연회담당 직원이 연회종류, 인원, 식음료의 종류, 단가, 기타 장식 등을 기입한 Banquet Invoice에 손님의 확인을 받아 프런트오피스에서 빌링(billing)한다. 작성한 계산서는 예약 당시의 거래조건이 현금인가, 외상인가에 따라 처리하되, 외상인 경우에는 빌(bill)을 연회지배인이나 담당직원에게 고객의 서명을 받게 한 뒤 외부고객 원장에 대체처리를 한다.

### 12) 바 지배인(Bar Manager)

바텐더를 감독, 훈련, 지원하며 바(bar)의 쾌적한 환경을 유지하도록 하고 술의 재고가 적절한지를 감독한다.

### 13) 바텐더(Bartender)

① 고객이 주문한 술병의 상표를 확인하게 하고 고객이 보는 앞에서 서비스하는 것이 바람직하다.

② 다양한 술의 종류에 대해 광범위한 지식을 소유하고 있어 고객의 주문에 신속한 대처를 하며 주문을 유도하는 것이 바람직하다.

### 14) 와인 스튜어드(Wine Steward; Sommelier)

① 식전주(aperitif)와 테이블, 디저트 등의 와인을 권유하고 제공한다.
② 주문받은 와인을 규칙대로 정중하게 서브한다.
③ 와인의 진열과 재고를 점검, 관리한다.

### 15) 오더 테이커(Order Taker)

① 객실로부터의 전화에 의한 식음료 주문을 받는다.
② 주문전표를 작성한다.
③ 업장서비스 규칙과 예의, 호텔의 비상시 진행과정 등에 대하여 숙지하여야 한다.

### 16) 수습사원(Trainee)

수습사원은 신입사원으로 배정받은 근무부서의 실무를 익히는 견습사원을 말한다.
① 서비스 매뉴얼, 업장 내규, 비상시의 행동요령 등의 사항을 철저히 숙지한다.
② 웨이터, 웨이트리스의 업무를 돕는다.

## 3. 식음료서비스 형식에 따른 시스템

### 1) 쉐프 드 랑 시스템(Chef de Rang System)

이 서비스는 프렌치 서비스라고 하며, 가장 정중하고 우아한 서비스를 제공하는 최고급 레스토랑의 운영에 적합한 조직편성이다. 이 서비스의 기본 형태는 식당지배인 아래 접객조장이 있고, 그 아래 조직으로 3~4명의 종사원이 있어서 일정한 구역을 담당하여 서브하는 제도이다. 이 시스템은 충분한 휴식시간을 가지고 근무시간에 대체로 만족하는 종사원들이 제공하는 정중하고 수준 높은 서비스를 제공할 수 있는 장점이 있으나 숙련된 고급 인적자원에 대한 의존성이 높아 인건비의 지출이 크며, 공간이용의 극대화에 어려움이 있는 단점도 있다.

### 2) 헤드 웨이터 시스템(Head Waiter System)

쉐프 드 랑 시스템(Chef de Rang System)을 축소시킨 것으로 접객조장 아래에 식사담당과 음료담당을 두어 주어진 테이블을 서비스하는 것이다. 이 시스템은 플레이트 서비스에 적합한 것으로 대부분의 식당에서 가장 많이 이용하는 방식이다.

### 3) 스테이션 웨이터 시스템(Station Waiter System)

이 시스템은 하나의 영업장에 책임자로 접객조장을 두고 그 아래에 한 명의 종사원이 한 구역만을 서브하는 제도로서 계절 레스토랑이나 극장식 레스토랑 등의 영업장에 적합하다. 이 조직을 일명 원 웨이터 시스템(one waiter system)이라고도 한다. 일정한 공간을 한 명의 종사원이 서비스하기 때문에 일관성이 있으며, 고객에게 친밀감을 제공할 수 있다. 그러나 담당구역을 비우기가 쉬워 서비스 품질의 저하를 초래하기 쉽다.

# 제3절 레스토랑의 종류

## 1. 일반적인 분류

### 1) 레스토랑(Restaurant)

일반적으로 식당의 의미로 쓰이고 있는 명칭으로 레스토랑은 고급식당으로 식탁과 의자를 마련하여 놓고 고객의 주문에 의하여 웨이터나 웨이트리스가 음식을 날라다주는 테이블 서비스가 제공되며, 고급음식과 정중한 서비스, 훌륭한 시설이 갖추어진 최상급의 식당이다. 또 모든 식당을 대표하는 대명사이기도 하다.

### 2) 커피숍(Coffee Shop)

고객이 많이 왕래하는 장소에서 커피와 음료수 또는 고객의 요구에 따라 간단한 식사를 판매하는 식당이다.

### 3) 카페테리아(Cafeteria)

음식물이 진열되어 있는 카운터 테이블(counter table)에서 음식을 고른 다음, 요금을 지불하고 고객이 직접 가져다 먹는 셀프서비스(self-service)식의 식당이다.

### 4) 다이닝 룸(Dining Room)

주로 정식(table d`hôte)을 제공하는 호텔의 주 식당으로, 이용하는 시간을 제한하여 조식을 제외한 점심과 저녁식사를 제공한다. 그러나 최근에는 이 명칭은 사용되지 않고 고유의 명칭을 붙인 전문요리 레스토랑과 그릴(grill)로 형태가 바뀌었으며, 정식뿐만 아니라 일품요리(a la carte)도 제공하고 있다.

### 5) 그릴(Grill)

일품요리(一品料理; a la carte)를 주로 제공하며, 수익을 증진시키고 고객의 기호와 편의를 도모하기 위해 그날의 특별요리(daily special menu)를 제공하기도 한다. 아침, 점심, 저녁식사가 계속해서 제공된다.

### 6) 뷔페 레스토랑(Buffet Restaurant)

준비해 놓은 요리를 균일한 요금을 지불하고, 자기 뜻대로 선택해 먹을 수 있는 셀프서비스 레스토랑이다.

### 7) 런치 카운터(Lunch Counter)

식탁 대신 조리과정을 직접 볼 수 있는 카운터 테이블에 앉아, 조리사에게 직접 주문하여 식사를 제공받는 레스토랑이다. 고객은 직접 조리과정을 지켜볼 수 있기 때문에 기다리는 시간의 지루함을 덜 수 있고, 식욕을 촉진시킬 수 있다.

### 8) 리프레쉬먼트 스탠드(Refreshment Stand)

간편한 간이음식을 만들어 진열장에 미리 진열해놓고, 바쁜 고객들로 하여금 즉석에서 구매해 먹을 수 있도록 한 레스토랑이다.

### 9) 드라이브 인(Drive-In)

도로변에 위치하여 자동차를 이용하는 여행객을 상대로 음식을 판매하는 레스토랑이다. 이 레스토랑은 넓은 주차장을 갖춰야만 한다.

### 10) 다이닝 카(Dining Car)

기차를 이용하는 여행객들을 위하여 식당차를 여객차와 연결하여 그곳에서 음식을 판매하는 식당이다.

### 11) 스낵 바(Snack Bar)

가벼운 식사를 제공하는 간이 레스토랑이다.

### 12) 백화점 레스토랑(Department Store Restaurant)

백화점을 이용하는 고객들이 쇼핑도중 간이식사를 할 수 있도록 백화점 구내에 위치한 레스토랑이다. 이곳에서는 대개 셀프서비스 형식을 취하며, 회전이 빠른 식사(fast-food)가 제공된다.

### 13) 인더스트리얼 레스토랑(Industrial Restaurant)

회사나 공장 등의 구내식당으로 비영리 목적의 식당이다. 학교, 병원, 군대의 급식식당 등이 이에 속한다.

## 2. 서비스 형식에 의한 분류

### 1) 테이블 서비스 레스토랑(Table Service Restaurant)

일반적인 형태의 레스토랑으로서 일정한 장소에 식탁과 의자를 준비하여 놓고 고객의 주문에 의하여 웨이터나 웨이트리스가 음식을 제공하는 레스토랑이다. 우아한 분위기에서 최고급 서비스를 제공받을 수 있으나 식사를 위한 테이블 매너가 필요하다.

### 2) 카운터 서비스 레스토랑(Counter Service Restaurant)

카운터 서비스 레스토랑은 고객이 조리과정을 직접 볼 수 있도록 주방을 개방시켜 그 앞의 카운터를 식탁으로 하여 음식을 제공하는 레스토랑이다. 이 형태의 레스토랑은 고객이 직접 조리과정을 지켜보기 때문에 고객의 불평이 적고, 위생적이고 신속하게 음식이 제공되며, 많은 서비스 인원이 필요하지 않은 것이 특징이다. 그러나 주방이 개방되어 있다는 것이 오히려 단점이 되기도 한다.

### 3) 셀프 서비스 레스토랑(Self-service Restaurant)

셀프 서비스 레스토랑 고객 자신이 기호에 맞는 음식을 직접 운반하여 식사하는 형식의 레스토랑이다.

이 레스토랑의 특징은 다음과 같다.

① 기호에 맞는 음식을 선택하여 자기 양껏 먹을 수 있다.
② 위생적인 식사를 할 수 있다.
③ 신속한 식사를 할 수 있다.
④ 가격이 비교적 저렴하다.
⑤ 봉사료(tip)의 지불이 필요 없다.
⑥ 특별한 테이블 매너가 필요 없다.
⑦ 소수의 종사원으로 인건비가 적게 든다.
⑧ 테이블 회전이 빠르다.
⑨ 요리의 선택이 번거롭다.

### 4) 급식(Feeding)

급식사업으로 비영리적이며 셀프서비스 형식의 레스토랑이다. 회사 종사원을 위한 급식, 학교급식, 병원급식, 군대, 형무소에서의 급식이 있으며, 일시에 많은 인원을 수용하여 식사를 제공할 수 있으나 일정한 메뉴에 의한 식사이기 때문에 자기의 기호에 맞는 음식을 선택할 수 없다는 단점이 있다.

### 5) 자동판매(Vending Machine Service)

자동판매기(Vending Machine)에 의해 판매되는 레스토랑이다. 인건비의 급증으로 인하여 자동판매기의 인기가 높아지고 있다.

### 6) 자동차 레스토랑(Auto Restaurant)

버스형 자동차나 트레일러(trailer)에 간단한 음식을 싣고 다니면서 판매하는 이동식 레스토랑이다.

### 7) 테이크 어웨이 레스토랑(Take-away Restaurant)

고객을 위한 좌석을 마련하지 않고 간단한 조리시설 또는 진열장에서 패스트푸드 같은 음식을 주문하거나 판매하는 간이 레스토랑이다.

# 제4절 식사의 종류

## 1. 식사시간에 의한 분류

### 1) 조식(Breakfast)

일반적으로 아침식사(breakfast)라고 하면 식당에서 판매하는 아침식사의 정식메뉴이다. 양식의 아침식사에는 다음과 같은 종류가 있다.

#### (1) 미국식 조식(American Breakfast)

달걀요리와 주스(juice), 토스트(toast), 커피(coffee)를 위시해서 핫케이크(hot cake), 햄(ham), 베이컨(bacon), 소시지(sausage), 프라이드 포테이토(fried potato), 콘플레이크(cornflake), 우유 등을 선택해서 먹는 식사이다.

#### (2) 유럽식 조식(Continental Breakfast)

달걀요리와 곡류(cereal)가 포함되지 않고 빵과 커피, 우유 정도로 간단히 하는 식사이다. 유럽에서 성행되고 있는 식사로서, 호텔 내에서는 객실요금에 아침식사 요금이 포함되어 있다.

#### (3) 비엔나식 조식(Vienna Breakfast)

간단한 달걀요리와 롤빵, 커피나 우유가 서브되는 식사를 말한다.

#### (4) 영국식 조식(English Breakfast)

미국식 조식과 같으나 생선요리가 추가되는 것이 특징이다.

### 2) 브런치(Brunch)

아침과 점심식사의 중간쯤에 먹는 식사이다. 현대의 도시생활인에 적용되는 식사 형태로서 이 명칭은 최근 미국의 식당에서 많이 이용되고 있다.

### 3) 점심(Lunch)

아침과 저녁 사이에 먹는 식사로 보통 정오에 하는 식사이다. 점심메뉴는 저녁메뉴보다 가볍고 저렴한 가격으로 제공된다.

### 4) 애프터눈 티(Afternoon Tea)

이것은 영국인의 전통적인 식사습관으로써, 밀크 티(milk tea)와 씨나몬 토스트(cinnamon toast) 또는 멜바 토스트(melba toast)를 점심과 저녁 사이에 간식으로 먹는 것을 말한다. 그러나 지금은 영국뿐만 아니라 세계 각국에서 정오에 티타임(tea-time)이 보편화되고 있다.

### 5) 저녁(Dinner)

저녁은 하루 중에 가장 중요한 식사이기에 가장 질이 좋은 음식을 충분한 시간적인 여유를 가지고 즐긴다. 보통 저녁식사 메뉴는 정식(full course)이 많으며, 음료 및 주류도 함께 제공되므로 고객의 욕구충족과 수익확보 차원에서 메뉴구성을 철저히 하여야 한다.

### 6) 만찬(Supper)

원래 격식 높은 정식만찬이었으나, 이것이 변화되어 최근에는 음악회나 연주회 등 각종 모임에서 늦은 저녁에 먹는 간단한 밤참의 의미로 사용되고 있다.

## 2. 식사내용에 의한 분류

### 1) 정식(Table d'hote: Full Course)

정식은 정해진 메뉴(set menu)에 의해 제공되는 것으로 전채, 수프, 생선요리, 육류요리, 야채요리, 후식 등의 순서로 되어 있다.

#### (1) 정식메뉴의 장점

① 가격이 저렴하다.
② 고객의 선택이 용이하다.
③ 원가(cost)가 낮아진다.
④ 매출액이 높다.
⑤ 가격이 고정되어 회계가 쉽다.

⑥ 신속하고 능률적인 서브(serve)를 할 수 있다.
⑦ 조리과정이 일정하여 인력이 절감된다.
⑧ 메뉴작성이 쉽다.
⑨ 재고가 감소된다.

#### (2) 정식메뉴의 단점

① 고객이 특별히 원하는 요리만 선택할 수가 없다.
② 조리와 서브가 단조로워 종사원의 능력을 개발할 기회가 적다.
③ 서비스에 융통성이 없다.

### 2) 일품요리(A la carte)

고객의 주문에 의하여 조리사의 독특한 기술로 만들어진 요리가 품목별로 가격이 정해져 제공되는 요리이다. 이 요리는 그릴(grill)이나 전문 레스토랑에서 제공되나 요즈음에는 정식 레스토랑을 비롯한 일반 레스토랑에서도 정식과 함께 제공되고 있다. 일품요리는 고객의 기호에는 충족될 수 있으나 대체로 가격이 비싸다. 일품요리를 가리켜 표준차림표, 기호요리, 선택요리의 차림표라고도 한다.

#### (1) 일품요리의 장점

① 기호에 따라 고객이 메뉴를 선택할 수 있다.
② 메뉴의 단조로움을 피할 수 있다.
③ 계절별, 월별, 일별로 시기적절하게 변화를 줄 수 있다.
④ 종사원들의 능력을 배양할 수 있다.

#### (2) 일품요리의 단점

① 가격이 고가이다.
② 메뉴가 복잡하다.
③ 메뉴인쇄 및 잡비용이 증가한다.
④ 재고 식재료가 증가한다.
⑤ 원가통제가 어렵다.
⑥ 고도로 숙련된 조리사가 필요하다.

### 3) 뷔페(Buffet)

찬 요리와 더운 요리 등으로 분류하여 진열해 놓은 음식을, 손님이 일정한 가격을 지불하고 직접 자기의 기호에 맞는 음식을 운반하여 양껏 먹는 식사이다.

#### (1) 오픈 뷔페(open buffet)

불특정 다수를 대상으로 일정한 요금을 지불하면 마음껏 골라 먹을 수 있는 방식으로 일반적 뷔페식당을 의미한다.

#### (2) 크로스 뷔페(close buffet)

사전에 이용객의 수와 가격이 정해지며, 각종 모임이나 연회시 이용하는 뷔페식당을 의미한다.

# 제5절 식사서비스의 형태와 방법

어떤 서비스 스타일이든 모든 상황이나 음식에 맞는 경우는 없으므로 한 가지 서비스를 전적으로 사용하는 레스토랑은 거의 없다. 예를 들어, 동일한 레스토랑에 있어서도 간단한 일품요리(a la carte)를 서빙하는 테이블에서는 플레이트(plate) 서비스를 사용하는 반면에, 여러 가지의 일품요리(a la carte)서비스를 제공하는 테이블에서는 사이드 테이블(side table) 서비스를 하기도 한다.

## 1. 테이블 서비스(Table Service)

테이블 서비스(table service)는 가장 전형적인 서비스 형태로, 쾌적한 분위기 속에서 웨이터나 웨이트리스가 보다 전문적이고 효율적인 방법으로 질 좋은 요리를 신속하게 제공하여 고객의 욕구를 충족시켜 주는 서비스이다.

### 1) 프렌치 서비스(French Service)

프렌치 서비스는 시간의 여유가 많은 유럽의 귀족들이 훌륭한 음식을 즐기던 전형적인 서비스로 우아하고 정중하여 고급식당에서 제공되고 있는 서비스이다. 이 서비스는 고객의 테이블 앞에서 간단한 조리기구와 재료가 준비된 게리동(gueridon)을 이용하여 직접요리를 만들어 제공하거나, 알코올 또는 가스램프를 사용하여 식지 않게 하여 음식을 덜어 주기도 하며, 먹기 편하도록 생선뼈를 제거해 주고 요리를 잘라 주기도 한다.

보통 두 명 내지 세 명의 상당히 숙련된 종사원이 서비스할 수 있으며, 이들은 요리와 칵테일 기술이 겸비되어야 하며, 쇼맨십(showmanship)도 약간 있어야 한다. 그러나 날로 높아만 가는 인건비를 줄이고자 현재 프랑스 레스토랑에서는 이러한 전통적인 서비스 방법이 플레이트 서비스로 변화되고 있는 추세이다.

① 일품요리를 제공하는 전문식당에 적합한 서비스이다.
② 식탁과 식탁 사이에 게리동이 움직일 수 있는 충분한 공간이 필요하다.
③ 숙련된 종사원으로 접객편성이 이루어져야 하므로 인건비의 지출이 높다.
④ 고객은 자기 양껏 먹을 수 있으며, 남은 음식은 따뜻하게 보관되어 추가로 서비스할 수 있다.
⑤ 다른 서비스에 비해 시간이 많이 걸리는 단점이 있다.

### 2) 러시안 서비스(Russian Service)

러시안 서비스는 생선이나 가금류를 통째로 요리하여 아름답게 장식을 한 후 고객에게 서브되기 전에 고객들이 잘 볼 수 있게 보조테이블(side-table)에 전시함으로써 식욕을 돋우게 하는 효과를 거둘 수 있도록 하는 데서 유래되었다.

이 서비스는 1800년도 중반에 유행한 것으로, 큰 은쟁반(silver platter)에 멋있게 장식된 음식을 고객에게 보여주면 고객이 직접 먹고 싶은 만큼 덜어 먹거나 종사원이 시계 돌아가는 방향으로 테이블을 돌아가며 고객의 왼쪽에서 적당량을 덜어 주는 방법으로 매우 고급스럽고 우아한 서비스이다.

① 전형적인 연회서비스이다.
② 혼자서 우아하고 멋있는 서비스를 할 수 있고, 프렌치서비스에 비해 특별한 기물을 준비하여야 한다.

③ 요리는 고객의 왼쪽에서 오른손으로 서브한다.
④ 프렌치 서비스에 비해 시간이 절약된다.
⑤ 음식이 비교적 따뜻하게 서브된다.
⑥ 마지막 고객은 식욕을 잃기 쉽다.

### 3) 사이드 테이블 서비스(Side Table Service)

사이드 테이블 서비스 스타일을 이용하는 경우 우선 플래터를 고객에게 보여준 후 다시 사이드 테이블 위에 있는 헤쇼오(réchaud) 위에 올려놓는다. 따뜻한 접시는 미리 사이드 테이블 위에 준비해 놓는다. 접시에 음식을 담을 때에는 항상 양 손을 사용한다. 음식을 담은 접시는 고객의 오른쪽에서 고객 앞에 놓는다.

때에 따라 접시에 음식이 과다하게 담기는 것을 피하기 위하여 나눠서 음식을 서빙하는 경우도 있는데, 이런 경우 다시 서빙할 때에는 항상 깨끗한 접시를 사용한다.

### 4) 미국식 서비스(American Service)

아메리칸 서비스는 주방에서 접시에 보기 좋게 담겨진 음식을 직접 손으로 들고 나와 고객에게 서브하는 플레이트 서비스(plate service)와 고객의 수가 많을 때 접시를 트레이(tray)를 사용하여 보조 테이블(side-table)까지 운반한 후 손님에게 서브하는 트레이 서비스(tray service)로 나눌 수 있다. 이 서비스는 레스토랑에서 일반적으로 이루어지는 서비스 형식으로, 가장 신속하고 능률적이므로 고객회전이 빠른 식당에 적합한 방식이다.

① 주방에서 음식이 접시에 담겨져 제공된다.
② 신속한 서비스를 할 수 있다.
③ 적은 인원으로 많은 손님을 서브할 수 있다.
④ 음식이 비교적 빨리 식는다.
⑤ 고객의 미각을 돋우지 못한다.
⑥ 고급식당보다는 고객회전이 빠른 식당에 적합하다.

## 2. 셀프 서비스(Self Service)

셀프서비스에서는 서비스 종사원들이 테이블을 세팅한다. 모든 음식은 뷔페(buffet)식으로 정돈되고 고객들이 준비된 음식을 직접 가져다 먹는 방법이다. 셀프서비스에서는 연회(banquet)처럼 따뜻한 음식과 찬 음식을 동시에 제공할 수도 있고, 또는 샐러드나 디저트 바(bar)처럼 음식들 중 일부를 제공하기도 한다. 어떤 레스토랑에서는 점심시간에 뷔페 스타일을 이용하는데 이는 가격을 낮게 유지하기 위함이다. 뷔페에서는 고객들이 한 방향으로 이동하여야 한다. 고객들이 움직이는 방향 순서에 따라서 처음 부분에는 찬 음식을 위치시키고 끝 부분에 따뜻한 음식을 위치시키는데, 이는 따뜻한 음식이 식지 않도록 하기 위함이다. 이 서비스는 고객 스스로 음식을 운반하여 먹는 형태로 카페테리아나 뷔페서비스가 바로 그것이다. 경우에 따라 카빙이 필요한 요리는 조리사에 의해 서비스되며 수프와 음료를 웨이터가 제공해 주기도 한다.

① 기호에 맞는 음식을 다양하게 자기 양껏 먹을 수 있다.
② 식사를 기다리는 시간이 없으므로 빠른 식사를 할 수 있다.
③ 인건비가 절약된다.
④ 가격이 저렴하다.

## 3. 카운터 서비스(Counter Service)

조리장과 붙은 카운터를 식탁으로 하여 고객이 직접 조리과정을 지켜보며 식사를 할 수 있는 형식으로, 때로는 웨이터가 음식을 테이블까지 날라주기도 한다.

① 빠르게 식사를 제공할 수 있다.
② 고객의 불평이 적다.

## 참고문헌

1) 고상동, 호텔경영과 실무, 한올출판사, 1998.
2) 관광산업연구회, 관광사업경영론, 학문사, 1998.
3) 김진수 · 홍운기, 호텔식음료관리론, 학문사, 2000.
4) 박성부 · 이정실, 호텔식음료관리론, 기문사, 2000.
5) 박인규 · 장상태, 호텔식음료실무경영론, 기문사, 2000.
6) 신형섭, 호텔식음료서비스실무론, 기문사, 1999.
7) 이봉석 외 7인, 관광사업론, 대왕사, 2000.
8) 임주환 · 남영택, 음료해설, 백산출판사, 1997.
9) 이정학, 호텔식음료실무론, 기문사, 1998.
10) 유철형, 호텔식음료경영과 실무, 백산출판사, 1998.
11) 임경인, 식당경영원론, 대왕사, 1999.
12) 정종훈, 호텔 · 레스토랑 식음료경영론, 백산출판사, 1998.
13) 하헌국 외 2인, 호텔식음료경영론, 한올출판사, 1998.
14) Ninemeier, J. D., Food & Beverage Management, AH&MA, 1984.
15) Schmidt, A., Food and Beverage Management in Hotel, A CIB Book, 1987.
16) West, B. B., Wood, L., & Hargar, V. F., Food Service in Institutions, Wiley & Sons, Inc., 1976.
17) Lattin, G. W., Modern Hotel & Motel Management, Mcgraw-Hill, 1977.

Chapter

08

# 호텔 · 레스토랑 Mise-en Place

Chapter

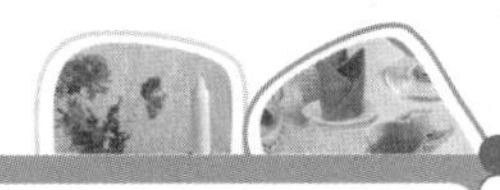

# 08 호텔 · 레스토랑 Mise-en Place

## 제1절 Mise-en Place

### 1. 영업준비

영업준비란, 접객서비스를 하기 위하여 소요되는 모든 준비물(장비, 집기, 비품, 소모품 등)을 충분히 확보하여 정위치에 비치하고 청소상태, 환경정리, 시설물 등을 완벽하게 재정비함을 말한다. 따라서 종사원들은 영업에 차질이 없도록 일의 진행순서를 숙지하여 신속하게 수행해야 한다.

### 2. 종사원의 개인도구

전문적인 웨이트, 웨이트리스에게 없어서는 안 될 다섯 가지의 도구가 있다. 다섯 가지의 도구를 늘 지니는 것은 그렇게 어렵지는 않다. 그러나 이들 중 하나라도 없으면 고객에게 서빙하는 데 당황할 수 있다.

다섯 가지의 개인도구는 청결한 핸드타월(냅킨), 성냥, 코르크스크루, 거스름돈, 그리고 주문서와 펜이다. 이러한 도구들은 항상 종사원이 지니고 다녀야 하며, 필요할 때마다 적절하게 사용할 수 있도록 정해진 장소에 비치해 두어야 한다.

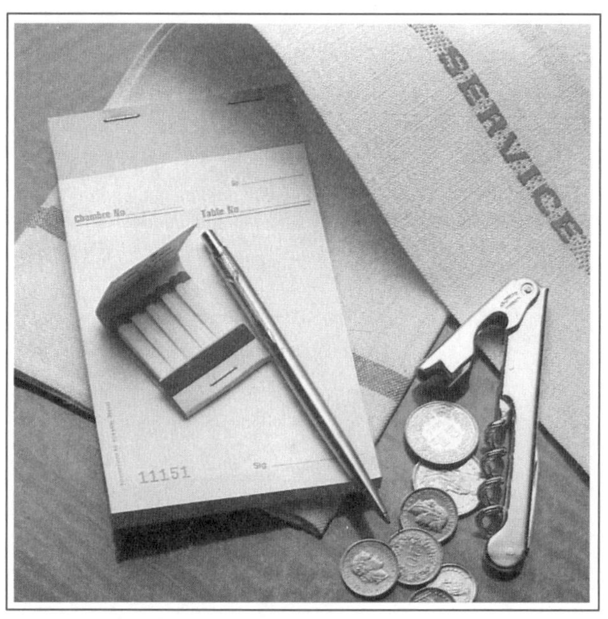


[그림 8-1] 종사원의 개인도구

## 1) 핸드타월 또는 냅킨(A Clean Hand Towel or Napkin)

핸드타월은 뜨거운 플레이트나 플래터를 다룰 때 종사원을 보호하기 위해서 사용된다. 핸드타월은 서빙하는 처음부터 끝날 때까지 항상 깨끗한 상태를 유지하여야 한다. 그러기 위해서는 항상 핸드타월을 점검하여 필요하다면 수시로 교환을 해야 한다.

## 2) 성냥(Matches)

성냥을 항상 지참하여 고객이 담배를 피우고자 할 때, 또는 촛불을 키거나 서빙용 버너(réchaud)에 불을 붙여야 할 때 사용할 수 있도록 한다. 만일 식탁 위에 성냥을 제공하지 않는다면 여분의 성냥을 몇 개 주머니에 소지하여 고객이 담배를 피울 때 성냥을 건네 줄 수 있도록 하는 게 좋다. 라이터는 시거(cigar), 파이프 담배, 그리고 심지어는 서빙용 버너에 불을 붙일 때도 실용적이지 못하다.

## 3) 코르크스크루(A Corkscrew)

코르크스크루에는 일반 병을 딸 수 있는 오프너, 그리고 와인을 밀폐한 호일이나 플라스틱 재질의 마개를 따기 위한 작은 크기의 칼이 함께 붙어 있어야 한다.

### 4) 동전(Change)

동전을 얼마나 가지고 다녀야 할지, 또는 모든 동전을 캐셔 동전함에 보관하여 필요시마다 가져다 사용할지는 레스토랑마다 다르다. 대부분 미국의 레스토랑에서는 종사원이 동전을 지니고 다니지는 않는다.

### 5) 주문서와 펜(A Pen and Order Pad)

이들은 물론 주문을 받기 위해서 필요하다.

# 제2절 집기, 비품

호텔·레스토랑에서 사용하는 집기, 비품은 레스토랑의 종류에 따라서 완전히 달라질 수 있으나, 일반적으로 양식당에서 소요되는 집기, 비품이 종류별로 다양할 뿐만 아니라 모든 레스토랑의 대표적이며, 기본적인 집기, 비품이라 할 수 있으므로 양식의 집기, 비품을 중심으로 알아보고자 한다.

## 1. 집기

### 1) 은기물류(Silverware)

은기물류는 순은제와 은도금의 두 종류가 있으며, 대부분 호텔에서는 은도금 기물을 사용하고 있다. 은도금 기물도 원가가 대단히 비싼 관계로 고급 레스토랑에서만 사용하고 있으며, 일반 레스토랑에서는 품질이 좋은 스테인리스 기물을 많이 사용하고 있다. 나이프·포크·스푼 등 실버류는 손잡이를 잡고 닦으며, 포크는 날의 안쪽을 확인하며 닦는다. 기물을 치울 때에는 종류별로 트레이(tray)를 사용해서 은기류통에 조심스럽게 놓는다. 약물 처리는 3일에 한 번 하며 벗겨진 은기류는 일주일에 한 번씩 스튜어드에 의뢰하여 코팅한다.

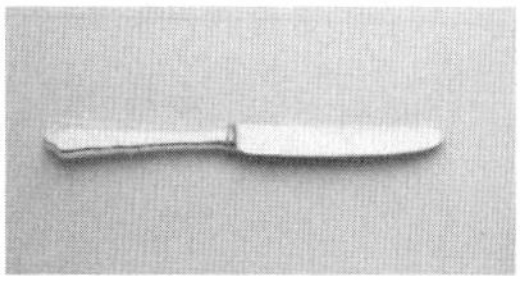

Dinner knife

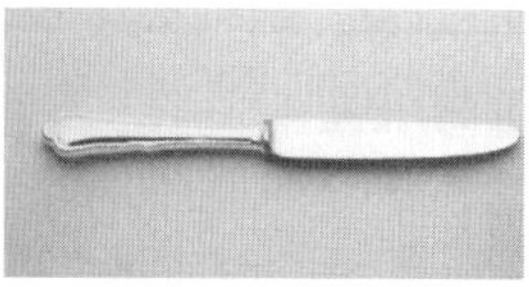

Small knife

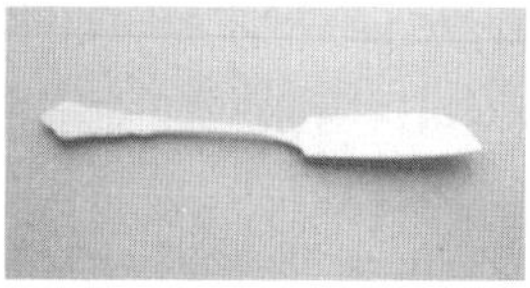

Fish knife

Dinner fork

Salad fork

Fish fork

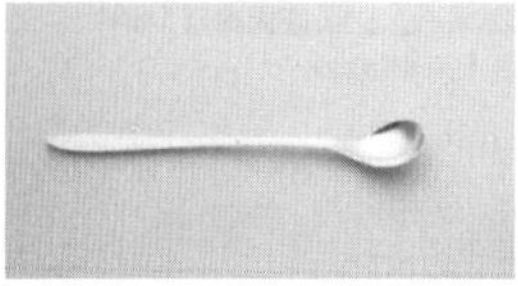

Coffee spoon

Espresso spoon

Sundae or iced-tea spoon

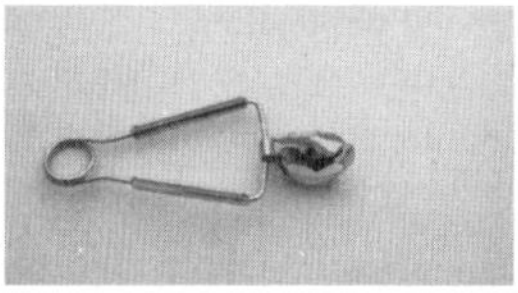

Snail tongs

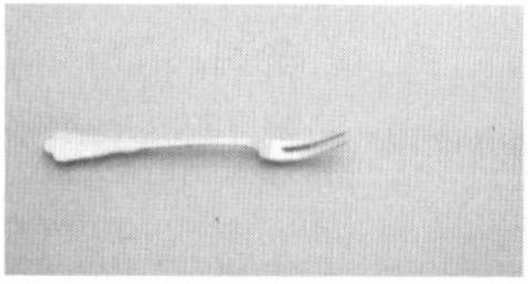

Snail forks

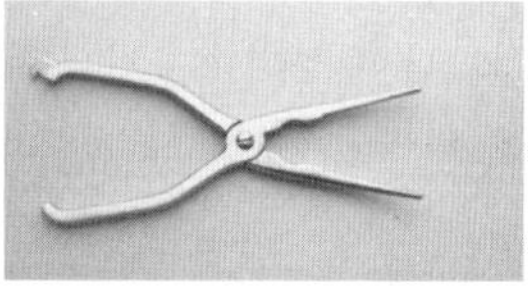

Lobster tongs

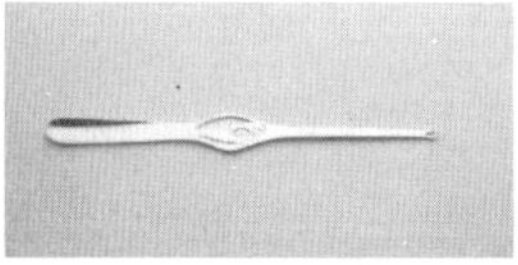

Lobster fork

Oyster fork

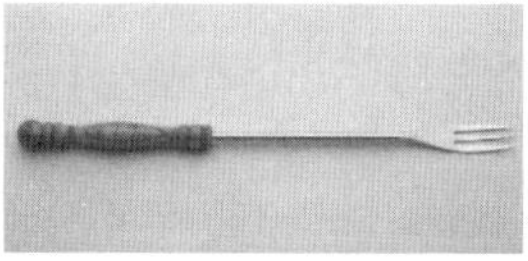

Fondue fork for cheese fondue

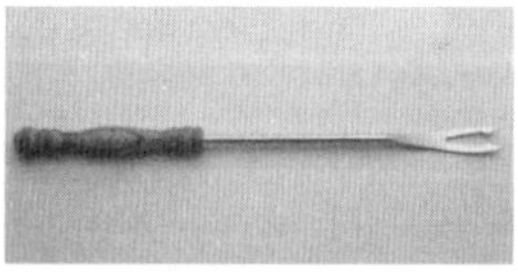

Fondue fork beef fondue

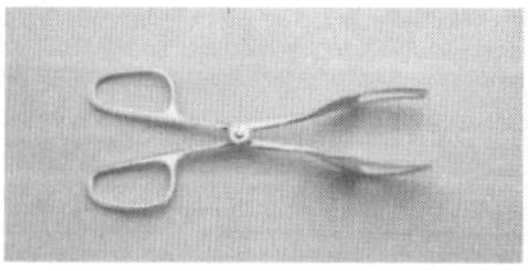

Pastry tongs

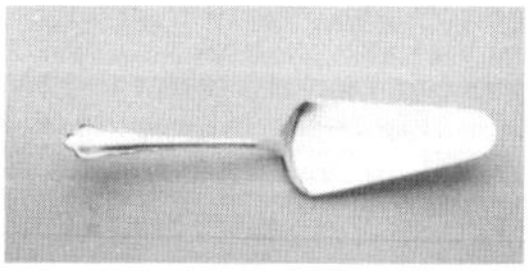

Cake and pie servers

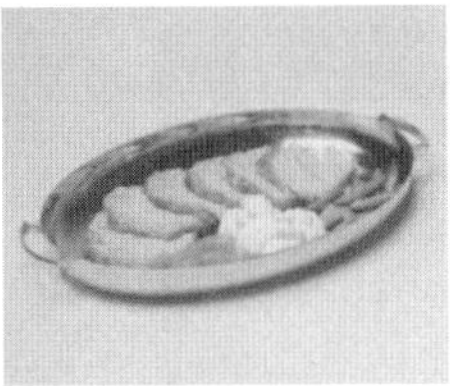

Platter

Cocotte

Vegetable bowl

Oval casserole

Fish server

Cloche

Sauce boat

Finger bowl

Coffee server

Tea server

Milk pitcher

Ice bucket

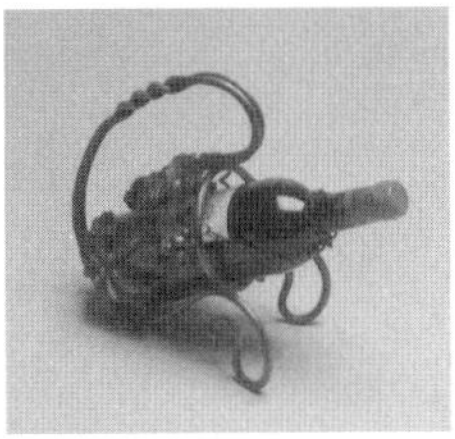

Wine basket

[그림 8-2] 은기물류

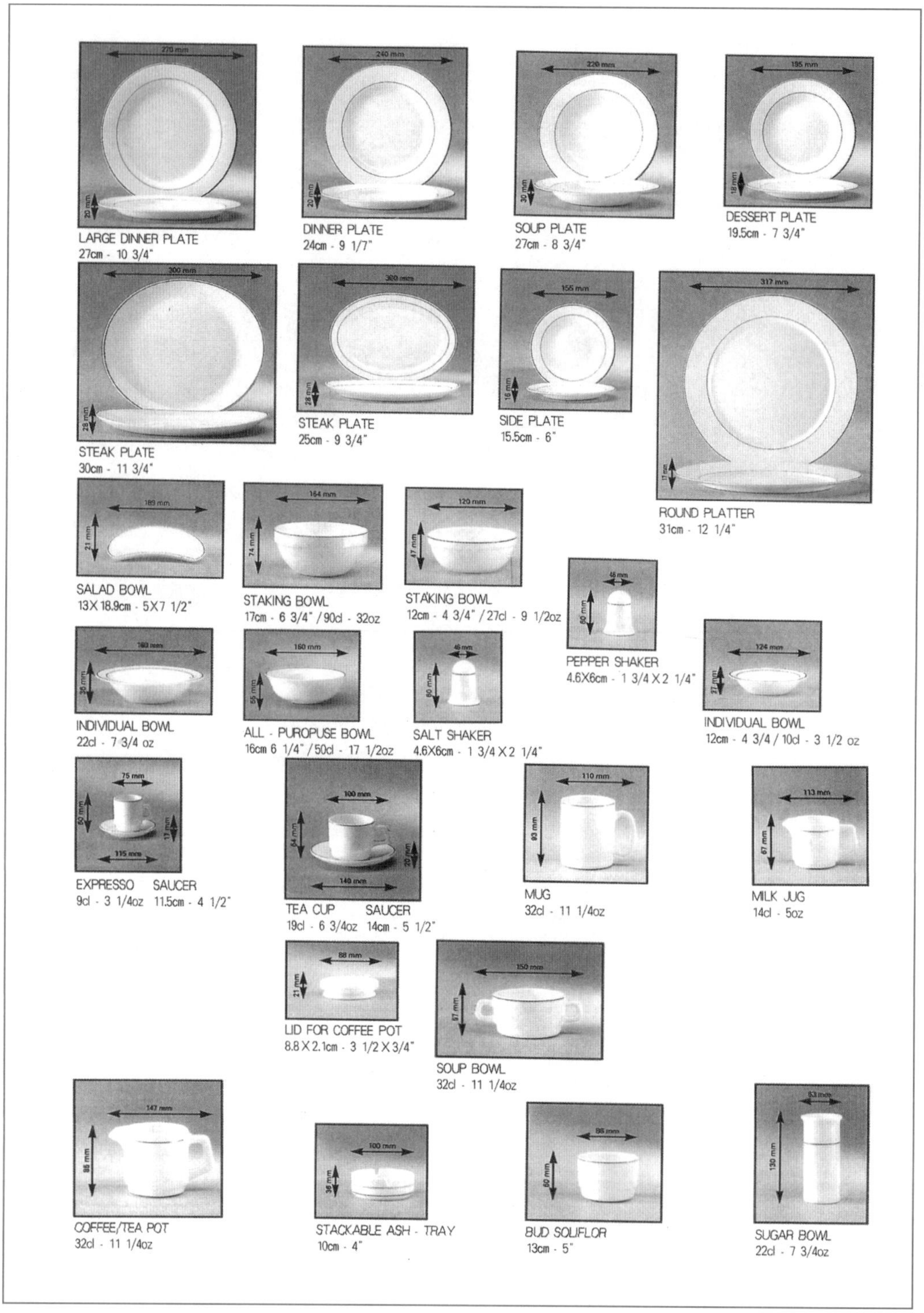

LARGE DINNER PLATE
27cm - 10 3/4"

DINNER PLATE
24cm - 9 1/7"

SOUP PLATE
27cm - 8 3/4"

DESSERT PLATE
19.5cm - 7 3/4"

STEAK PLATE
30cm - 11 3/4"

STEAK PLATE
25cm - 9 3/4"

SIDE PLATE
15.5cm - 6"

ROUND PLATTER
31cm - 12 1/4"

SALAD BOWL
13X18.9cm - 5X7 1/2"

STAKING BOWL
17cm - 6 3/4" / 90cl - 32oz

STAKING BOWL
12cm - 4 3/4" / 27cl - 9 1/2oz

PEPPER SHAKER
4.6X6cm - 1 3/4 X 2 1/4"

INDIVIDUAL BOWL
22cl - 7 3/4 oz

ALL - PUROPUSE BOWL
16cm 6 1/4" / 50cl - 17 1/2oz

SALT SHAKER
4.6X6cm - 1 3/4 X 2 1/4"

INDIVIDUAL BOWL
12cm - 4 3/4 / 10cl - 3 1/2 oz

EXPRESSO SAUCER
9cl - 3 1/4oz 11.5cm - 4 1/2"

TEA CUP SAUCER
19cl - 6 3/4oz 14cm - 5 1/2"

MUG
32cl - 11 1/4oz

MILK JUG
14cl - 5oz

LID FOR COFFEE POT
8.8 X 2.1cm - 3 1/2 X 3/4"

SOUP BOWL
32cl - 11 1/4oz

COFFEE/TEA POT
32cl - 11 1/4oz

STACKABLE ASH - TRAY
10cm - 4"

BUD SOLIFLOR
13cm - 5"

SUGAR BOWL
22cl - 7 3/4oz

[그림 8-3] 도자기류

### 2) 도자기류(Chinaware)

도자기류는 취급과 운반시에 깨지지 않도록 상당한 주의를 요하며, 금이 가거나 깨졌거나 오점이 없는가를 확인한 후 이러한 것들을 폐품처리해야 한다. 또 식기와 식기끼리 부딪히지 않도록 항상 조심해서 다루어야 하며, 운반시 한꺼번에 많은 양을 취급하지 않도록 한다. 접시를 운반하는 방법에는 2개, 3개, 4개 운반하는 법과 여러 개를 한꺼번에 운반하는 방법이 있는데, 취급시에는 접시의 테두리(rim) 안쪽으로 손가락이 절대 들어가지 않도록 잡아야 한다.

### 3) 글라스류(Glassware)

글라스류는 원통 모양(cylindrical glass)과 굽이 달린 모양(stemmed glass) 등 두 종류로 크게 나눌 수 있으며, 각종의 글라스는 디자인과 용도, 용량에 따라 각기 만들어지고 있지만 제조자에 의해서 같은 용도의 것이 달리 만들어지기도 한다. 또 취급시에는 파손될 우려가 많으므로 각별히 조심하여 손실이 없도록 해야 한다.

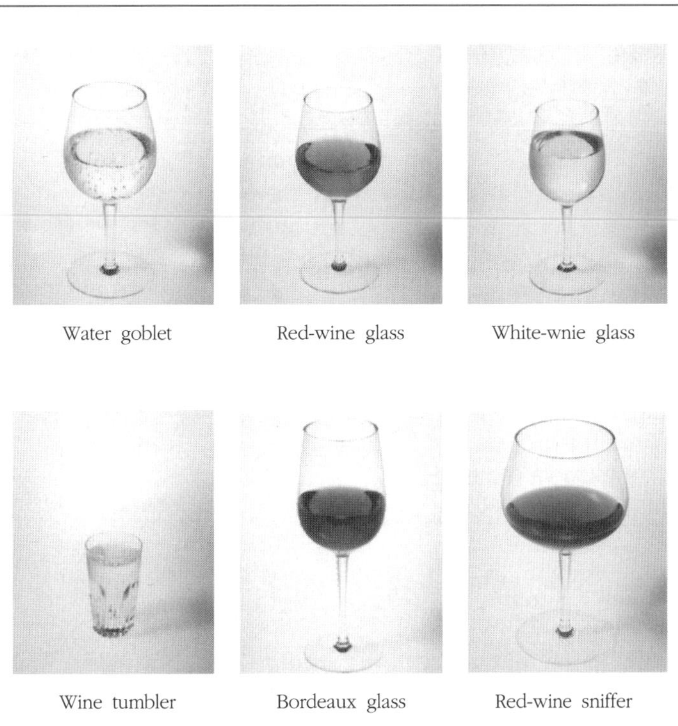

Water goblet　Red-wine glass　White-wnie glass

Wine tumbler　Bordeaux glass　Red-wine sniffer

Champagne glass

Sparkling-wine glass

Champagne saucer

Rhine-wine glass

Rummer

Cognac glass

Large sniffer

Small sniffer

Shot glass

Cocktail glass

Fortified-wine glass

Aperitif glass

Rocks glass

Irish-coffee glass

Coffee glass

Tea glass

Milk glass

Sundae glass

Carafes and pitchers

Decanter

Short beer glass

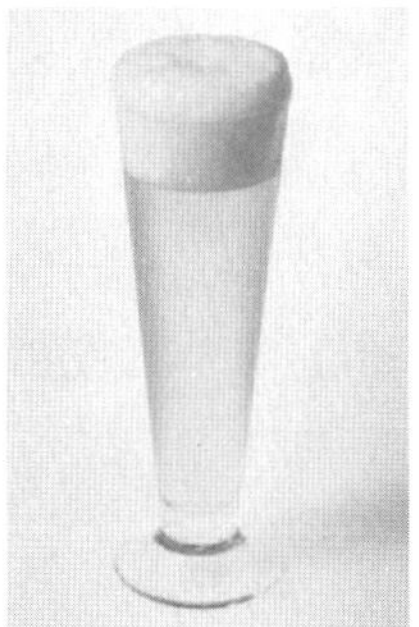
Pilsner beer glass

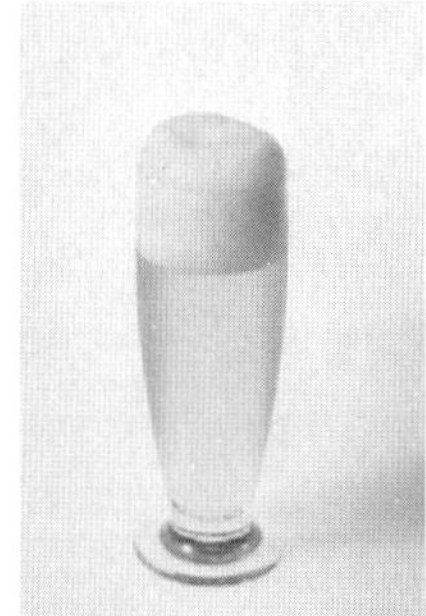
Tall beer glass

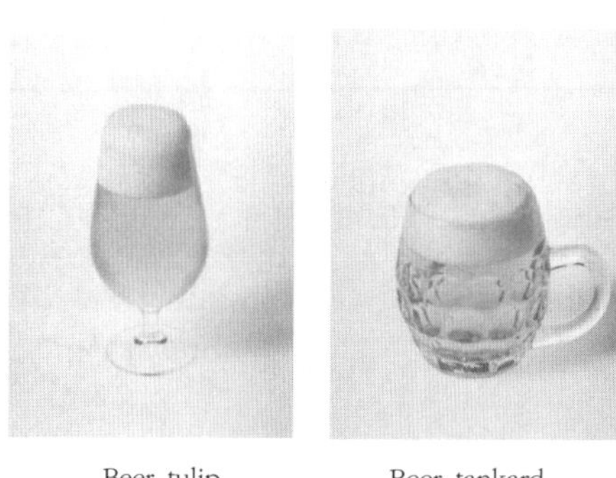


[그림 8-4] 글라스류

## 2. 비품

호텔·레스토랑의 비품은 레스토랑 종류에 따라 각양각색이나 주로 양식당의 비품류가 다양하므로 양식당을 중심으로 다음과 같이 접객서비스에 소요되는 비품류를 살펴본다.

레스토랑의 비품들을 어떻게 배치를 하는지는 전적으로 레스토랑의 콘셉트에 달려 있다. 소규모 호텔에서 저렴한 가격대의 메뉴로 격식을 차리지 않고 서빙을 하는 작은 레스토랑과, 높은 가격대로 품격 높은 식사를 제공하는 고급 레스토랑에서 사용되는 비품은 상당히 다를 것이다. 그러나 기본적으로 사용되는 비품에는 두 유형의 레스토랑에서 크게 차이가 나지는 않는다.

### 1) 서비스 테이블

서비스 테이블에는 영업 준비를 하는데 필요한 모든 도구들, 즉 포크, 나이프, 스푼 등과 같은 은기류, 접시, 유리제품 등과 같은 기물들이 비치되어 필요할 때마다 용이하게 사용될 수 있도록 하여야 한다. 서비스 테이블은 항상 깨끗하고 잘 정돈되어 있어야 한다. 그렇지 않으면 서빙을 하는 종사원에게 도움이 되지 않을 뿐만 아니라 고객에게 눈살을 찌푸리게 하는 요인이 된다. 서비스 테이블은 매일 저녁 영업이 끝난 후 말끔히 청소되어야 하고, 다음날 아침 새롭게 다시 정돈을 해야 한다.

[그림 8-5] 서비스 테이블

## 2) 2인 또는 4인용 레스토랑 테이블(Rectangular Table)

사각테이블은 두 가지의 장점을 가지고 있는데 첫째, 종사원과 고객 간의 아이 콘택트(eye contact)가 이루어져 종사원이 주문을 받을 때 더욱더 고객에게 주의를 기울일 수 있고, 둘째, 플레이트로 서빙하거나 음식을 자를 때 또는 프람베(flambéing)서비스를 할 때 고객들이 쉽게 종사원이 서빙하는 과정을 보면서 즐기고 이에 대한 감동을 받을 수 있다.

[그림 8-6] 레스토랑 테이블

## 3) 4명 이상이 앉을 수 있는 원형 테이블(Round Table)

원형 테이블은 원래는 보통 단골고객을 위해서 또는 외부에서 식사를 하는데 사용했었으나, 요즈음 5명 또는 6명까지 편안하게 앉을 수 있는 장점이 있기 때문에 모든 유형의 레스토랑에서 사용되고 있다.

테이블은 삐걱거리거나 흔들리지 말아야 한다. 이런 소음을 방지하기 위하여 테이블 다리 바닥에 코르크를 붙이기도 한다. 그러나 요즈음 나오는 테이블은 다리 밑에 나사 모양으로 조절하는 장치를 달고 있어서 언제든지 적당하게 조절을 할 수 있게 되어 있다.

### 4) 게리동 또는 사이드 테이블(Guéridon or Side Table)

게리동은 유럽 레스토랑에서 사용되며, 미국식 레스토랑에서는 자주 사용하지 않는다. 이 작은 사이드 테이블은 길이가 30인치 정도, 넓이는 20인치 정도 된다. 그리고 경우에 따라서 바퀴가 달려있기도 하다. 이는 주로 음식을 테이블에 운반하는데 또는 카빙(carving)을 하는데 사용된다.

### 5) 스페셜 카트(Special Cart)

유럽에서는 잘 사용되지만 미국에서는 디저트나 페이스트리 쇼 케이스(pastry show case)로 사용되는 것 외에 거의 사용되지 않는다. 이 스페셜 카트는 음식을 적당한 온도로 유지하기 위하여 음식을 데우거나 시원하게 하는 기구를 가지고 있다. 음식을 데우는 기구를 가지고 있는 브와티으는 주로 당일 특별음식이나 해당 날짜의 특별메뉴에 사용된다.

예를 들어, 큰 덩어리의 로스트나 또는 햄을 요리하여 전시를 하고 고객들에게 테이블에 끌고 다니면서 보여주고 고객이 원하는 경우 잘라서 서빙을 한다. 냉장시설을 갖추고 있는 브와티으(voitures)는 주로 애피타이저, 샐러드, 그리고 살짝 얼린 디저트를 서빙하는 데 주로 사용된다. 브와티으에서 고객들 자신이 원하는 음식을 직접 선택할 수 있기 때문에 더욱 훌륭한 메뉴 마케팅의 기법이 될 수 있다.

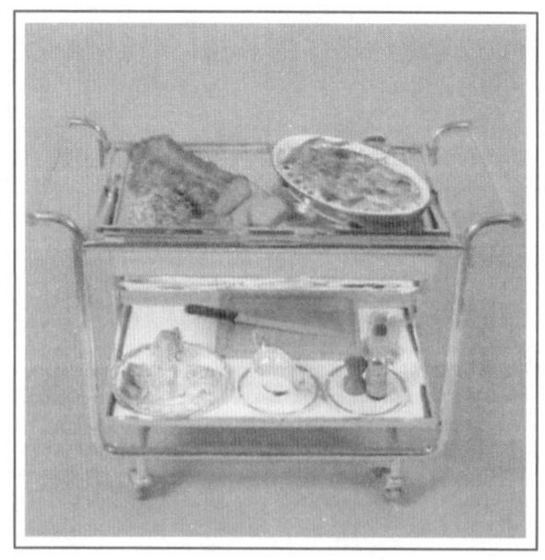
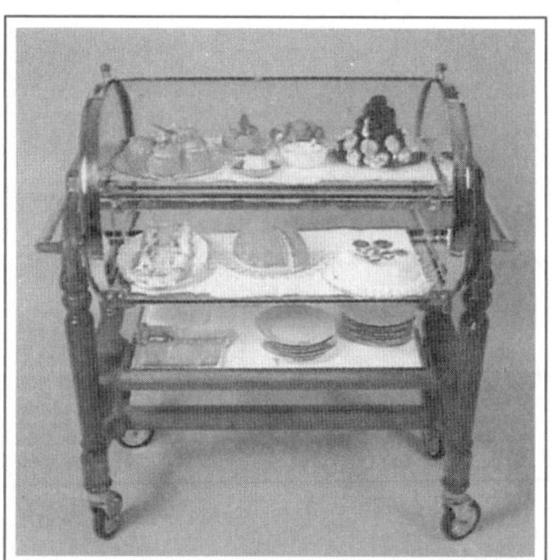

[그림 8-7] 스페셜 카트

스페셜 카트(special cart)나 브와티으는 전시하는 도구이기 때문에 두 가지 조건을 충족시킬 수 있어야 한다. 첫째, 매일 완벽하게 청소를 하여 절대적으로 청결을 유지하여야 하고, 둘째, 아름답게 전시할 수 있어야 한다. 그렇게 함으로써 고객들을 즐겁게 하고 그들의 식욕을 돋우어 줄 수 있어야 한다.

다른 서비스 카트는 주로 미리 요리가 된 음식, 예를 들면 오르되브르(hors d'oeuvre), 샌드위치, 디저트 등과 같은 음식을 전시하는데 주로 사용된다. 이러한 유형의 카트들은 바퀴가 달려 있으며, 고객들에게 전시를 하여 그들의 식욕을 돋우고, 고객들이 선택을 자유롭게 할 수 있게 하여 매출에 기여한다.

① 프람베 트롤리

고객 앞에서 종사원이 직접 조리하여 요리를 서브하는 알코올 또는 가스버너(gas burner)를 갖춘 카트이다. 영업전에 알코올 또는 가스와 조리시 필요한 프라이 팬(fry-pan), 와인, 양념류, 각종 테이블 소스(table sauce) 등을 고정 비치해 두어야 하며, 화재예방을 위해 반드시 소형 소화기도 비치해 둔다.

[그림 8-8] 프람베 트롤리

② 디저트 트롤리

보관이 용이하도록 냉장설비가 되어 있으며, 여러 가지 후식을 진열하여 고객이 잘 볼 수 있도록 꾸민 전시용 수레이다. 영업전에 디저트 접시, 디저트 스푼과 포크 등 필요한 기물을 갖추어 즉석에서 서브할 수 있도록 한다.

[그림 8-9] 디저트 트롤리

③ 로스트비프 웨건(Roast Beef Wagon)

요리된 로스트비프가 식지 않도록 뚜껑이 있으며, 밑에 연료를 사용하여 적당한 온도를 유지할 수 있도록 되어 있다. 또 도마와 조리용 칼, 소스가 준비되어 있으며, 고객 앞에서 직접 카빙(carving)하여 제공한다.

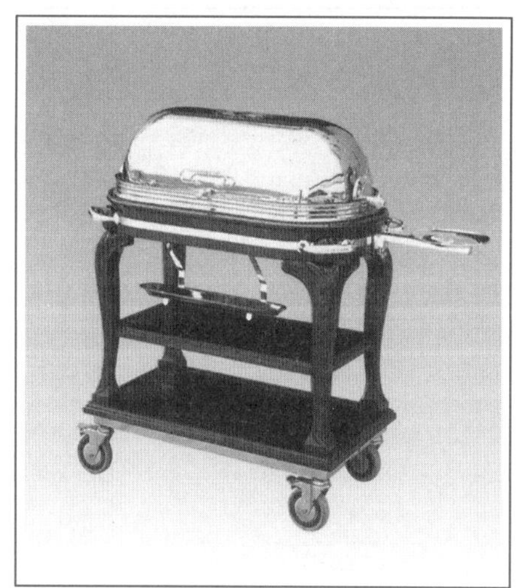
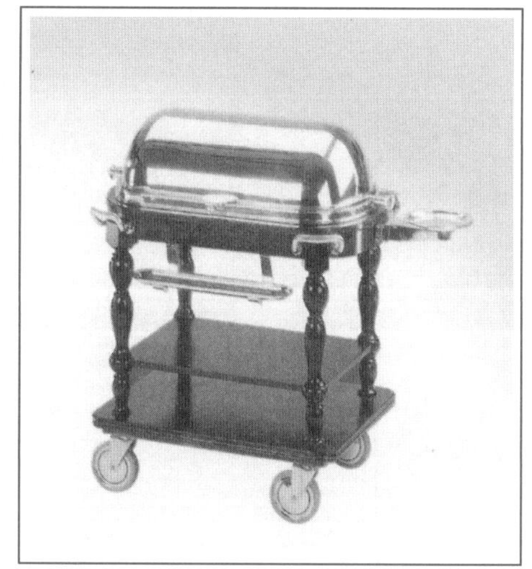

[그림 8-10] 로스트 비프 웨건

④ 바 웨건(Bar Wagon)

각종 주류진열과 조주에 필요한 얼음, 글라스, 부재료, 기물 등을 비치하여, 고객 앞에서 주문받아 즉석에서 조주하여 서브할 수 있도록 꾸며진 이동식 수레이다.

[그림 8-11] 바 웨건

⑤ 룸서비스 카트(Room Service Cart)

호텔 객실 투숙객의 식음료를 서비스할 때 사용하는 것으로 주문 내용에 따라 필요한 준비물을 세트업해야 한다. 때로는 객실 고객의 룸바로도 활용할 수 있어야 한다.

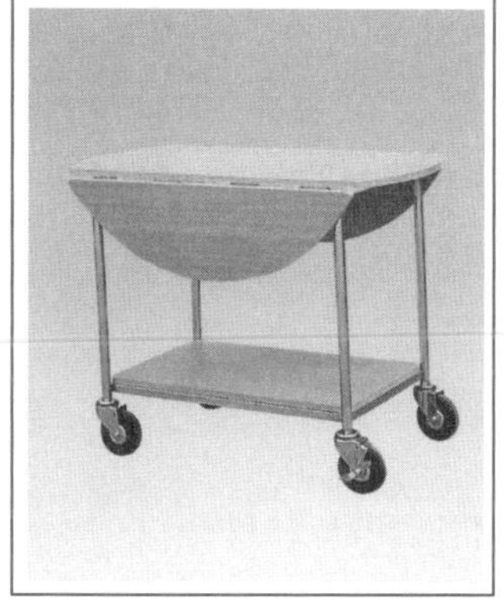

[그림 8-12] 룸서비스 카트

### 6) 헤쇼오(Réchauds)

헤쇼오(réchauds)에는 핫플레이트(hot-plate), 워머(warmer) 그리고 버너가 있어서 외부에서도 음식을 주방에서와 마찬가지로 따뜻하게 해줄 수 있게 한다. 이 도구는 접시나 서빙 접시를 따뜻하게 하여 서빙 후에도 음식의 온도를 보존할 수 있게 해 준다. 전기 헤쇼오는 사용하기 한 시간 전에 스위치를 켜 놓아야 한다. 은기류를 사용할 때에는 전기 헤쇼오 위에 단열천을 씌운 다음 그 위에 은기류를 놓는다. 이렇게 하면 헤쇼오를 청결하게 유지할 수도 있기 때문에 유지비를 줄일 수 있다.

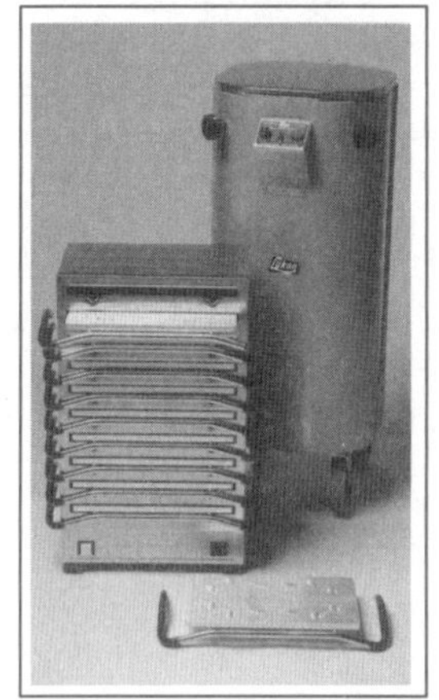
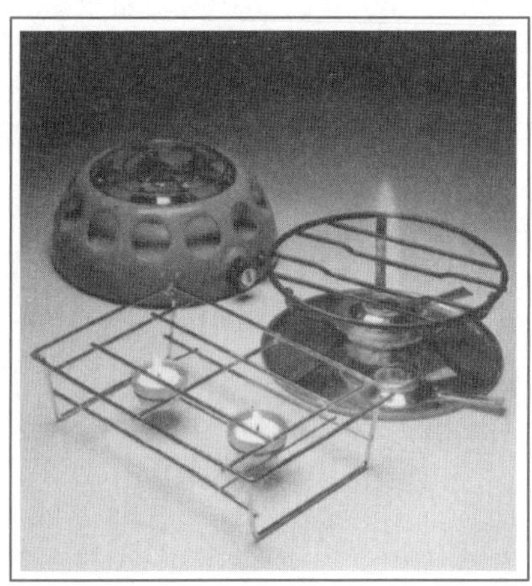

[그림 8-13] 헤쇼오

### 7) 트레이(Tray)

트레이는 접객 서비스시에 요리나 식기 등을 안전하게 운반하기 위하여 사용되는 도구이며, 용도에 따라 크고 작은 형태로 나누어진다. 일반적으로 은제류(silver), 스테인리스 스틸(stainless steel), 플라스틱(plastic) 제품이 많으며, 둥근형, 타원형, 사각형, 직사각형의 종류가 있다.

# 제3절 테이블 세팅(Table Setting)

## 1. 준비사항

### 1) 청 소

즐거운 식사를 하기 위해서는 청결하게 정돈된 주변 환경이 무엇보다도 중요한 역할을 한다. 그러므로 테이블을 꾸미기 전에는 테이블과 의자를 비롯하여 영업장 내의 구석

구석 조그만 부분까지 철저한 청소가 이루어져야 한다.

### 2) 테이블 및 의자

테이블은 고객이 불편을 느끼지 않도록 배치되어야 하며, 흔들리지 않게 바르게 놓여야 한다. 테이블의 높이는 70~75cm, 의자의 높이는 40~45cm가 표준이며, 한 사람이 점유하는 좌석의 넓이는 70cm를 기준으로 한다. 테이블과 테이블, 테이블과 의자, 그리고 의자와 의자의 간격은 정확히 유지되어야 한다.

### 3) 테이블 클로스(Table Cloth) 및 냅킨(Napkin)

테이블 클로스는 흰색을 사용하는 것이 원칙이지만, 근래에는 색과 무늬가 들어 있는 다양한 종류의 클로스가 사용되고 있다. 테이블클로스는 깨끗하게 다림질이 되어야 하며, 클로스를 깔 때에는 접었던 선이 테이블의 가로와 세로가 평행이 되도록 하여야 한다. 이 때, 테이블에서 늘어지는 클로스의 길이는 40cm 정도가 되게 한다.

냅킨의 크기는 50~50cm를 표준으로 다소의 차이가 날 수도 있다. 색상과 모양은 레스토랑의 분위기와 조화를 이루는 격조 높은 것이라야 하며, 때때로 색상과 모양을 바꾸어 변화 있는 분위기를 만들기도 한다.

### 4) 센터 피스(Center Pieces)

센터 피스란, 테이블의 중앙에 놓는 집기를 말한다. 즉 테이블을 돋보이게 하기 위해 놓는 꽃병과 소금, 후추병, 재떨이, 촛대 등이 있으며, 뷔페 테이블의 중앙에 장식물로 놓이는 생선요리, 케이크, 과일용 은제 바스켓, 얼음조각 등도 이에 속한다. 꽃은 높이가 너무 높아 상대방의 얼굴을 마주보는데 방해가 되어서는 안 된다. 촛대 역시 손님의 대화에 지장을 주는 높이는 피해야 한다. 소금과 후추병은 보통 2~3명에 한 세트씩 세팅하며, 내용물이 차 있어야 하고, 응고되거나 구멍이 막히지 않았는지를 확인한다.

### 5) 쇼 플레이트(Show Plate)

각 커버의 중앙에 놓는다. 테이블의 테두리에서 약 2㎝ 정도 떨어지게 놓는다. 그 이유는 균형 있는 외관과 고객이 착석시에 옷깃이 닿지 않게 하기 위함이다.

### 6) 디너 나이프(Dinner Knife)와 디너 포크(Dinner Fork)

디너 나이프는 칼날이 안쪽으로 향하게 하여 쇼플레이트 오른쪽에 놓는다. 디너 포크는 쇼플레이트 왼쪽에 보기 좋게 붙여 놓는다. 디너 나이프와 디너 포크로부터 식사코스 역순으로 놓아 나간다.

### 7) 빵 접시(Bread Plate) 및 버터나이프(Butter Knife)

빵 접시는 왼쪽의 포크를 세팅하는 가장 외부의 기물과 접하여 세팅하게 된다. 이는 왼손으로 빵을 먹을 수 있게 하기 위해서다. 버터나이프는 빵 접시 위에 1/4 정도 부분에 놓는다.

### 8) 디저트 스푼(Dessert Spoon)과 디저트 포크(Dessert Fork)

모두 쇼플레이트 상단에 위치하며, 디저트 스푼의 손잡이는 오른쪽으로 향하고, 디저트 포크의 손잡이는 왼쪽으로 향하게 한다.

### 9) 글라스 세팅

워터글라스는 디너 나이프의 끝 쪽 부분에 놓는다. 이는 음료를 마실 때 오른손을 사용하기 때문이다. 와인글라스는 워터 글라스를 기준으로 마름모꼴 또는 사선형으로 45° 대각선상에 놓는다. 그 순서는 화이트 와인, 레드 와인, 샴페인 순으로 놓는다.

## 2. 테이블 세팅의 순서

영업장의 특성과 테이블의 종류에 따라 세팅 순서가 달라질 수 있겠으나 일반적인 테이블세팅 순서는 다음과 같다.

① 테이블과 의자를 점검한다.
② 테이블 클로스를 편다.
③ 센터피스(center pieces)를 놓는다.
④ 쇼 플레이드(show plate)를 놓는다.
⑤ 빵 접시(bread plate)를 놓는다.
⑥ 디너 나이프와 포크(dinner knife & fork)를 놓는다.
⑦ 피시 나이프와 포크(fish knife & fork)를 놓는다.

⑧ 수프 스푼과 샐러드 포크(soup spoon & salad fork)를 놓는다.
⑨ 애피타이저 나이프와 포크(appetizer knife & fork)를 놓는다.
⑩ 버터 나이프(butter knife)를 놓는다.
⑪ 디저트 스푼과 포크(dessert spoon & fork)를 쇼 플레이트(show plate) 위쪽에 놓는다.
⑫ 물잔과 와인잔(water goblet, white & red wine glass)을 놓는다.
⑬ 냅킨(napkin)을 편다.
⑭ 전체적인 조화와 균형을 점검한다.

## 3. 테이블 세팅의 종류

### 1) 테이블세팅의 기본원칙

① 쇼 플레이트와 은기물류는 테이블 가장자리로부터 2cm 정도의 간격을 두고 놓는다.
② 기물류의 배열은 전체적인 균형을 이룰 수 있도록 적당한 간격으로 보기 좋게 놓는다.
③ 빵 접시(bread plate)의 중앙선과 쇼 플레이트의 중앙선이 일치하도록 배열한다.
④ 디너 나이프(dinner knife)는 칼날이 인쪽으로 향하게 한다.
⑤ 버터 나이프(butter knife)는 빵 접시 위에 오른쪽으로 1/4 정도 되는 부분에 포크의 배열과 맞춰 놓는다.
⑥ 물잔(water goblet)은 디너 나이프의 끝쪽 연장선과 디저트 스푼과 포크의 중앙 배열선이 교차되는 곳에 놓는다.
⑦ 와인잔(wine glass)은 물잔의 오른쪽 아래쪽으로 45° 대각선상에 놓는다.
⑧ 센터피스(center pieces)의 배열은 테이블의 종류와 세팅 인원에 따라 달라질 수 있겠으나, 일반적으로 왼쪽부터 재떨이, 후추, 소금, 꽃병의 순으로 배열한다.
⑨ 성냥은 알맹이 하나의 끝을 성냥갑 밖으로 나오게 하여 재떨이 앞쪽에, 로고(logo)를 손님이 볼 수 있도록 놓는다.
⑩ 쇼 플레이트를 사용하지 않을 때에는 냅킨(napkin)을 놓아서 기준을 삼는다.

### 2) 기본 세팅(Basic place Setting)

기본 차림은 레스토랑에서 효과적으로 식사를 제공하기 위하여 최소한의 세팅을 해 놓고 고객을 기다리는 것이다. 이를 기본 차림세팅이라고 한다.

### 3) 일품요리 기본 세팅(Basic a la Carte Setting)

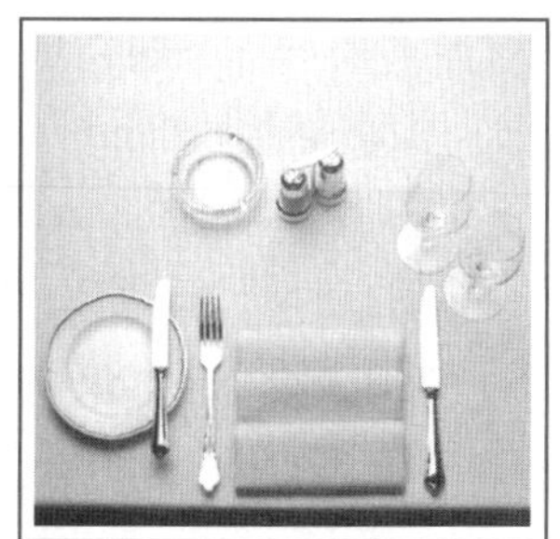

대체로 애피타이저나 간단한 식사를 제공할 때 쓰이는 세팅으로 정식 세팅처럼 가짓수가 많지는 않지만 메뉴에 따른 특색 있는 세팅이 요구된다.

### 4) 정식 세팅(Table d hote Setting)[1)]

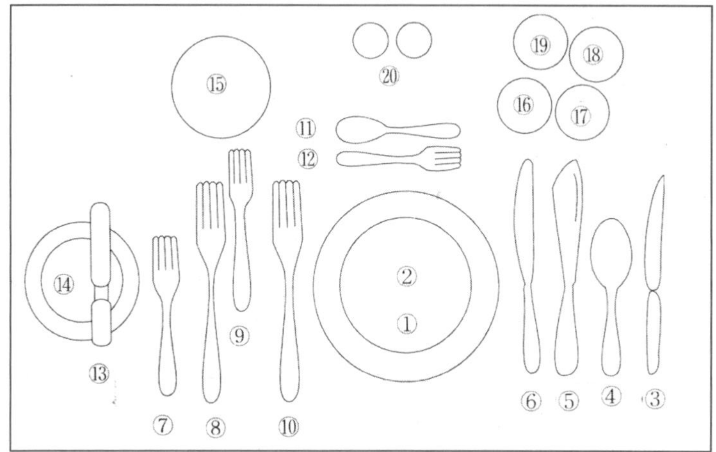


① Showing Plate, ② Napkin, ③ Appetizer Knife, ④ Soup Spoon, ⑤ Fish Knife, ⑥ Dinner Knife, ⑦ Appetizer, ⑧ Fish Fork, ⑨ Salad Fork, ⑩ Dinner Fork, ⑪ Dessert Spoon, ⑫ Dessert Fork, ⑬ Butter Knife, ⑭ B & B Plate, ⑮ Butter Bowl, ⑯ Water goblet, ⑰ White Wine Glass, ⑱ Red Wine Glass, ⑲ Champagne Glass, ⑳ Salt & Pepper Shaker

### 5) 특별식 세팅(Special Setting)

#### (1) 생선(Fish)

Utensil : Fish Fork and Knife

### (2) 바닷가재(Lobster)

Utensil : Lobster Fork, Lobster Tongs, Small Knife

### (3) 비프 퐁뒤(Beef Fondue)

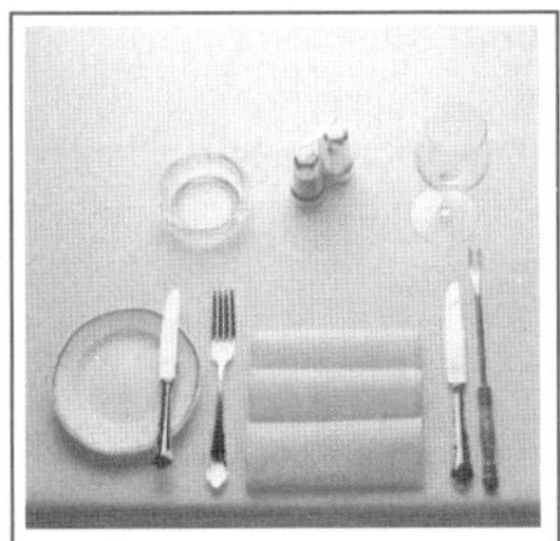

Utensil : Fondue Fork for Beef Fondue, Dinner Knife, Dinner Fork

### (4) 훈제연어, 거위간(Smoked Salmon, Goose Liver)

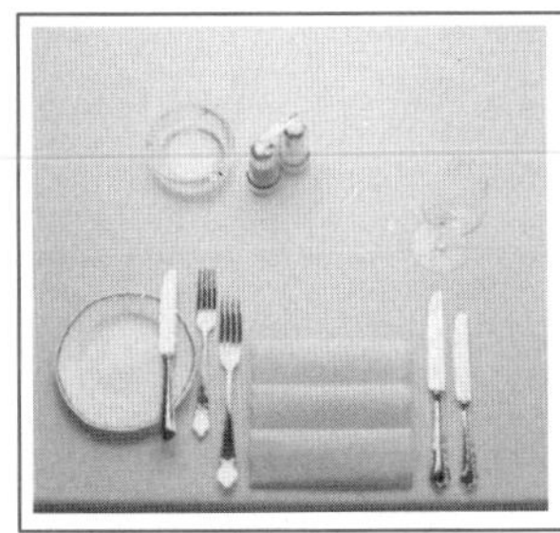

Utensil : Small Knife, Salad Fork

### (5) 새우 칵테일(Shrimp Cocktail)

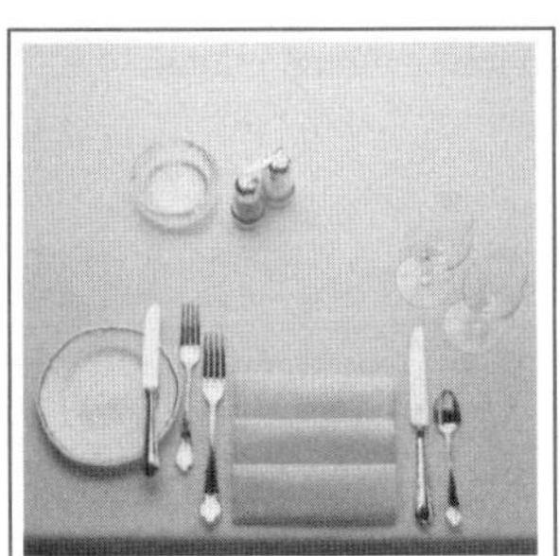

Utensil : Salad fork, Teaspoon

(6) 굴(Oyster)

Utensil : Oyster Fork

(7) 달팽이(Snail)

Utensil : Teaspoon, Snail Fork, Snail Tongs

## 참고문헌

1) 최주호, 호텔식음료서비스, 형설출판사, 2001.
2) 강인호 · 김찬영 · 호텔외식사업 식음료경영과 실무, 기문사, 2002.
3) 김용순 · 이관표 · 정현영, 호텔레스토랑 식음료경영, 백산출판사, 2002.
4) 롯데호텔, 식음료서비스 매뉴얼, 1988, 2003.
5) 박영배, 호텔외식산업 음료주장관리, 백산출판사, 2001.
6) 신재영 · 박기용 · 정청송, 호텔레스토랑 식음료서비스관리론, 대왕사, 2001.
7) 박성부 · 이정실, 호텔식음료관리론, 기문사, 2000.
8) 박인규 · 장상태, 호텔식음료 실무경영론, 기문사, 2000.
9) 신형섭, 호텔식음료서비스실무론, 기문사, 1999.
10) 임주환 · 남영택, 음료해설, 백산출판사, 1997.
11) 이정학, 호텔식음료실무론, 기문사, 1998.
12) 유철형, 호텔식음료경영과 실무, 백산출판사, 1998.
13) 임경인, 식당경영원론, 대왕사, 1999.
14) Ninemeier, J. D., Food & Beverage Management, AH&MA, 1984.
15) Schmidt, A., Food and Beverage Management in Hotel, A CIB Book, 1987
16) West, B. B., Wood, L., & Hargar, V. F., Food Service in Institutions, Wiley & Sons, Inc., 1976.
17) Lattin, G. W., Modern Hotel & Motel Management, Mcgraw-Hill, 1977.

Chapter

09

# 메뉴관리

Chapter

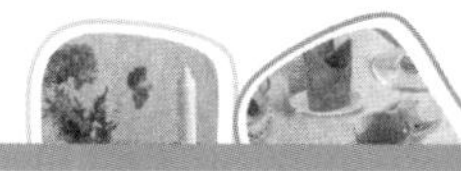

# 메뉴관리

## 제1절 서양요리의 개요

프랑스요리는 16C 초까지는 영국요리와 마찬가지로 창조력이 없었다. 그러나 1533년 오를레앙(Orleans) 공작은 이탈리아의 유명한 플로렌틴가의 카트린 메디치(Catherine Medici)와 결혼함에 따라 그녀의 많은 유명한 이탈리아 조리장과 제빵 전문가들이 프랑스로 들어오게 되었다. 그리하여 프랑스인들은 이들로부터 조리를 배워 그들의 조리학교에서 요리를 기술적으로 발전시켰다. 식사법도 이탈리아의 영향이 컸다. 손을 씻는 법, 포크 사용법, 잼 만드는 법, 여러 가지 디저트 만드는 법이 전래되었다. 프랑스요리는 계속 성장하여 17C 말엽에 고전요리가 세계에 널리 알려졌다. 프랑스의 고전요리는 신선하고 우수한 음식재료, 재능 있는 조리사, 간단하고 예술적이며 완전한 표현양식, 미묘하고도 균형 있는 맛, 감상할 줄 아는 고객 등이 완벽하게 조화된 요리였다. 17C 말에는 차, 커피, 코코아, 아이스크림과 특히 동 페리뇽(Dom Perignon)이 샴페인을 발명하여 큰 변혁을 이루었다.

루이14세(1638~1715) 때에는 프랑스 문화가 유럽 전체에 파급되어 유럽의 각 궁전과 귀족들이 그들의 요리와 음료부문의 전권을 프랑스요리장에게 맡길 정도였다. 이때의 요리는 세련은 되었으나 실제 내용보다는 눈에 보기 좋은 요리였다.

여러 사람들의 노력이 19세기까지 이어지고 20세기에 접어들면서 오규스트 에스코피에(Auguste Escoffier, 1847~1935)는 지금까지의 프랑스요리를 체계화시켜 현재 프랑스요리의 기본이 되는 요리를 완성시켰다. 그는 파리와 외국의 여러 특급호텔, 특히 런던에서 수석요리장을 지냈으며, 저서 「Le Guide Culinaire」에서 프랑스 고전요리를 원칙으로 하여 외국의 진귀한 요리들을 소개하였다. 이렇게 시대의 변화에 따라 요리의 역사도 끊임없이 변화되어 왔으며, 앞으로도 변화되어 갈 것이다.

# 제2절 메뉴의 개념

## 1. 메뉴의 유래

메뉴(Menu)란, 라틴어의 Minutus에서 유래되었고, 이 말은 영어의 Minute에 해당되며, 그 의미는 '상세하게 기록한 것', '아주 작은 표'이다.

원래는 요리장에서 나오는 요리의 재료를 조리하는 방법까지를 먹는 사람에게 상세히 기록하여 소개하는 방법으로부터 생겨난 것이라고 하며, 요리장에서 식탁으로 나오게 된 것은 서기 1541년 프랑스의 '헨리8세' 때 '부랑위그' 공작이 베푼 만찬회 때부터였다고 한다. 그 연회의 호스트역인 공작은 여러 가지 음식을 접대함으로써 생기는 복잡함과 순서가 틀리는 불편을 해소하기 위해, 요리명과 순서를 기입한 리스트(List)를 작성하여 그 리스트에 의해 음식물을 차례로 즐겼다고 한다. 또 연회에 참석한 손님들도 그 편리함을 깨닫고 요리표를 사용하게 됨에 따라 널리 전파되었으며, 그 후 19세기 초에 파리에서 사용한 것이 시작되어 일반화된 것이고 크기, 소재, 명칭 등은 각 레스토랑의 창의 또는 연구가 가미되어 다양하다.

오늘날 세계적으로 메뉴를 프랑스어로 쓰고 있는 경향이 많은 것은 정식연회에서는 대부분의 나라가 프랑스요리로 거행하는 것이 일반적인 관례로 되어 있으며, 프랑스요리가 세계적인 요리로 명성을 떨치고 있기 때문이다.

## 2. 메뉴의 정의

'차림표' 또는 '식단' 이라는 뜻으로 쓰이고 있는 메뉴는 「Webster' s Dictionary」에 의하면 메뉴란, "A detailed list of the foods served at a meal" 이라 설명되어 있고, 「The Oxford Dictionary」에서는 "A detailed list of the dishes to be served at a banquet or meal" 로 설명되어 있다. 즉 '식사로 제공되는 요리를 상세히 기록한 목록표' 라 할 수 있다.

이는 "판매상품의 이름과 가격 그리고 상품을 구입하는데 필요한 조건과 정보를 기록한 표" 로서, 단순히 상품의 안내에만 그치는 것이 아니라 고객과 레스토랑을 연결하는 판매촉진의 매체로서 기업이윤과 직결되며, 레스토랑의 얼굴과 같은 중요한 역할을 하고 있다.

## 3. 메뉴의 종류

### 1) 시간에 의한 분류

식사가 제공되는 시간에 따른 분류로서 조식메뉴(Breakfast Menu), 브런치메뉴(Brunch Menu), 점심메뉴(Lunch Menu), 저녁메뉴(Dinner Menu), 서퍼메뉴(Supper Menu) 등으로 분류할 수 있다.

### 2) 내용에 의한 분류

#### (1) 정식메뉴(Table d'hote Menu)

정식메뉴는 최초의 관광객들이 숙박시설에서 식사를 제공받지 못하여 본인이 직접 식량을 가지고 다녔으나 빈번한 왕래로 인하여 크게 불편을 느끼게 됨에 따라, 숙박자의 편의도모와 숙박시설의 영업적인 면이 고려되어 숙박에 식사를 곁들여 제공하는 풀 팡숑(Full Pension)에서 생겨났다고 볼 수 있다.

메뉴는 아침, 점심, 저녁, 연회 등을 막론하고 어느 때든지 사용할 수 있으며 미각, 영양, 분량의 균형을 참작한 한 끼분의 식사로 요금도 한 끼분으로 표시되어 있어 고객의 선택이 용이하다. 또 이 정식메뉴는 매일 변화 있게 작성하여야 하나, 재료의 한계로 반복되는 경우도 많으므로 주기적으로 새로운 메뉴를 작성하여 고객의 기대와 호기심을 충족시켜 주어야만 한다.

오늘날 많이 이용하고 있는 메뉴의 구성을 살펴보면 점심메뉴는 3~4코스, 저녁메뉴는 4~5코스, 서퍼메뉴는 2~3코스, 연회메뉴는 5~6코스로 이루어진다. 일반적으로, 가장 표준적인 차림표라고 할 수 있는 연회(Banquet)에 나오는 요리의 순서는 다음과 같다.

① 전채(Hors d`oeuver : 오르되브르 : Appetizer)
② 수프(Potage : 뽀따쥐 : Soup)
③ 생선(Poisson : 뿌와쏭 : Fish)
④ 주 요리와 야채(Entree et Salad : 앙트레 에 살라드 : Main dish & Salade)
⑤ 후식(Dessert : Dessert)
⑥ 식후음료(Demi tasse Boisson : 데비 타스 부와쏭 : Beverage)

정식의 요금은 일품요리의 요금보다 조금 저렴하게 결정되는 것이 일반적이지만, 연회나 파티의 경우에 오히려 더 고가로 제공되기도 한다.

① 5코스 메뉴

전채(Appetizer) → 수프(Soup) → 주요리(Main Dish) → 후식(Dessert) → 음료(Beverage)

② 7코스 메뉴

전채(Appetizer) → 수프(Soup) → 생선(Fish) → 주요리(Main Dish) → 샐러드(Salade) → 후식(Dessert) → 음료(Beverage)

③ 9코스 메뉴

전채(Appetizer) → 수프(Soup) → 생선(Fish) → 셔벗(Sherbet) → 주요리(Main Dish) → 샐러드(Salade) → 후식(Dessert) → 음료(Beverage)→식후 생과자(Pralines)

(2) 일품요리 메뉴(A La Carte Menu)

일품요리의 메뉴를 가리켜 표준메뉴(standard menu)라고 할 정도로 레스토랑에서 제공되는 모든 요리의 품목은 가격과 함께 전부 표시하게 된다. 이 메뉴의 구성은 정식메뉴의 순으로 되어 있으며, 각 코스별로 여러 가지 종류를 나열해 놓고 고객으로 하여금 기호에 맞는 음식을 선택하여 먹을 수 있도록 만들어진 메뉴이다. 이 메뉴는 한 번 작성되면 장기간 사용하게 되므로 요리준비나 재료구입 업무에 있어서는 단순화되어 능률적이라 할 수 있으나, 원가상승에 의해 이익이 줄어들 수도 있고, 단골고객에게는 신선한 매력이나 맛을 느낄 수 없게 만들어 판매량이 줄어들 수 있으므로 고객의 호응도를 감안하여 새로운 메뉴계획을 꾸준히 시도해야만 한다.

식사의 순서에 따라 각 순서마다 몇 가지씩 요리품목을 명시하는 것으로 다음과 같은 종류로 구성된다.

① 냉전채(Cold appetizer－Hors d' oeuvre froid－오르되브르 후로와)
② 수프 (Soup－Potage－뽀따쥐)
③ 온전채(Warm appetizer－Hors d' oeuvre chaud－오르되브르 쇼오)
④ 생선(Fish－Poisson－뿌와쏭)
⑤ 주요리(Main dish－Releve－릘르베)
⑥ 더운 앙트레(Warm entree－Entree chaud－앙트레 쇼오)
⑦ 찬 앙트레(Cold entree－Entree froid－앙트레 후로와)
⑧ 가금류 요리(Roast－Rotis－로띠)
⑨ 더운 야채요리(Boiled Vegetable－Legume－레귐)
⑩ 야채(Salad－Salad－살라드)
⑪ 더운 후식(Warm dessert－Entremets de douceur chaud－앙트르메 드 쐬르 쇼오)

⑫ 찬후식 및 아이스크림(Cold dessert & Ice cream – Entremets de douceur froid ou glacé – 앙트르메 드 두쐬르 후로와 우글라쎄)
⑬ 생과일 및 조림과일(Fresh fruit or stewed fruit – Fruit ou Compote - 후뤼 우 꽁뽀뜨)
⑭ 치즈(Cheese – Fromage – 후로마쥐)
⑮ 식후 음료(Beverage – Boisson – 부와쏭)

이상과 같은 코스에서 ⑤, ⑥, ⑦, ⑧의 네 가지 순서는 따로 분리하지 않고 일반적인 주요리 순서로 함께 명시하는 것이 보통이다.

### (3) 특별메뉴(Daily Special Menu; Carte Du Jour)

특별메뉴는 원칙적으로 매일 시장에서 특별한 재료를 구입하여 주방장이 최고의 기술을 발휘함으로써 고객에게 식욕을 돋우게 하는 메뉴이다. 이것은 기념일이나 명절과 같은 특별한 날이나 계절과 장소에 따라 그 감각에 어울리는 산뜻하고 입맛을 돋우게 하는 메뉴이다.

특별메뉴를 사용함으로써 다음과 같은 식당 운영상의 장점을 가져올 수 있다.
① 매일매일 준비된 상품으로 신속한 서비스를 할 수 있다.
② 재고 식재료를 적절히 사용할 수 있어 원가절감에 기여할 수 있다.
③ 고객의 선택을 흥미롭게 할 수 있다.
④ 고객서비스 향상으로 매출액을 증진시킬 수 있다.

### (4) 기타 메뉴의 종류

사용목적이나 시기에 따라 다음과 같은 것을 들 수 있다.
① All-year-round menu(대부분의 일품요리 메뉴로서 한 번 작성하면 연중 내내 사용)
② Seasonal menu(한 계절에 맞게 작성된 메뉴)
③ Menu of the day(그 날의 메뉴로서 그 날의 특별요리를 메뉴에 제시)
④ Supper menu(가벼운 음식으로 2~3코스로 구성)
⑤ Banquet menu(왼편에는 포도주, 오른편에는 식사코스)
⑥ Breakfast menu(조식으로 3~4코스로 구성)
⑦ The Ball menu(춤 파티가 있을 때 사용하는 메뉴)
⑧ Buffet menu(뷔페의 메뉴)
⑨ Health food menu(건강식품의 요리로 구성)
⑩ Light menu(일반적으로 육류, 가금류는 제외)
⑪ Vegetarian menu(채식 메뉴)

## 제3절 메뉴의 구성

### 1. 전채요리(Appetizer; Hors d`oeuvre)

#### 1) 전채요리의 정의

전채요리는 식사순서에서 제일 먼저 제공되는 요리로서 프랑스로는 'Hors d`oeuvre' 라고 한다. 'Hors' (전에, ~외에)와 'Oeuvre' (작업, 식사)의 합성어이다. 영어로는 애피타이저(appetizer)라고 한다. 이 요리는 본 요리를 더욱 맛있게 먹을 수 있도록 식욕을 돋구어 주기 위한 목적으로 제공되는 요리이기 때문에 모양이 좋고 맛이 있어야 하며, 한 입에 먹을 수 있는 소량이어야 한다. 특히 자극적인 짠맛이나 신맛이 있어 위액의 분비를 왕성하게 해야 하고 계절감과 지방색을 갖추어야 한다.

#### 2) 전채요리의 종류

애피타이저는 크게 냉전채(cold appetizer, 칵테일류, 삶은 달걀, 캐비어, 거위간, 훈제연어, 생굴 등)와 온전채(hot appetizer, 바게트, 에스카루고 등)로 구분할 수 있다. 또 가공하지 않고 재료 그대로 만들어 형태와 모양과 맛이 그대로 유지되는 생전채(plain appetizer, 올리브, 시리얼, 생굴 등)와 조리사에 의해 가공되어 모양이나 형태가 바뀐 가공된 전채(dressed appetizer, 카나페, 고기완자, 게살요리 등)로도 나눌 수 있다.

#### 3) 대표적인 전채요리

(1) 캐비어(Caviar)

캐비어는 철갑상어의 알로서 진줏빛의 회색부터 연한 갈색까지 색깔이 구분되어 다양하다. 살아 있는 철갑상어의 난소를 꺼내어 알을 하나하나 분리시켜 5~8%의 소금을 첨가한 것이 캐비어이다. 어란 특유의 감칠맛과 입 속에 넣어서 씹을 때 톡톡 터지면서 씹히는 것이 아주 독특하며, 거위간(foie gra)과 흑진주라고 하여 땅속에서 나는 버섯(truffle)과 함께 세계 3대 진미의 하나로 손꼽히고 있다. 알의 크기에 따라 굵은 알을 베루카(beluge), 중간 굵기의 오쇼도(ossetra), 작은 알을 세부루카(sevruga) 등 세 종류로 분류된다. 그 중에서도 베루카가 최고급품이다. 버터를 바른 검은 빵과 함께 레몬즙으로 먹는 것이 일반적이다.

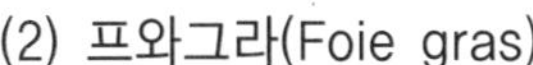

(2) 프와그라(Foie gras)

거위간을 술, 향신료 등을 혼합한 속에 절인 다음 형틀에 넣어 오븐에서 열을 가하여 익힌다. 프랑스가 세계에 자랑하는 진미의 하나로서 스트라부르, 튜루즈, 카스고뉴, 빼리골 등이 명산지이다. 도살하기 2주 전부터 옥수수를 무리하게 먹여서 하루 종일 잠을 자도록 어두운 곳에 가두어둔다. 이렇게 하면 간장은 풋볼 공처럼 크게 된다.

(3) 토립후(Truffle)

프랑스와 이탈리아를 비롯하여 여러 국가에서 채취되는 토립후의 종류는 약 30여종에 달하지만, 프랑스 남부 빼리골 지방에서 산출되는 검은 토립후는 '진실의', '고귀한' 이라고 하는 형용사가 쓰여질 정도로, 방향도 좋고 형태도 좋고, 질도 좋은 최고의 것으로 평가된다. 대부분 숫돼지의 목에 줄을 묶어 토립후를 수확하며, 채집된 토립후는 날것 그대로 상미되는 것이 최고지만 3~4일에서 선도가 떨어지므로 통조림하여 장기 보존해 감당할 수 있도록 한다.

## 2. 수프(Soup; Potage)

보타쥬(potage)라고 하는 말에는 여러 가지의 의미가 함유되지만 현재에는 부용(bouillon)이 토대가 되고 여기에 야채와 육류, 생선 등을 여러 가지 형태로 첨가한 것을 가리킨다. 프랑스에서는 걸쭉한 것(보타쥬 리에, potage liés)도 맑은 것(보타쥬 구레루; potage clairs)도 모두 보타쥬라고 하는 말로 표현된다. 즉 수프는 일반적으로 육류, 생선, 닭 등의 고기나 뼈를 야채와 향료를 섞어서 장시간 동안 끓여낸 국물, 즉 스톡(stock)에 각종 재료를 가미하여 만든다.

### 1) 수프의 종류

수프는 온도에 따라 더운 수프(hot soup; potage chaud)와 찬 수프(cold soup ; potage froid)로 나누며, 농도에 따라 맑은 수프(clear soup; potage claire)와 진한 수프(thick soup; potage lié)로 나눈다.

(1) 맑은 수프(Clear Soup; Potage Claire)

정식으로 보타쥬 구레루(potage claire)라고 말하지만, 콩소메(consommé)라고 일컬어지고 있다.

① 콩소메(Consommé)

콩소메는 부용(bouillon)을 조린 것이 아니라 맑게 한 것이다. 부용이 맑고 풍미를 잃지 않도록 하기 위해 지방분이 제거된 고기를 잘게 썰거나 기계에 갈아서 사용하며, 양파, 당근, 백리향, 파슬리 등과 함께 서서히 끓이면서 달걀 흰자위를 넣어 빠른 속도로 젓는다. 이 때 주의해야 할 점은 부용을 아주 펄펄 끓이는 것이 아니라 천천히 끓여야 한다. 이렇게 1~2시간 끓인 후 화이트 와인이나 쉐리와인을 첨가하여 완성시킨 후 천을 대고 걸러 내어 이중용기에 넣어 식지 않게 한다.

② 부용(Bouillon)

부용(bouillon)은 화이트스톡(white stock)을 기본으로 하여, 뼈 대신 고깃덩어리를 크게 잘라 넣고 고아낸 국물인데, 위에 뜬 기름을 천을 대고 여과시켜 제거한다. 부용을 보관할 때에는 용기(보통 스테인리스 용기)에 담아 찬 곳에 두어야 하며, 뚜껑을 덮으면 변질할 위험이 있다. 또 식은 국물에 뜨거운 국물을 섞어 보관하여도 변질될 수 있다.

(2) 진한 수프(Thick Soup; Potage Lié)

리에종(liaison)을 사용하여 탁하고 농도가 진하게 만든 수프이다.

① 퓌레(purées) : 야채를 잘게 분쇄한 것을 퓌레라 하며 감자, 당근 등의 야채를 부용과 함께 끓여서 부드럽게 되면 부용 속의 건더기와 함께 체에 거른 것으로 생크림 또는 우유를 첨가한다.

② 크림(crèmes) : 퓌레는 야채를 체에 거른 것으로 농도가 있지만 크림 스타일의 보타쥬는 소맥분 등으로 걸쭉함을 곁들이고, 마지막에 생크림과 달걀노른자를 넣는다.

## 3. 생선요리(Fish; Poisson)

생선은 육류보다 섬유질이 연하고 맛이 담백하며 열량이 적다. 또 소화가 잘되고, 단백질, 지방, 칼슘, 비타민(A, B, C) 등이 풍부하여 건강식으로 육류에 비해 선호도가 높아가는 추세이다. 그러나 부패하기 쉬운 결점이 있어 신선도를 유지하는 데 유의하여야 한다. 따라서 생선은 영양이 풍부한 계절의 생선, 즉 제철의 생선을 선택하는 것이 중요하며, 선도가 좋은 것을 고른다. 일반적으로 생선요리는 바다생선(sea fish), 민물고기(fresh water fish), 조개류(shell fish), 갑각류(crustacean), 연체류(mollusca), 식용개구리, 달팽이 등을 들 수가 있다.

## 4. 육류요리(Meat; Viande)

육류에는 높은 칼로리, 특히 단백질, 탄수화물, 지방, 무기질, 비타민 등이 풍부하여 주요리로서 가장 선호되는 품목이라 하겠다. 육류에는 소(beef), 송아지(veal), 돼지(pork), 양고기(lamb)가 주로 사용되고 그 외에 가금류(poultry) 등이 있다.

### 1) 쇠고기(Beef; Boeuf)

#### (1) 쇠고기의 분류

식육으로 사용할 수 있는 소로는 새끼를 낳지 않은 암소나 거세한 수소가 좋다. 또 사용목적에 따라 소의 연령에는 차이가 있으나, 스테이크용으로는 2~3세의 어린 것이 좋으며, 육가공용으로는 5~7세의 늙은 소가 좋다. 좋은 쇠고기는 밝은 선홍색이어야 하며, 고기는 단단하고 미세한 고깃결과 대리석같이 매끄러워야 한다.

#### (2) 고기의 부분별 명칭

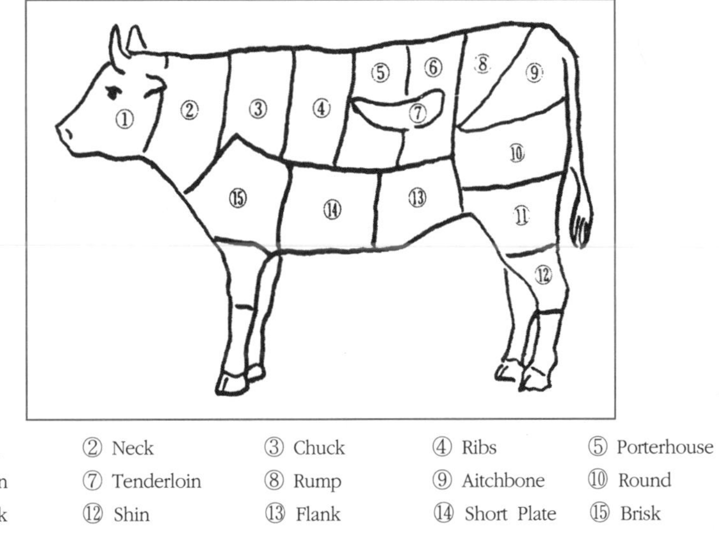


**[그림 9-1] 쇠고기의 부위별 명칭**

쇠고기는 부위별로 큰 덩어리로 분리할 수 있으며, 부위에 의해 감칠맛과 질이 다르다. 각국에 따라 분리하는 방법도 다르고 부위의 명칭도 가지각색이다.

① 안심 스테이크(Tenderloin) : 안심은 쇠고기 중에서 가장 연한 부분으로 그 부위는 다음과 같다. 안심의 분류는 미국과 프랑스의 분류방법이 대표적이다. 등뼈의 내측

겨드랑이에 따라 허리부터 점차로 가늘게 되는 나무토막 모양의 상태로 한 마리의 소에 2개가 나오며 우육 중에서 최상으로 분류된다.

미국식 안심 분류법

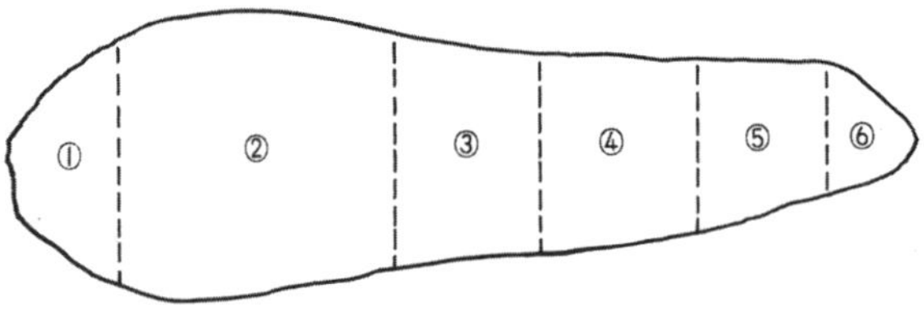

① ② ③ ④ ⑤ ⑥

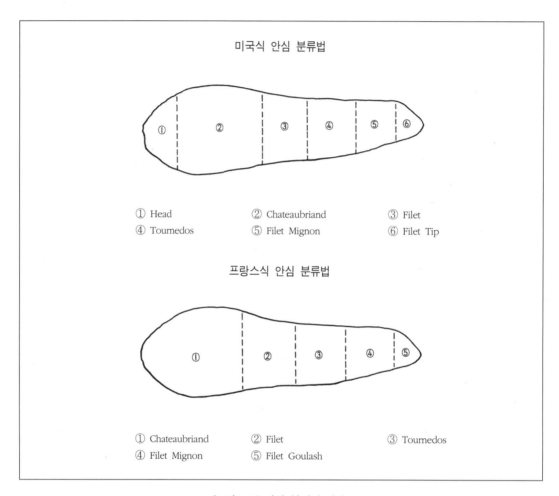

① Head ② Chateaubriand ③ Filet
④ Tournedos ⑤ Filet Mignon ⑥ Filet Tip

프랑스식 안심 분류법

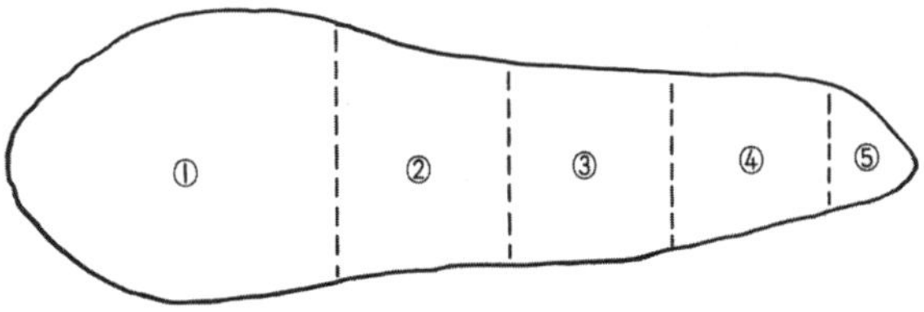

① ② ③ ④ ⑤

① Chateaubriand ② Filet ③ Tournedos
④ Filet Mignon ⑤ Filet Goulash

**[그림 9-2] 안심 부위의 명칭**

ⓐ 샤또브리앙(Chateaubriand) : 프랑스혁명 전 19세기 귀족인 '샤또브리앙'이 즐겨 먹었던 것으로, 그의 주방장 몽미레이유(Monrmireil)에 의해 고안된 것이라 한다. 소의 등뼈 양쪽 밑에 붙어 있는 연한 안심 부위를 두껍게(4~5cm) 잘라서 굽는 최고급 스테이크이다.

ⓑ 뚜어느도(Tournedos) : 이 요리는 1855년 파리에서 처음으로 시작되었던 것으로 Tournedos란 '눈깜박할 사이에 다 된다'는 의미로 안심 부위의 중간 두 쪽 부분의 스테이크이다.

ⓒ 필렛 미뇽(Filet Mignon) : 이것은 '아주 예쁜 소형의 안심 스테이크'라는 의미로, 안심 부위의 뒷부분으로 만든 스테이크이다.

② 등심 스테이크(Sirloin Steak) : 등뼈의 외측에 어깨부터 허리까지 붙어 있는 등 부분의 고기로서 보통 로스라고 말한다. 로스를 영어로 로인이라고 일컬으며, 영국인이 좋아하는 최고급 스테이크이다. 이 스테이크는 영국의 왕이었던 'Charles2세'가 명명한 것으로, 이 등심 스테이크를 매우 좋아하여 스테이크에 남작의 작위를 수여했다고 한다. 그 후 'loin'에 'Sir'을 붙여서 'Sirloin'이라고 하였다.

③ 포터 하우스 스테이크(Porter House Steak) : 이 스테이크는 안심과 뼈를 함께 자른 크기가 큰 스테이크이다.

④ 티본 스테이크(T-bone Steak) : 포터 하우스 스테이크(porter house steak)를 잘라 낸 다음 그 앞부분을 자른 것으로, 포터 하우스 스테이크보다 안심부분이 작고 뼈를 T자 모양으로 자른 것이다.

⑤ 립 스테이크(Rib Steak) : 갈비 등심 스테이크로 립아이 스테이크(rib eye steak), 립 로스트(rib roast) 등이 있다. 립 로스트는 총 13개의 갈비 중 6째 번부터 12째 번 갈비까지 7개의 갈비로 이루어진다.

⑥ 라운드 스테이크(Round Steak) : 소 허벅지에서 추출한 스테이크를 말한다.

⑦ 럼프 스테이크(Rump Steak) : 소 궁둥이에서 추출한 스테이크이다.

⑧ 프랭크 스테이크(Flank Steak) : 소 배 부위에서 추출한 스테이크이다.

### (2) Steak 굽는 정도

① Rare : 조리시간은 약 2~3분 정도, 고기 내부의 온도는 52℃ 정도이고, 스테이크 속이 따뜻할 정도로 겉 부분만 살짝 익혀 자르면 속에서 피가 흐르도록 굽는다.

② Medium Rare : 조리시간은 약 3~4분 정도, 고기 내부의 온도는 55℃ 정도이고, Rare보다는 좀 더 익히며 Medium보다는 좀 덜 익힌 것으로, 역시 자르면 피가 보이도록 하여야 한다.

③ Medium : 조리시간은 약 5~6분 정도, 고기 내부의 온도는 60℃ 정도이고, Rare와 Well-done의 절반 정도를 익히는 것이며, 자르면 붉은색이 되어야 한다.

④ Medium Well-done : 조리시간은 약 8~9분 정도이고, 고기 내부의 온도는 65℃ 정도로 거의 익히는데, 자르면 가운데 부분에만 약간 붉은색이 있어야 한다.

⑤ Well-done : 조리시간은 약 10~12분 정도, 고기 내부의 온도는 70℃ 정도로 속까지 완전히 익히는 것이다.

### 2) 송아지고기(Veal; Veau)

송아지고기는 생후 6주에서부터 3개월 미만의 송아지고기를 말한다. 일반적으로 처음부터 식육용으로 사용되는 송아지는 풀은 전혀 먹지 않고 어미젖(우유)으로 사육하며, 조직이 매우 부드럽고 밝은 회색의 핑크빛을 띤다. 지방이 부드럽고 맛이 담백하여 젤라틴질이 많으므로 입에 닿는 맛이 아주 별미이다.

### 3) 돼지고기(Pork; Porc)

돼지고기는 영국산이 가장 많이 알려져 있으며, 현재 한국에서 가장 많이 사육하고 있는 품종은 요크셔(yorkshire), 버크셔(berkshire) 등이 있다. 돼지는 소와 같이 상세하게 분리하는 것이 아니고 안심, 등심, 볼기살, 어깨살, 삼겹살이라고 크게 분류된다. 비교적 부드러운 반면 소화도 좋고 다른 육류에 비해 지방을 다량 함유하고 있다.

### 4) 양고기(Lamb; Agneau)

생후 1년 미만의 어린양을 영어로 람(lamb), 프랑스어로는 아뇨(agneau)라고 부르고 1년 반 이상 성장한 양을 영어로 마턴(mutton), 프랑스어로는 무똥(mouton)이라고 부른다. 육고기 부위를 분리하는 방법은 쇠고기에 준하고 있다. 색이 선명하고 색깔이 아주 맑은 것은 부드럽게 감칠맛이 난다. 뜨거울 때 먹는 것이 좋다.

### 5) 가금류(Poultry; Volaille)

가금이란 닭, 오리, 칠면조, 비둘기, 거위 등 집에서 사육하는 날짐승을 말한다. 가금류는 크게 흰색고기(white meat)를 가진 가금과 검은색고기(black meat)를 가진 가금으로 분류할 수 있다. 일반적으로, 흰색고기는 앞가슴살(breast), 검은색고기는 다리부분의 고기를 의미한다.

## 5. 샐러드(Salad; Salade)

### 1) 샐러드

샐러드는 이탈리아어를 그 어원으로 지니는 프랑스어 살라다(salade)로부터 되어 있다. 중세 이탈리아어로 보이는 salata(소금을 했다)라고 하는 형태이며, 라틴어의 sãl(소금)에서 파생하였다. 즉 라틴어의 'Herba Salate' 로서 그 뜻은 소금을 뿌린 Herb(향초)이다. 즉 샐러드란 신선한 야채나 향초 등을 소금만으로 간을 맞추어 먹었던 것에서 유래한다. 이것이 발전하여 다양한 드레싱과 기름과 식초 등을 첨가하여 먹게 되었고, 야채도 여러 가지를 혼합하여 사용하게 되었다.

샐러드는 Herbs(향초), Plants(씨앗에서 싹이 튼 모종), Vegetable(잎채소, 뿌리채소, 열매채소), 달걀, 고기, 해산물 등에 기름과 식초, 마요네즈(mayonnaise)를 이용하여 만든 각종 드레싱(dressing)과 혼합하거나 곁들여 제공된다.

샐러드는 지방분이 많은 주요리(main dish)의 소화를 돕고, 비타민 A, C 등 필수 비타민과 미네랄이 함유되어 있어 건강의 균형을 유지시켜 주는데 좋은 역할을 하고 있다.

### 2) 드레싱(Dressing)

드레싱의 어원은 샐러드에 드레싱을 뿌리면 흘러내리는 모양이 여성이 옷을 입을 때에 흘러내리는 모양과 흡사하다 하는데서 유래되어 옷치장, 마무리의 뜻을 가지고 있다. 드레싱은 샐러드의 맛을 조절하고 풍미와 향미를 증진시키는 것으로 다양한 종류가 있다. 드레싱의 가장 중요한 목적은 샐러드의 맛을 증가시키고 소화를 도와주는 것으로 반드시 샐러드와 조화가 이루어져야 하므로 샐러드 드레싱이라고도 한다. 유럽에서는 드레싱이라는 말을 사용하지 않고 소스라고도 한다. 소스의 일종인 드레싱은 재료를 끓이지 않고 혼합하여 만드는 것이므로 종류는 많지만 기본은 두 가지로 나눌 수 있다. 식초와 식용유를 주로 한 프랜치 드레싱과 달걀노른자, 식용유, 식초 등으로 만든 마요네즈 드레싱이다.

## 6. 후식(Dessert)

디저트는 원래 프랑스어 디저비흐(desservir)에서 유래된 용어로 '치운다', '정리한다'는 뜻이다. 따라서 디저트는 테이블을 일단 깨끗이 한 다음에 제공된다. 후식은 식사의 마지막을 장식하는 감미요리로서 시각적으로 구미가 당기게 화려한 모양으로 만들어지며, 지나치게 달거나 기름지지 않고 산뜻한 맛을 주는 것이 특성이다. 즉 디저트는 일반적으로 식사 후에 제공되는 요리를 뜻하는데, 디저트는 단맛, 풍미, 과일의 3요소가 모두 포함되어야 한다. 식사의 마지막에 단것을 먹는 습관은 최근의 일이다. 14세기경 파리의 만찬회 식단을 보면 프루먼티라는 달콤한 죽 같은 것이 있을 뿐이고, 오늘날과 같이 후식이 다양하지 않았다. 기원전 5세기경 인도에서는 설탕이 이미 널리 사용되고 있었으나 그 외의 다른 나라에서는 아주 진기한 것이었고 값이 비쌌다.

후식은 찬 후식(cold dessert), 더운 후식(hot dessert) 및 얼음과자(ice dessert) 등으로 분류된다.

## 7. 음료(Beverage)

음료는 식후의 최종단계에서 마시는 것으로 브랜디를 비롯한 다양한 리큐르가 있고, 비알코올 음료로 가장 보편화되어 있는 기호음료로 커피를 많이 마신다.

### 1) 커피의 역사

커피라는 말이 어디에서 온 것인지는 분명하지 않다. 아랍어에 그 뿌리를 두었다고도 하고, 커피의 원산지로 통하는 에티오피아의 지명에서 나왔다고도 한다. 에티오피아에는 지금도 야생으로 자라는 커피나무가 우거진 곳이 있는데, 그곳의 지명이 'Kaffa' 인 것으로 보아 상당한 신빙성을 지니고 있다.

이 Kaffa라는 말은 '힘' 을 뜻하는데, 일설에 의하면 아비시니아(현재의 에티오피아)를 여행하던 아라비아인이 커피를 발견하고 그 나무에 감사의 뜻으로 아라비아어인 'Kaffa' 라는 이름을 지어주었다고 한다. 이것은 다시 아라비아로 건너가 '카화(Qahwa)' 로, 터키에서는 '카붸(Kahve)' 로 변하였으며, 영국에 커피가 전해진 10여년 뒤인 1650년경 블런트 경이 처음으로 'Coffee' 라는 말을 사용하여 오늘에 이르게 되었다는 것이다.

### 2) 커피 메뉴

#### (1) 카페오레(Cafe au lait)

프랑스식 모닝커피로, 카페오레는 커피와 우유라는 의미이다. 영국에서는 밀크커피, 독일에서는 미히르 카페, 그리고 이탈리아에서는 카페라테로 불린다. 여름에는 차게, 겨울에는 뜨겁게 해서 마실 수도 있다.

#### (2) 카페 카푸치노(Cafe Cappuccino)

이탈리아 타입의 짙은 커피로, 아침 한때 우유와 커피에 시나몬(계피)향을 더하여 마시게 되면 더욱 풍미를 느낄 수 있다. '카푸치노' 라는 말은 회교 종파의 하나인 카푸치노 교도들이 머리에 두르는 터번으로 모양이 같아서 이름지어졌다. 기호에 따라 레몬이나 오렌지 등의 껍질을 갈아 섞으면 한층 더 여러 향이 어우러진 맛을 낼 수 있는 '신사의 커피' 이다.

#### (3) 카페 로얄(Cafe Royal)

푸른 불빛을 연출해 내는 '커피의 황제' 인 카페 로얄은 프랑스의 황제 나폴레옹이 좋아했다는 환상적인 분위기의 커피이다.

### (4) 커피 플로트(Coffee Float)

크림 커피로, 일명 카페 그랏세, 카페 제라트로도 불리며, 아이스크림이 들어 있는 커피이다.

### (5) 더치 커피(Dutch Coffee)

물을 사용하여 3시간 이상 추출한 독특하고 향기 높은 커피이다. 네덜란드 풍의 커피인데 열대지방의 원주민 사이에서도 이 풍습이 보인다.

### (6) 아이리쉬 커피(Irish Coffee)

아이리쉬 커피의 고향은 아일랜드의 더블린인데, 아일랜드 사람들이 점차 미국의 샌프란시스코에 이주하여 이 커피에 아일랜드 위스키를 넣어 마시게 되자, 차츰 유명해져서 '샌프란시스코 커피' 라고도 불리게 되었다. 샤록(아일랜드 국화)색의 야다이(포장마차)가 노을이 질 무렵 역이나 선착장에 서게 되면, 바다 사나이들이 민요를 흥얼거리며 이 커피를 마시고 간다 하여 일명 '게릭커피' 라고도 알려져 있다.

### (7) 비엔나 커피(Vienna Coffee)

음악의 도시 오스트리아의 비엔나에서 유래되었다는 커피로, 다음과 같은 이야기가 전해져 오고 있다. 300년 전쯤 오스트리아의 수도 비엔나는 침공해 온 터키군에게 포위되어 이슬람교도와 기독교도와의 싸움이 격화되어 갔다. 그 때 폴란드 태생의 콜스치즈키(Kolschitzky)라는 사람이 있었다. 그는 처음에는 터키군의 통역인으로 활약하고 있었으나, 나중에는 오스트리아(연합군 측)의 사자(使者)가 된 인물이었다. 1683년 전쟁은 연합군의 승리로 돌아가 터키군은 다수의 병기와 군수물자를 남기고 패주했는데, 바로 그 전리품 속에 대량의 커피콩이 있었다. 이 커피콩의 이용법은 공교롭게도 단 한 사람, 터키군에서 일한 적이 있는 콜스치즈키만이 알고 있었다. 그는 비엔나 사람들에게 커피 만드는 법을 가르쳐 주는 동시에 직접 비엔나 커피하우스를 열어 터키 커피를 제공했다고 한다.

### (8) 카페 알렉산더(Cafe Alexander)

아이스커피와 브랜디, 카카오의 향이 한데 어우러진 가장 전통적인 분위기의 커피로서, 주로 남성들이 즐기는 메뉴이다.

### (9) 트로피칼 커피(Tropical Coffee)

남국의 정열적인 무드가 살아 있는 커피로 화이트 럼을 사용한다.

(10) 카페 칼루아(Cafe Kahlua)

'칼루아' 란 멕시코산의 데퀴라 술의 일종으로, 데퀴라 술의 향기와 커피의 맛이 어우러진 독특한 메뉴이다.

## 참고문헌


1) 고상동 외, 호텔 · 레스토랑 식음료경영실무, 백산출판사, 2001.
2) 한국관광공사 경주교육원, 주장업무론, 1994.
3) 김용순 · 이관표 · 정현영, 호텔레스토랑 식음료경영, 백산출판사, 2002.
4) 롯데호텔, 식음료서비스 매뉴얼, 1988, 2003.
5) 박영배, 호텔외식산업 음료주장관리, 백산출판사, 2001.
6) 신재영 · 박기용 · 정청송, 호텔레스토랑 식음료서비스관리론, 대왕사, 2001.
7) 박성부 · 이정실, 호텔식음료관리론, 기문사, 2000.
8) 박인규 · 장상태, 호텔식음료 실무경영론, 기문사, 2000.
9) 신형섭, 호텔식음료서비스실무론, 기문사, 1999.
10) 임주환 · 남영택, 음료해설, 백산출판사, 1997.
11) 이정학, 호텔식음료실무론, 기문사, 1998.
12) 유철형, 호텔식음료경영과 실무, 백산출판사, 1998.
13) 임경인, 식당경영원론, 대왕사, 1999.
14) Stefanelli, J. M., The Sale & Purchase of Restaurants, John Wiley & Sons, Inc., 1990.
15) Ninemeier, J. D., Food & Management of Food & Management Operations, American Hotel & Lodging Educational Institute, 2010.
16) Powers, T., & Barrows, C. W., Introduction to the Hospitality Industry, John Wiley & Sons, Inc., 2002.

Chapter

10

# 커피숍 · 뷔페 레스토랑 · 룸서비스

Chapter

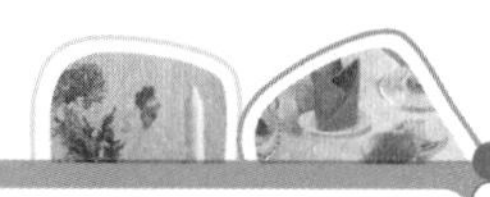

# 10 커피숍 · 뷔페 레스토랑 · 룸서비스

## 제1절 커피숍(Coffee Shop)

### 1. 커피숍의 특성

호텔 레스토랑 중 가장 기본적인 영업장으로 그 기능이 다양하다. 아침식사, 점심식사 그리고 저녁식사를 제공하는 경양식 레스토랑 기능과, 각 식사시간 사이에는 커피를 포함한 각종 음료수와 간단한 스낵류, 그리고 디저트류가 준비되어 있어 좋은 만남의 장소로서 티룸(tea room)의 기능을 복합적으로 지니고 있다. 호텔 내에 이탈리안 레스토랑이나 한식당이 따로 없을 경우 커피숍에서 그 기능들을 대신한다. 영업시간 중 쉬는 시간 없이 이른 아침부터 밤늦게까지 영업하며 24시간 계속하는 곳도 있다.

### 2. 아침식사(Breakfast)

#### 1) 아침식사 세트 메뉴

영어 'Breakfast'는 깨다(break)와 단식(fast)이란 말이 합쳐져 긴 밤 동안의 공복(단식)을 깬다는 뜻이다. 아침식사는 하루 일과 중 가장 먼저 시작하는 일로 아침식사 중의 기분이 하루 종일 갈 수 있으므로 중요하다. 보통 사람들은 아침 일찍 관광이나 사업상 일을 하기 전에 충분한 시간적 여유 없이 레스토랑에 오기 때문에 서둘기 마련이다. 그러므로 아침식사 서비스에서는 신속, 정확, 친절의 세 가지 요소가 필수적이다. 전날 저녁식사부터 10~12시간 공복상태이기 때문에 위에 부담을 주지 않는 부드러운 음식이 바람직하고, 열량면에선 하루를 시작하는 식사인 만큼 고열량의 요리가 좋다.

호텔에 따라 커피숍에서 일식 아침식사나 한식 아침식사를 제공하는 곳도 있다.

### (1) 미국식 아침식사(American Breakfast)

주스, 빵, 달걀요리 그리고 커피나 홍차로 구성된다. 달걀요리에는 햄, 베이컨, 소시지 중에서 한 가지와 감자튀김이 곁들여진다. 영국식 아침식사(english breakfast)는 여기에 생선구이가 추가된다.

① A Choice of Juices
② Toast with Jam and Butter
③ Two Eggs any Style With Ham, Bacon or Sausage
④ Coffee or Tea

### (2) 콘티넨털 아침식사(Continental Breakfast)

섬나라 영국식 조식과 구별하기 위해 대륙식 조식이라고도 하며 주스, 빵, 커피나 홍차로 구성되는 간단한 아침식사이다.

① A Choice of Juices
② Toast with Jam and Butter
③ Coffee or Tea

### (3) 건강식 아침식사(Healthy Breakfast)

사람들의 건강에 대한 욕구가 높아짐에 따라 영양식 대신 건강식으로 특별히 만든 메뉴이다. 비만증과 각종 성인병을 염려하는 고객을 위해 각종 미네랄과 비타민이 풍부하고 고단백 저지방인 식품으로 구성한 것으로 생과일주스, 플레인 요구르트와 과일, 빵, 커피로 구성된다.

① Freshly Squeezed Juice
② Plain Yogurt
③ Fresh Fruit Platter
④ Toast with Jam and Butter
⑤ Coffee or Tea

### (4) 특별 아침식사 세트

든든한 아침식사를 원하는 고객을 위해 특별히 만든 메뉴로서 생과일주스, 바나나를

곁들인 콘플레이크, 빵과 달걀요리, 설탕에 조린 과일, 그리고 커피로 구성된다.

① Freshly Squeezed Juice
② Cornflakes With Banana(or Kiwi)
③ Basket of Rolls and Toast
④ Two Eggs any Style With Ham, Bacon or Sausage
⑤ Fruit Cocktail
⑥ Coffee or Tea

## 2) 주스

### (1) 신선한 생주스(Freshly Squeezed Juice)

① Freshly Squeezed Orange Juice
② Freshly Squeezed Grapefruit Juice
③ Freshly Squeezed Apple Juice
④ Freshly Squeezed Carrot Juice

### (2) 캔주스(Canned Juice)

① Orange Juice
② Grapefruit Juice
③ Tomato Juice
④ Pineapple Juice
⑤ Apple Juice
⑥ Grape Juice
⑦ Vegetable Juice

## 3) 달걀요리

### (1) Fried Egg

① Sunny Side Up : 달걀을 한 면만 익힌 후 위쪽 노른자는 익히지 않고 흰자만 익힌 요리
② Turned Over
ⓐ Over Easy(Light) : 달걀의 양면을 굽되 흰자만 약간 익힌 것
ⓑ Over Medium : 흰자는 완전히 익고 노른자는 약간 익힌 것

ⓒ Over Hard(Well done) : 흰자와 노른자를 모두 익힌 것

(2) Scrambled Egg

달걀 두 개에 한 스푼 정도의 우유 또는 생크림을 넣고 잘 휘저은 다음 프라이팬에 기름을 넣고 가열한다. 달걀을 넣고 빨리 휘저어야 한다. 치즈, 감자, 버섯, 새우 등을 넣어 만들기도 한다.

(3) Boiled Egg

물이 끓는 온도보다 조금 낮은 온도(93℃)에서 달걀을 깨지 않고 삶은 달걀요리, 달걀을 세우기 위한 에그 스탠드(egg stand)와 달걀 속을 떠먹기 위한 티스푼(tea spoon)이 필요하다.

① Soft Boiled Egg(연숙) : 3~4분
② Medium Boiled Egg(반숙) : 5~6분
③ Hard Boiled Egg(완숙) : 10~12분

(4) Poached Egg

소량의 소금과 식초를 넣어 약하게 끓는 물(93℃)에 달걀껍질을 제거하고 삶은 달걀요리

① Soft Poached Egg(미숙) : 3~4분
② Medium Poached Egg(반숙) : 5~6분
③ Hard Poached Egg(완숙) : 8~9분

(5) Omelet

보기 좋은 크기와 형태를 만들기 위해 달걀 3개를 사용하여 만든다. 첨가물 없이 달걀만 말아서 만든 것을 Plain Omelet이라고 하고, Ham, Cheese, Bacon, Mushroom, Onion 등을 속에 넣어서 만들기도 하며, Plain Omelet에 Ham이나 Bacon, Sausage를 곁들이는 형태도 있다.

### 4) 곡물류(Cereal)

양이 작은 가벼운 식사지만 미네랄이 풍부하다.

(1) Hot Cereals

보통 뜨거운 우유를 같이 제공하고 슬라이스한 과일을 곁들이기도 한다.

① Oatmeal
② Cream of Wheat
③ Cream Beef

(2) Cold Cereals

보통 찬우유를 같이 제공하고 슬라이스한 과일을 곁들이기도 한다.

① Corn Flakes
② Raisin Bran(건포도와 밀기울을 섞은 것)
③ Rice Crispies(쌀을 바삭바삭하게 튀긴 것)
④ Shredded Wheat(밀을 조각낸 것)

### 5) 과일(Fruit)

(1) 신선한 과일(Fresh Fruit)

① Half Grapefruit(자몽을 반으로 잘라 속을 스푼으로 떠먹기 좋게 칼로 손질한 후 얼음을 넣어 차게 한 용기에 제공)
② Fresh Fruit in Season(딸기, 수박, 포도, 감, 사과, 배, 오렌지, 밀감, 참외, 복숭아 등 과일을 계절에 따라 제공)

(2) 설탕에 조린 과일(Stewed Fruit)

① Stewed Prune(서양자두)
② Figs(무화과)
③ Peach(복숭아)
④ Pineapple(파인애플)

(3) 과일은 점심 · 저녁 식사에서와 달리 보통 식사의 처음에 서브

### 6) 음료

(1) 커피

식사주문 전에 먼저 제공하며, 식사도중에도 더 원하는지 물어보고 제공한다.

(2) 홍차

작은 접시에 Tea Bag 2개와 레몬 두 조각을 Sword Pick에 끼워서 제공한다. 영국 사람들은 레몬 대신 우유를 넣어 마신다. 뜨거운 물은 Pot에 따로 제공한다.

(3) Hot Chocolate

뜨거운 우유에 초콜릿 가루를 풀어 제공한다.

(4) 인삼차(Ginseng Tea)

뜨거운 물이 든 Pot와 작은 접시에 인삼차 2봉과 꿀 2개를 담아 따로 제공한다.

## 제2절 뷔페 레스토랑(Buffet Restaurant)

### 1. 뷔페 레스토랑의 유래

뷔페식당은 진열해 놓은 요리를 균일한 요금을 지불하고 자기 양껏 뜻대로 선택을 해서 먹을 수 있는 셀프서비스 식당이다.

일명 스모가스보드(smorgasbord)라고도 하는데, 이것은 북유럽풍의 요리를 가리키는 말로서 Smor는 버터를 뜻하고, Gas는 영어의 Goose라는 말로 거위를 뜻하며, Bord는 영어의 Board로 식탁을 의미한다. 즉 육류를 비롯한 여러 가지 음식을 진열해 놓고 먹고 싶은대로 마음대로 먹을 수 있는 향연을 베푼다는 의미이다.

한편, 일본에서는 바이킹 레스토랑(Viking Restaurant)이라고 하는데, 이것은 일본에서만 쓰는 독특한 명칭이다. 바이킹이란 12C경 북유럽의 노르웨이를 중심으로 활동했던 해적을 말하는데, 이 말은 식사와는 아무런 관계가 없으나 이 뷔페를 최초로 시작한 곳이 제국호텔의 바이킹 레스토랑이었기 때문에 그 레스토랑의 이름을 따서 불리어지게 되었다는 설과, 바이킹의 식사가 대 식사였으며 그들이 상륙하면 큰 연회를 베풀어 여러 가지 요리를 즐겼다고 하는데, 이러한 바이킹의 식사에서 유래되었다는 설이 있다.

### 2. 뷔페 레스토랑의 특징

① 기호에 맞는 음식을 양껏 먹을 수 있다.

② 많은 종류의 요리가 제공되므로 다양한 요리를 즐길 수 있다.

③ 신속한 식사를 할 수 있다.
④ 가격이 비교적 저렴하다.
⑤ 고객의 불평이 적다.
⑥ 소수의 종사원으로 많은 손님을 맞이할 수 있어 인건비가 적게 든다.

## 3. 뷔페 레스토랑의 서비스

① 셀프서비스 활동에 지장이 없도록 충분한 공간과 통로가 확보되어야 한다.
② 셀프서비스에 불편을 느끼는 고객에게는 종사원이 도와준다.
③ 모든 요리는 간편하게 먹을 수 있도록 잘려져 있거나 부분화되어 있어야 한다.
④ 수프와 커피는 종사원이 제공한다.
⑤ 부족한 음식은 수시로 보충한다.
⑥ 모든 서비스용 빈 접시는 뷔페 테이블이 시작되는 부분 가장자리에 놓는다.
⑦ 접시가 비워진 고객에게는 더 권하고, 의향을 물어본 뒤 빈 접시를 치운다.
⑧ 더운 음식은 덥게, 찬 음식은 차게 제공될 수 있도록 음식관리에 세심한 주의를 기울인다.

# 제3절 룸서비스(Room Service)

## 1. 룸서비스의 특징

① 영업대상이 투숙객이므로 대부분 24시간 영업하며, 고객이 주문시 직접 객실까지 서브한다.
② 룸서비스의 주문은 대부분이 오더 테이커(order taker)가 전화를 통하여 주문을 받는다.
③ 룸서비스 메뉴는 한식, 양식, 일식, 이탈리아식으로 구성되어 있다. 단, 주문은 시간의 제약을 받는다.
④ 아침조식(일식, 양식) 및 야외도시락(luncheon box)은 룸서비스에서 제공될 수 있는 품목으로 예약이 가능하다. 단, 야외도시락은 2시간 전에 주문예약이 이루어져야 한다.

⑤ 외부로부터 과일, 케이크, 음료 등을 주문받아 객실에 투입이 가능하다.

## 2. 주문 접수(Order Taking)

### 1) 전화 주문시

① 전화벨이 울리면 먼저 객실번호를 확인, 기록한다.
② 미확인시 계속 통화를 하고 눈으로 전화를 바라보고 있다가 4~5초 후 전화상에 시간, 국적, 이름, 객실번호가 다시 나타나면 반드시 객실번호를 먼저 기록한다.
③ 주문이 끝나면 반드시 반복하여 확인하고, 조리시간을 알려주어야 한다.
④ 통화가 끝나면 수화기를 고객이 먼저 놓은 다음 오더 테이커는 다시 한 번 객실번호를 확인한 다음 수화기를 놓는다.
⑤ House Phone으로 고객이 주문할 때에는 정중하게 룸서비스로 안내한다.
⑥ 객실로부터의 전화는 반드시 정확하게 기록, 유지한다.
⑦ 바쁜 시간대에 오더 테이커는 적절하게 시간을 조절하여 서브할 수 있는 시간의 여유를 준다.

### 2) Door Knob Menu에 의한 주문시

객실에 비치된 Door Knob Menu를 이용하여 고객이 원하는 날짜, 시간, 품목을 표기하여 당일 02 : 00까지 Door Knob에 걸어 놓으면 이를 룸서비스 직원이 수거하여 Order Taker가 시간별로 분류하여 Bill을 작성한다. 조식예약 주문서를 문에서 수거시 종종 누락되는 일이 있으므로 주의하여야 한다.

## · 참고문헌

1) 이희천 외 , 호테경영론, 형설출판사, 2010.
2) 고상동 외, 호텔 · 레스토랑 식음료경영실무, 백산출판사, 2001.
3) 한국관광공사 경주교육원, 주장업무론, 1994.
4) 김용순 · 이관표 · 정현영, 호텔레스토랑 식음료경영, 백산출판사, 2002.
5) 롯데호텔, 식음료서비스 매뉴얼, 1988, 2003.
6) 인터콘티넨탈호텔, 서비스 매뉴얼, 1999.
7) 신재영 · 박기용 · 정청송, 호텔레스토랑 식음료서비스관리론, 대왕사, 2001.
8) 유철형, 호텔식음료경영과 실무, 백산출판사, 1998.
9) 임경인, 식당경영원론, 대왕사, 1999.
10) Stefanelli, J. M., The Sale & Purchase of Restaurants, John Wiley & Sons, Inc., 1990.
11) Ninemeier, J. D., Food & Management of Food & Management Operations, American Hotel & Lodging Educational Institute, 2010.

Chapter

# 11

# 음료

Chapter

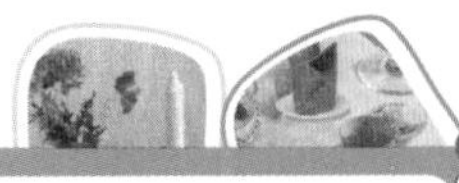

# 11 음료

## 제1절 음료의 개념

음료에 관한 고고학적 자료가 없기 때문에 정확히는 알 수 없으나, 자연적으로 존재하는 봉밀을 그대로 또는 물에 약하게 타서 마시기 시작한 것이 그 시초로 추측된다. 다음으로 인간이 발견한 음료는 과즙이라 한다. 그 후 이 지방 사람들은 밀빵이 물에 젖어 발효된 맥주를 발견해 음료로 즐겼으며, 또 중앙아시아 지역에서는 야생의 포도가 쌓여 자연 발효된 포도주를 발견하여 마셨다고 한다. 인간이 탄산음료를 발견하게 된 것은 자연적으로 솟아나오는 천연 광천수를 마시게 된데서 비롯된다. 목축을 하는 유목민들은 양이나 염소의 젖을 음료로 마셨다고 한다. 현대인들 누구나가 즐겨 마시는 커피도 A.D 600년경 예멘에서 한 양치기에 의해 발견되어 약재와 식료 및 음료로 쓰이며, 홍해 부근의 아랍국가들에게 전파되었고, 1300년경에는 이란에, 1500년경에는 터키까지 전해졌다.

현대인들은 여러 가지 공해로 인하여 순수한 물을 마실 수 없게 되었고, 따라서 현대 문명의 산물로 여러 가지 음료가 등장하게 되어 그 종류가 다양해졌으며, 각자 나름대로의 기호음료를 찾게 되었다. 한국에서는 음료(beverage)를 주로 비알코올성 음료로 인식하고, 알코올성 음료는 '술' 이라고 구분해서 생각하는 것이 일반적이다. 그러나 서양인들은 음료(beverage)에 대한 개념이 우리와는 다르다. 마시는 것은 통칭 음료(beverage)라고 하며, 어떤 의미로는 알코올성 음료로 더 짙게 표현되기도 한다.

## 제2절 음료의 분류

〈표 11-1〉 음료의 분류

| | | | |
|---|---|---|---|
| 알코올성 음료 (alcoholic beverage) | 양조주 (fermented liquor) | 포도 | Wine |
| | | 기타과실 | Cider(apple) |
| | | 곡류(Grain) | Beer/Sake |
| | 증류주 (distilled liquor) | 곡류 | Whisky/Vodka/Gin |
| | | 사탕수수(당밀) | Rum |
| | | 용설란(Agave) | Tequila |
| | | 과실-브랜디 | Grape-Cognac/Apple-Calvados<br>Cherry-Kirsch |
| | | 소주, 중국술 | |
| | 혼성주 (compounded liquor) | Liqueur | |
| | | Absinthe | |
| | | Bitters | |
| 비 알코올성 음료 (non-alcoholic beverage) | 청량음료 (soft drink) | Carbonated | Cola/Soda Water/Cider,<br>Gingerale, Tonic Water |
| | | Non-Carbonated | Mineral |
| | 영양음료 (nutritious) | 주스류 | Fruit Juice(Orange, Pineapple, Grape)<br>Vegetable(Tomato) |
| | | 우유류 | Pasteurized/Non Pasteurized |
| | 기호음료 (fancy taste) | 커피류 | Regular/Caffein Free |
| | | 차류 | Tea/Green Tea/Ginseng Tea |

음료란, 크게 알코올성 음료(alcoholic beverage = hard drink)와 비알코올성 음료(non-alcoholic beverage = soft drink)로 구분되는데, 알코올성 음료는 일반적으로 술을 의미하고, 비알코올성 음료는 청량음료, 영양음료, 기호음료로 나눈다.

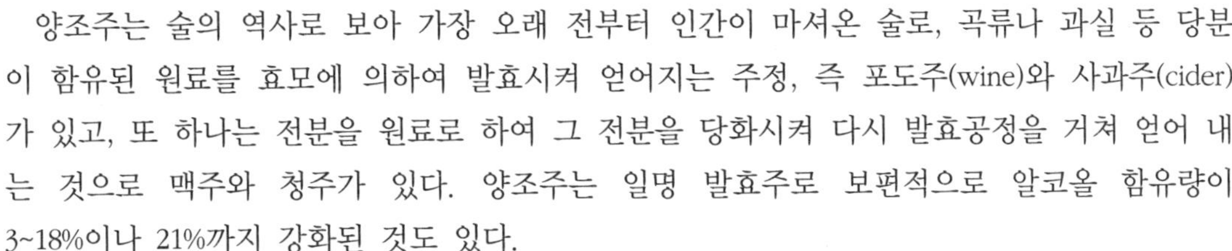

## 제3절 양조주(Fermented Liquor)

양조주는 술의 역사로 보아 가장 오래 전부터 인간이 마셔온 술로, 곡류나 과실 등 당분이 함유된 원료를 효모에 의하여 발효시켜 얻어지는 주정, 즉 포도주(wine)와 사과주(cider)가 있고, 또 하나는 전분을 원료로 하여 그 전분을 당화시켜 다시 발효공정을 거쳐 얻어 내는 것으로 맥주와 청주가 있다. 양조주는 일명 발효주로 보편적으로 알코올 함유량이 3~18%이나 21%까지 강화된 것도 있다.

### 1. 와인(Wine)

야생의 포도가 발생한 것은 중앙아시아이며, 포도로 와인을 만든 것도 이 지방 주민일 것이라고 학자들은 추정한다. 그 시대는 지금으로부터 약 1만 년 전으로 거슬러 올라간다. 와인제조에 관한 최고의 고고학적 증거는 신석기 페르시아에서 찾아볼 수 있다. 와인에 관한 문헌은 3000년경부터 기록되었다. 기원전 1500년까지 페니키아, 레바논, 시리아, 이집트와 다른 중동국가에서 활발한 와인 거래가 있었다.

고대 그리스인들이 포도나무를 서부 유럽에 소개한 것으로 여겨진다. 그러나 로마인들은 그들의 정복지가 늘어감에 따라 더욱 멀리 포도나무를 퍼뜨렸다. 독일, 스페인, 포르투갈, 영국을 점령한 로마군은 포도나무를 심고 와인을 만들었다. 이 일은 군인들의 사기를 높이는데 도움을 주었고, 전쟁이 없을 때에는 군인들이 하는 일이 되었다. 로마제국이 쇠퇴한 후 수세기 동안은 수도원이 포도밭을 널리 퍼뜨리고 와인을 계속 만들었다.

기독교가 전 세계에 전파됨에 따라 선교사와 탐험가들에 의해 새로운 세계로 포도와 와인 제조방법이 알려지게 되었고, 시간이 경과함에 따라 제조방법에도 많은 발전을 가져왔고, 또 천연적인 와인에 여러 가지 초근목피와 열매를 배합하여 맛과 향을 더욱 독특하게 만들었으며, 식욕촉진제로 또는 몸이 허약하거나 병중 회복기의 환자에게 좋은 효과를 나타내는 약제로 사용되기도 하였다.

#### 1) 와인의 양조

##### (1) 레드 와인(Red Wine)

레드 와인은 적포도(까베르네 소비뇽, 까베르네 프랑, 메를로, 말벡, 삐노 누아르 등)로

만든다. 화이트 와인과는 달리 레드 와인은 붉은색이 중요하므로, 포도껍질에 있는 붉은 색소를 많이 추출해서 와인을 만들어야 하므로 화이트 와인과는 제조방법이 좀 다르다.

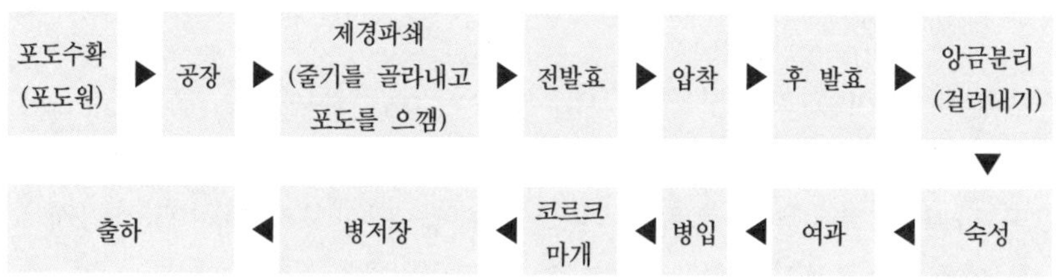


[그림 11-1] 레드 와인 제조과정

(2) 화이트 와인(White Wine)

화이트 와인은 잘 익은 화이트 와인용 포도품종(세미용, 소비뇽 블랑, 뮈스카델, 샤르도네, 피노 블랑, 리슬링 등)이나 레드 품종에서 껍질을 제거한 후에 만든다.

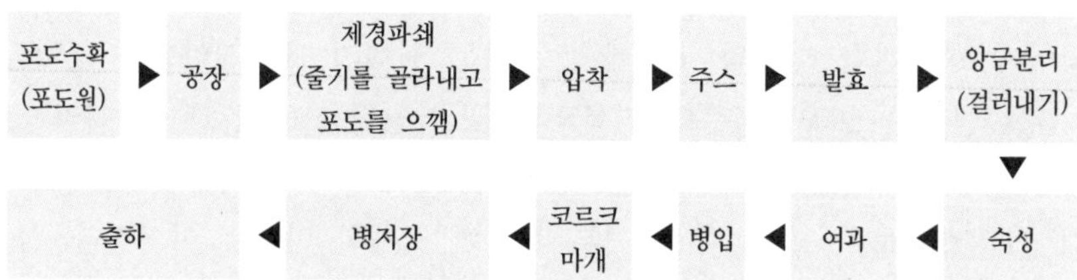


[그림 11-2] 화이트 와인 제조과정

(3) 스파클링 와인(Sparkling Wine)

주정발효는 화이트 와인을 만들 때와 마찬가지로 수확한 포도를 압착해서 나온 포도즙을 사용한다. 퀴베는 완성된 와인을 섞는 것으로 어떤 포도품종을 어떤 비율로 섞을 것인가, 어느 해의 와인을 얼마나 섞을 것인가, 어느 포도밭에서 나온 것을 얼마나 섞을 것인가 등을 타입별로 선별하여 정한다. 병 돌리기는 경사진 나무판에 구멍을 뚫어 병을 거꾸로 세워 놓은 다음 주기적으로 회전시킴으로써 효모 등의 찌꺼기를 제거하고, 그 양만큼 다른 샴페인이나 설탕물을 보충한 다음 밀봉한다.

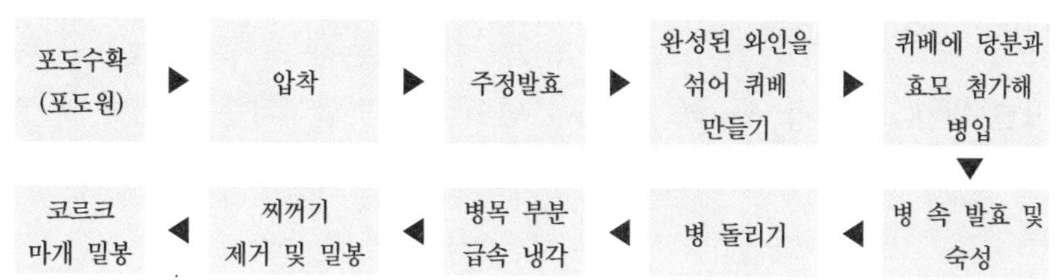


[그림 11-3] 스파클링 와인 제조과정

## 2) 와인의 분류

### (1) 색에 따른 분류

① 레드 와인(Red Wine) : 수확된 포도를 껍질까지 즙을 내어 발효시켜서 과피에서 우러나온 색으로 인하여 적색이 나게 된 것이다.

② 화이트 와인(White Wine) : 적·백포도를 모두 사용하여 포도즙을 낼 때 과피를 제거하고 알맹이만을 발효시켜서 만든 것이며, 연한 밀짚색이 난다.

③ 로제 와인(Rose Wine) : 핑크색을 띤 와인이다.

④ 옐로 와인(Yellow Wine) : 주로 프랑스 쥬라지방에서 생산되는 와인으로 사바뇽종의 청포도를 원료로 해서 발효를 천천히 진행시킨 다음 술통에 넣어 다른 것을 전혀 보충하지 않고 최소 6년간 숙성시킨다. 와인이 진한 노란색을 지니고 맛도 드라이한 셰리에 가깝다.

### (2) 맛에 따른 분류

① 감미 와인(Sweet Wine) : 완전히 발효되지 못하고 당분이 남아 있는 상태에서 발효를 중지시킨 것과 가당을 한 것이 있다.

② 산미 와인(Dry Wine) : 완전히 발효되어서 당분이 거의 없는 상태이다.

### (3) 알코올 첨가 유무에 따른 분류

① 강화 와인(Fortified Wine) : 알코올 도수를 높이기 위하여 발효과정이나 또는 발효 후 알코올 농도가 높은 증류주를 배합한 것이며, 대표적인 것이 셰리 와인과 포트 와인이다.

② 비강화 와인(Unfortified Wine) : 다른 주정을 첨가하지 않은 보통 와인을 말하며, 대부분 테이블 와인이 이에 속한다.

#### (4) 탄산가스 유무에 따른 분류

① 발포성 와인(Sparking Wine) : 거품이 일어나는 와인이라는 뜻이다. 발효를 병 속에서 하는 동안 자연적으로 탄산가스가 생기게 한 것과 인위적으로 주입시켜 밀봉한 것이 있다.

② 비발포성 와인(Still Wine) : 와인은 발효 중에 알코올과 함께 탄산가스가 발생하는데, 이 가스를 남기지 않은 와인을 스틸 와인이라고 한다. 우리가 흔히 말하는 와인은 이 와인을 일컫는 말이다. 또 가벼운 탄산가스를 함유한 와인 중 20℃에 1기압 미만은 스틸 와인으로 분류한다.

#### (5) 식사에 따른 분류

① 식전 와인(Aperitif Wine) : 식사를 하기 전에 한두 잔 마시는 와인으로 강화주나 향취가 강한 것을 많이 마신다. 강화주는 셰리 와인을, 향취가 강한 것으로는 Vermouth 종류를 주로 마신다.

② 식중 와인(Table Wine) : 식사와 곁들여 마시는 와인으로 특히 메인 디쉬와 함께 마시는 와인이다. 화이트 와인은 흰 살의 고기를 먹을 때, 레드 와인은 붉은 살의 고기를 먹을 때 마시는 것이 보통이다.

③ 식후 와인(Dessert Wine) : 후식을 먹을 때 소화를 촉진시키기 위해 마시는 감미 와인으로 강화 와인이 대부분이며, 대표적으로 Port Wine, Cream Sherry 등이 있다.

#### (6) 저장기간에 따른 분류

① Young Wine : 초년층의 와인으로 1~5년 저장한 와인을 말한다.

② Aged Wine(or Old Wine) : 중년층의 와인으로 5~15년 저장한 와인을 말한다.

③ Great Wine : 장년층의 와인으로 15년 이상, 오래 묵혀서 저장한 와인을 말한다.

### 3) 프랑스 와인

#### (1) 프랑스의 와인 등급

19C 말 프랑스의 와인산업은 대부분의 포도원을 파괴시켰던 포도나무 기생충의 만연으로부터 회복되었다. 비도덕적인 와인생산업자들은 부정적인 방법으로 그들의 와인에 상표를 붙였는데, 이를 방지하기 위해 프랑스 정부가 1935년에 통제하는 강력한 법을 제정하였다.

① A.O.C(Appellation d'origine Controlee)

원산지 호칭 통제 와인으로, 와인이 어느 지역서 생산되었고, 어떤 포도품종으로 만들어졌으며, 와인 제조방법, 최소한 알코올 함유량, 심는 방법, 가지치고 가꾸는 방법, 헥타르당 포도 수확량, 각 관할구역의 정확한 한계, 숙성조건 등을 따르고 있다.

② V.D.Q.S(Vin Delimite de Qualite Superieur)

상질의 지정 와인으로 A.O.C 와인보다는 못하지만 좋은 품질의 와인으로 간주된다. V.D.Q.S 지정을 받기 위해 와인생산업자들은 A.O.C와 같은 엄격한 규칙을 지켜야 한다. 이 법은 1949년에 제정되었는데 A.O.C법 못지않게 빈틈이 없으며, 공식적인 와인 시음 후에 획득할 수 있다.

③ Vin de Pays

이 법은 1973년에 제정되었다. 지방명 와인이라고도 말해지며 좀 덜 유명한 지역에서 생산되는 지방 와인으로 그 지방의 특색을 가장 잘 나타낸다.

④ Vin de Table

이 와인은 비싸지도 않고 오래 저장하지도 않는 일상 마시는 보통 와인이다. 와인 라벨(wine label)에는 와인의 원산지나 품질이 자세히 기록되지 않는다.

### (2) 각 지역별 와인

① 보르도(Bordeaux)

보르도는 세계에서 가장 우수한 와인을 생산하는 가장 넓은 지역이다. 이곳에서는 Medoc, Graves, St-Emillion, 그리고 Pomerol 지구의 클래식한 레드 와인에서부터 Sauternes, Barsac 지구의 스위트한 화이트 와인에 이르기까지 모든 타입의 와인을 생산해 내고 있다. 보르도 지역은 거의 완벽한 포도재배 입지를 지니고 있다. 편평한 대지, 밀집한 포도원, 유명한 샤또(chateau)는 매혹적인 장관을 이루고 있다. 보르도는 프랑스 제2의 도시이며, 큰 강인 지롱드(gironde), 두 갈래의 지류인 가론느(garonne)와 도르도뉴(dordogne) 강을 중심으로 중요한 와인지역들이 형성되어 있다.

보르도 지역의 경계는 A.O.C법에 의해 한정되어 있다. 이 지역에서 생산되는 와인은 법의 규정에 따르게 되어 있으며, 우선 원산지의 지명이 보증된다. 그것은 품질에 관해서도 보증하는 것은 아니다. 주상(negociants)들은 상표에 자기회사 이름을 표시한다. 주상은 포도원을 돌면서 가장 품질이 좋다고 생각하는 와인을 선택하여 그것들을 혼합(blend)해서 자기회사 이름으로 시장에 판매한다.

특정 포도원은 법에 의해 24지구로 나뉘어져 있다. 그 중 5개 지구에서는 세계에서 가장 우수한 와인을 생산해낸다. 이 다섯 지구는 Medoc, Graves, St-Emillion, Pomerol 그리고 Sauternes 지구이다. 보르도의 레드 와인은 클라레트(claret)라고 애칭한다. 이 이름은 선명한 밝은 색을 의미하는 프랑스어의 Clairet에서 유래한 것이다.

보르도의 레드 와인은 섬세하며 여성적인 맛을 지니고 있어서 '와인의 여왕' 이라 불리어진다. 또 맛이 산뜻하고 드라이하여 미묘한 뒷맛이 남는다. 우아하고 귀족적인 와인의 표상이다. 보르도 와인의 병 모양은 목이 짧고 몸통이 홀쭉한 전통적인 모양으로 병 모양만 보아도 보르도 와인은 식별할 수가 있다.

② 부르고뉴(Bourgogne)

보르도와 쌍벽을 이루는 세계적인 산지로서 부르고뉴(bourgogne)라는 이름은 기원전 5C경 게르만(german)민족 중의 하나인 부르군드족이 세운 부르군드 왕국의 이름에서 시작되었다. 와인을 만든 역사는 로마시대까지 거슬러 올라가는데, 비약적인 발전을 이룩한 것은 한 수도승의 공헌이 큰 힘이 되었다.

부르고뉴 지방은 경사진 땅과 좋은 토양의 낮은 언덕들이 많이 있어서 일찍부터 포도경작이 가능했다. 지리적으로는 부르고뉴는 북쪽과 남쪽을 연결하는 지역으로 욘에서 론까지, 그리고 샤블리에서 리옹에 이르는 300㎞가 포도밭으로 덮여 있다. 보통 부르고뉴의 시작은 샤블리 지역부터라고 하는데, 샤블리는 개암향기가 풍부한 세계적인 화이트와인으로 유명하다. 대부분의 부르고뉴 레드 와인들이 삐노 누아르를 사용하는데 반해, 보졸레에서는 가메를 사용하여 서민적이고 대중적인 와인을 생산하고 있다.

③ 코트 뒤 론(Côtes de Rhône)

론강을 중심으로 한 양쪽의 와인산지를 코트 뒤 론이라고 하는데, 남북으로 200㎞, 동서로 70㎞ 이상 되는 이 방대한 지방은 비엔이라는 작은 마을에서부터 프로방스의 아비뇽 남쪽까지 이어진다. 기후와 토질이 남부와 북부가 조금 다르기 때문에 재배되는 포도품종도 10여종이 넘는데, 그 중에서 그르나슈와 시라가 많은 비중을 차지하고 있다. 그르나슈로 만든 와인은 엷은 색을 띠고 산딸기향과 마른 야생풀 냄새가 나는 반면, 시라로 만든 와인은 처음에는 짙은 색을 띠다가 점점 시간이 지나면서 자줏빛으로 바뀌면서 매콤한 향기가 난다. 레드, 로제, 화이트 와인을 모두 생산하는데 주로 레드 와인을 많이 생산한다.

④ 알자스(Alsace)

샹파뉴와 더불어 프랑스에서 가장 북쪽에 위치한 알자스지방은 프랑스 최대의 화이트와인 산지이면서 동시에 프랑스에서 가장 아름다운 포도밭을 가지고 있다. 오래 전부터 알자스 지방은 프랑스 음식문화에 중요한 역할을 담당해왔다. 또 알자스 지방에서는 모두 일곱 가지 종류의 포도(삐노 누아르, 삐노 블랑, 뮈스카 달자스, 토카이 삐노 그리,

리슬링, 실바너, 게뷔르츠트라미너)가 재배되고 있는데, 그 중에서 리슬링, 실바너, 게뷔르츠트라미너는 세계대전 기간에 독일과 국경을 맞댄 이곳을 독일군이 점령하면서 전파시킨 화이트 와인 품종이다. 알자스 지방에는 오랜 양조의 역사를 가진 가문들이 보주산맥을 따라 그 주변에 존재하고 있는데, 그것은 보주산맥이 띠를 두른 것처럼 이 지역의 포도밭들을 보호하고 있어 와인생산에 적합한 기후 조건들을 제공해 주기 때문이다. 또 알자스 와인의 품질을 결정하는 것은 토양인데, 보주산맥 주변으로 오래된 화강암층을 따라 복잡하면서도 다양한 토양층들이 구성되어 있다.

이곳은 분명히 프랑스이면서 와인은 독일 성격을 지니고 있다. 그러면서도 독일 와인과는 좀 다른 점이 있다. 이곳은 잘 알려져 있지 않다가 프랑스 혁명 때 한 관광객에 의해 발견되었다고 한다. 이곳 사람들은 아직까지 독일식 언어를 사용하는 사람들이 많다. 그러나 독일 사람과는 정서적으로 다른 성격이며, 프랑스이면서도 다른 기질을 가지고 있다. 그러므로 와인도 독특한 데가 있다.

와인명을 마을이나 포도밭을 사용하지 않고 포도품종의 이름을 사용하므로 A.O.C는 Appellation Alsace Controlee로 단일화되어 있다. 독일 와인은 감도를 중요시하나 알자스 와인은 부케와 알코올 농도를 중요시한다.

⑤ 르와르(Loire)

프랑스 중앙부에서 대서양으로 흘러 들어가는 기나긴 르와르강은 화려한 고성들이 군데군데 서 있는 아름다운 유역으로 '프랑스의 정원' 이라고 일컬어지고 있는데, 르와르 와인의 산지이기도 하다. 포도의 재배면적이 넓어서 A.O.C 와인의 생산량은 프랑스에서 제4위를 차지하고 있다. 4개의 주요 와인산출 구역은 Nantes, Anjou-Saumur, Tourains, 그리고 Central Vineyards이다.

⑥ 샹파뉴(Champagne)

샴페인 지방은 프랑스 파리 북동쪽에 위치한 대단히 유명한 지역으로 랑스시와 에빼르네시 사이에 걸쳐 있다. 또 Marne강을 끼고 Pinot Noir, Chardonnay, Pinot Blanc Meunier 등의 포도품종을 재배하여 세계적으로 유명한 스파클링 와인을 생산해 내고 있다. 따라서 이곳에서 나는 스파클링 와인만을 샴페인이라 할 수 있다. 9세기에서 19세기 초까지 37명의 왕이 샹파뉴지방의 중심도시인 랭스의 대성당에서 제위식을 치름으로써 이미 9세기부터 그 존재가 알려질 정도로 유서가 깊다.

샴페인의 유래는 17C 전만 하더라도 겨울철에 포도즙은 발효가 중지되었으므로 포도즙을 배절통에 담아서 배에 싣고 영국으로 보내어 2차 발효를 시켰는데, 항구에서 하역된 포도즙은 영국 사람들이 병에 담았다가 출고시켰다. 그러던 어느 날 와인을 마시려고 마개를 뽑아보니 거품이 솟아오르는 발포성 와인이 되었던 것이다. 이때부터 프랑스 사람들이 인공적으로 와인을 병에 담아 2차 발효를 시켰는데 병이 압력을 받아서 자주 터지고, 마개가 신통치 않아 자주 빠짐으로써 고심하던 차에 동 페리뇽이 튼튼한 병과 코르크 마개를 개발하여 와인병의 마개를 막고 끈으로 동여매는 방법을 사용하여 오늘날의 훌륭한 샴페인이 탄생하였다.

(3) 프랑스 와인의 상표(Label) 읽는 법

프랑스 와인의 상표는 각 지역별, 지구별 또는 구역별로 표기하는 방법이나 내용이 약간씩 차이가 있다. 지역의 이름이나 지구의 이름 또는 마을의 이름이 와인명으로 사용되는 경우가 많고, 또 특정 포도원(Chateau)명 와인도 적지 않다. 가끔 포도의 품종이 와인명으로 사용되는 지역도 있다. 그러므로 프랑스 와인의 상표를 읽기란 상당히 까다롭다고 할 수 있다.

1. 로고
2. 밀레짐(빈티지) : 포도 수확년도
3. 상표(브랜드) : 와인성의 명칭이나 회사 소유자, 생산자의 이름이 주로 사용된다. 이 와인은 샤토 노아약(Château Noaillae)이 브랜드명이다.
4. 와인 등급 : 크뤼 부르주아
5. 등급 : AOC의 O자리에 메독(Médoc)이 표기되어 있으므로 보르도 지방 내 메독지역에서 생산된 포도가 원료로서 사용되었다는 의미이다.
6. 병입지 : 생산지역의 와인성에서 병입되었음을 나타낸다. Mis en bouteille au château라고 인쇄되어 있으면 와인이 샤토에서 병입되었음을 나타내는 것으로 고급 와인에 해당된다.
7. 용량 : 750mL로 표기되기도 한다.
8. 알코올 함유량
9. 로트번호 : 금속 캡슐이나 뒷면 라벨에 표기되기도 한다.

[그림 11-4] 프랑스 와인 라벨[1)]

## 4) 이탈리아 와인(Italian Wine)

이탈리아 와인의 생산량은 프랑스를 능가하여 세계 제 1위이나 와인의 대부분이 국내에서 소비되고 있다. 기후가 온난하기 때문에 국토의 전 지역에서 포도를 재배하고 있다. 프랑스 와인과 비교할 때 품질 면에서 격차가 있었음을 부인할 수는 없으나 1963년 프랑스의 A.O.C제도와 비교할 수 있는 D.O.C제도를 제정하여 포도재배와 양조방법을 개선하는 등 와인의 품질향상을 위하여 많은 노력을 기울여왔다. 이탈리아 와인은 맛이 매우 다양하게 만들어지는데 테이블 와인, 스파클링 와인, 그리고 벌무스와 같은 방향성 와인 등 모든 타입의 와인을 생산하고 있다. 와인은 대부분이 포도품종의 이름을 사용하고 그 밖에는 지명을 사용한다. 주요 와인 산지에는 피에몬테, 토스카나, 베네토주 등이 있다.

### (1) 이탈리아 와인의 등급

① 데노미 나지오네 디 오리지네 샘플리체(Denominazione di Origine Semplice) : 단순한 원산지 호칭 와인으로 기본적이고 대중적인 와인이다.

② 데노미 니지오네 디 오리지네 콘트롤라타(Denominazione di Origine Controllata) : 원산지 통제 표시 와인으로, 품질을 결정하는 위원회에 의하여 특정 포도품종, 와인 제조 방법, 제한된 수확량, 숙성기간 등이 갖추어진 와인에 붙여진다. 이러한 조건을 충족시킨 와인에만 정부공인의 D.O.C 표기를 라벨에 붙일 수 있다.

③ 데노미 나지오네 디 오리지네 콘트롤라타 가란티타(Denominazione di Origine Controllata Garantita) : 이탈리아에서 생산되는 와인 중 최고급으로 분류되며, 와인의 전체 생산과정을 정부가 규제하고 품질을 보증하는 와인이다.

### (2) 각 지역별 와인

① 피에몬테(Piemonte)

프랑스에서 가장 가까우며 이탈리아 최북단 알프스산 기슭에서 토리노(torino)시를 중심으로 한 지역으로 양과 질이 이탈리아 제 1의 산지이다. 알프스 산맥으로 둘러싸여 뜨거운 여름과 춥지 않은 가을의 기후적 특성을 가진다. 피에몬테 최고의 와인은 몬테라토라는 언덕에서 생산되는데, 바롤로와 바바 레스코이다. 이 밖에 이탈리아가 자랑하는 달콤한 발포성 와인으로 아스티 스푸만테(spumante), 버무스와 같은 디저트 와인으로 유명하다. 이 지역에서는 네비올로, 바르베라, 므스카토 등의 포도를 주로 재배한다.

② 토스카나(Toscana)

이탈리아 중부지역으로 피렌체 도시 근처에 있으며, 세계적으로 널리 알려진 끼안티 와인을 생산하는 지역이다. 끼안티의 명성은 피아스꼬(fisco)라 불리는 병을 보호하기 위해 라피아(raffia)라 하는 짚으로 싼 특이한 Balloon Type의 병에 기인한다. 끼안티 지역의 1/3을 차지하는 포도밭을 끼안티 클라시코(chianti classico)라 이름하여 최상급 와인이 나는 구역으로 되어 있다. 끼안티 클라시코는 수백의 샤또가 각각 전래된 전통적인 비법을 이용하여 생산되는 와인으로 수탉의 그림이 그려지고, 클라시코라고 표기하도록 공식 규정되어 있다. 그러므로 끼안티 클라시코는 끼안티 와인 중에서 최상급 와인이다.

### (3) 이탈리아 와인의 상표(Label) 읽는 법

[그림 11-5] 이탈리아 와인 라벨[2)]

## 5) 독일 와인(German Wine)

독일 와인의 산지는 라인(rhein)지역과 모젤(mosel)지역을 꼽을 수 있다. 이 지역은 유럽에서도 가장 북쪽에 위치한 곳으로 자연기후의 영향 등에 따라 매우 복잡한 와인이 생산된다. 북쪽지역이어서 날씨가 춥고 일조량이 부족하여 포도재배자들은 가끔 큰 어려움에 직면하기도 한다. 포도경작 면적과 생산량은 프랑스에 비하면 아주 적으나 독일의 화이트 와인은 세계의 애음가들로부터 호평을 받고 있다. 또 독일에서는 늦가을이나 초겨울 영하의 기온에서 얼어버린 포도로 만든 아이스바인(eis wein) 등을 생산하는 곳으로 유명하다. 포도의 품종은 리슬링(riesling)종과 실바너(sylvaner)종을 많이 재배하다.

### (1) 독일 와인의 등급

1982년 독일 와인법 개정으로 와인 등급은 세 단계로 분류되었는데, 이는 다음과 같다.

① 타펠 바인(Tafel Wein) : 보통 테이블 와인으로 독일 국내 소비자들에게 공급되는 내수용 와인이다.

② 쿠발리테츠 바인 베스팀터 안바우게비테(Quälitats Wein Bestimmter Anbaugebiete) : 특정 지역에서 생산되는 고급와인으로 포도의 당분함량 등의 규정을 두고 있다.

③ 쿠발리테츠 바인 미트 프레디카트(Quälitats Wein Mit Prädikat) : 특정포도원에서 생산되는 와인으로 당도의 함유량에 따라 다섯 가지로 세분화된다(카비네트, 수패트레제, 아우스레제, 베렌 아우스레제, 트로겐 메른 아우스레제).

### (2) 각 지역별 와인

① 라인(Rhein)

a. 라인가우(rheingau) : 라인가우는 24개 지구로 나누어져 있다. 라인강 유역으로서 Mainz에서 Bingen까지 약 20마일의 지대를 총칭한다. 리슬링종의 포도를 재배하여 이 일대로부터 독일에서도 최고의 품질을 자랑하는 화이트 와인을 생산하고 있다. 이 지역의 와인은 가장 향기로우면서도 탄닌산의 독특한 떫은 맛을 잃지 않음으로써 독특한 개성을 유지한다.

b. 라인 헤센(Rheingessen) : 라인강 오른쪽 연안유역 Mainz에서 Worms에 이르는 지역으로서 독일에서 최초로 포도를 재배한 지역이다. 이 지역의 기후와 토양, 여러 타입의 포도나무는 좋은 테이블 와인에서부터 고품질의 와인까지 폭넓은 종류의 와인을 생산하게 하였다. 품종은 대부분 실바너종으로서 묵직한 과일향이 특징이며, 리슬링 표시가 없는 것은 실바너와 리슬링을 혼합한 것이다.

c. 라인팔츠(Rheinpfalz) : 라인강의 왼쪽 연안에 있는 와인지구로서 라인가우와 같은 양질의 화이트 와인을 생산하고 있다. 이 지역에서 생산되는 와인은 그윽한 맛을 자랑하며, 보통 테이블 와인으로 애용된다. 다양한 여러 종류의 요리와 잘 어울리며, 독일 레드 와인의 절반가량이 이곳에서 생산된다.

② 모젤(Mosel)

모젤 와인은 세계에서 가장 가벼운 맛의 와인으로, 다른 와인에 비하여 숙성이 빨라 알코올 함유가 낮으며, 감미가 없어 극히 건강한 와인으로 유명하다. 자르계곡과 모젤강가의 중부지역에서 주로 생산된다.

(3) 독일 와인의 상표(Label) 읽는 법

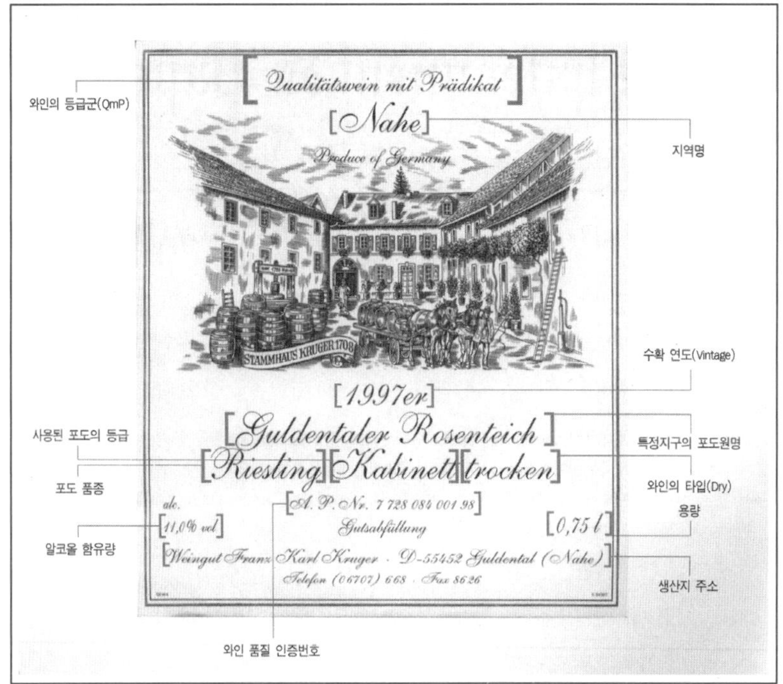


[그림 11-6] 독일 와인 라벨2)

## 6) 와인의 취급법

### (1) 와인 보관

와인은 보관상의 단순한 규정이나 상태를 준수한다면 쉽게 오랫동안 보관할 수 있다. 지하 저장고가 있다면 훨씬 매력적이고 실용적일 것이다. 호텔 등 고급 프랑스 레스토랑에서는 와인 냉장고나 와인 저장실을 이용, 보관하고 있으나 와인 보관상의 중요한 사항은 다음과 같다.

① 온도

약 13℃(55° F) 정도의 일정한 온도가 이상적이다. 7~18℃(45~65° F) 사이의 일정하지 않은 온도도 그 변화가 느리고 고정된 것이라면 괜찮다.

② 진동

와인 속의 찌꺼기가 떠오르는 것을 막고 코르크가 풀어지는 것을 방지하기 위해 최소화해야 한다. 특히 레드 와인이나 샴페인 등을 손으로 운반시나 테이블 서비스에 흔들리지 않게 조심스럽게 다루어야 한다.

③ 음지

햇볕에 노출을 연장시키면 병의 온도가 올라갈 것이다. 이것이 저장을 위한 상태로서 대개 어둠이 권장되어지는 이유이다. 그러나 전등의 불빛은 와인에 영향을 주지 않는다.

④ 습도

찬바람은 습기찬 바람이다. 그러므로 저장소의 온도가 낮다면 습도는 적당할 것이다. 일반적으로 습도의 상태가 기분이 좋을 정도면 와인에도 적당하다. 습도는 건조하지도 습하지도 않게 알맞아야 하며, 일년 내내 변치 않아야 한다.

매일 마시는 레드 와인은 실내온도(22~25℃)로 선반에 보관하고 화이트 와인은 와인 냉장고에 보관된다. 와인을 보관할 때 코르크가 와인과 접촉되도록 옆으로 눕혀 놓는다. 이렇게 함으로써 코르크가 마르고 수축하는 것을 막을 수 있다. 꼭 맞는 코르크는 와인에 공기가 들어가지 않게 하고 너무 빨리 익지 않게 한다.

### (2) 와인 서빙온도

모든 와인은 그들만의 전형적인 향기가 있고, 그 향기가 충분히 숙성될 수 있도록 최상의 온도를 유지하여야 한다.

다음은 각각의 와인에 대한 적정한 서빙온도이다.

〈표 11-2〉 와인 서빙온도

| 와인의 종류 | 적정 온도(℃) |
|---|---|
| Heavy 레드 와인(Bordeaux, Burgundy, Barolo) | 16~18 |
| Medium-heavy 레드 와인(Dole, Côtes de Rhône, Chianti Classico) | 13~15 |
| Light 레드 와인(East Swiss Red Wines, Beaujolais, Roses) | 10~13 |
| 화이트 와인 | 9~10 |
| 스파클링 와인 | 6~8 |

### (3) 와인병을 오픈하는 요령

① 스틸와인병 오픈

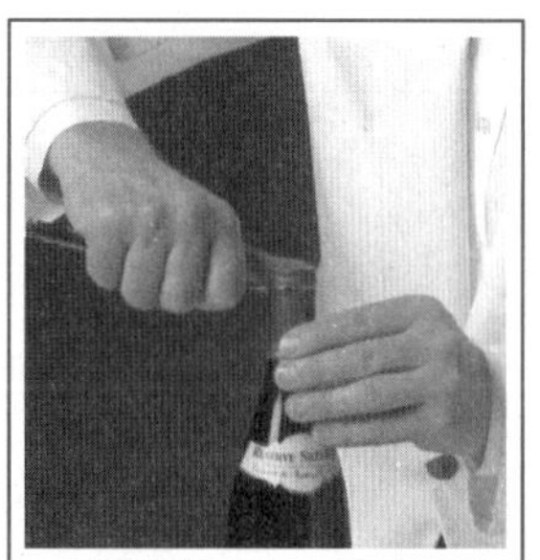

a. 와인을 주문한 고객에게 와인의 상표를 확인시키기 위하여 상표가 손님을 향하게 하여 자신이 주문한 와인인지를 확인시킨다.

b. 코르크 스크류에 있는 나이프를 이용하여 병목의 캡슐 윗부분을 제거한다. 이 때 와인병의 목부분에 있는 호일

을 최소한 밑으로 1/4인치 부분을 자른다. 호일을 자를 때 병이 기울어지지 않도록 주의해야 한다. 서비스 클로스로 병마개 주위를 잘 닦는다.

c. 코르크 스크류 끝을 코르크의 중앙에 대고 천천히 돌려 넣는다(코르크를 완전히 통과하여 코르크 조각이 술병 안으로 떨어져서는 안 된다).

d. 나사를 천천히 돌려 코르크 마개가 1㎝ 가량 남은 위치까지 뽑은 후, 서비스 클로스를 받쳐 손가락으로 코르크를 잡고 천천히 돌려서 마개를 뽑는다.

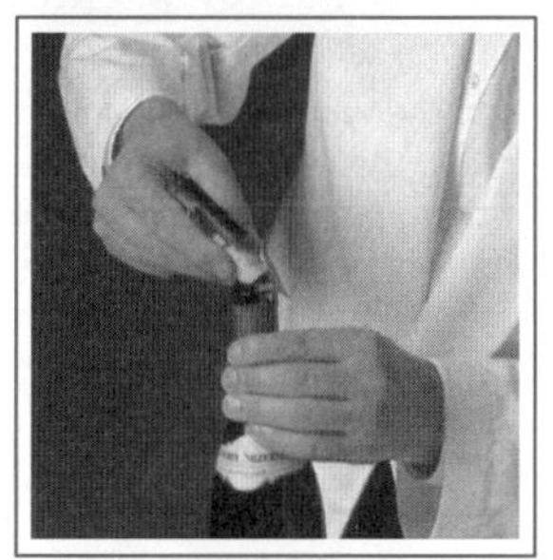

e. 코르크의 냄새를 맡아 이상유무를 확인하고 손님에게 확인하도록 코르크를 보여드린다.

f. 서브하기 전에 서비스 클로스로 병목 주위를 깨끗이 닦는다.

g. 와인을 글라스에 서브하는 첫째 번 방법은 스위스 방법으로 와인을 따를 때 라벨부분이 위로 가게 하여 손으로 가린 상태로 붓는다. 이는 와인병이 와인 창고에서 그 상태로 저장되었기 때문이다. 독일과 프랑스 방법은 절대로 라벨을 손바닥으로 가리지 않는데, 이는 언제나 고객이 라벨을 볼 수 있게 하기 위해서이다.

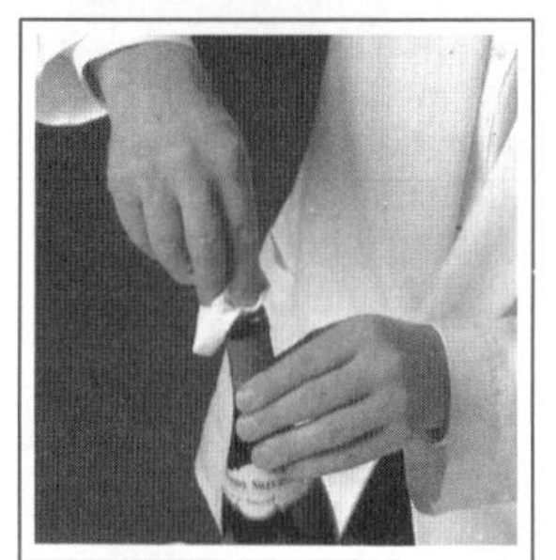

h. 소량의 와인을 주문한 고객에게 먼저 따라주어 시음을 하고 와인의 품질을 확인할 수 있게 한다. 주문한 고객이 확인을 한 다음 나머지 고객들에게 와인을 따라 준다. 그리고 주빈의 글라스에 마지막으로 따른다. 만일 주빈이 주문한 와인을 맘에 들어 하지 않으면 어떤 변명도 하지 않고 즉시 와인을 바꾸어 준다. 이는 고객을 잃는 것보다 와인 한 병을 잃는 것이 낫기 때문이다. 새로운 와인을 주문하면 글라스를 다시 바꾸어 시음을 하게 한다.

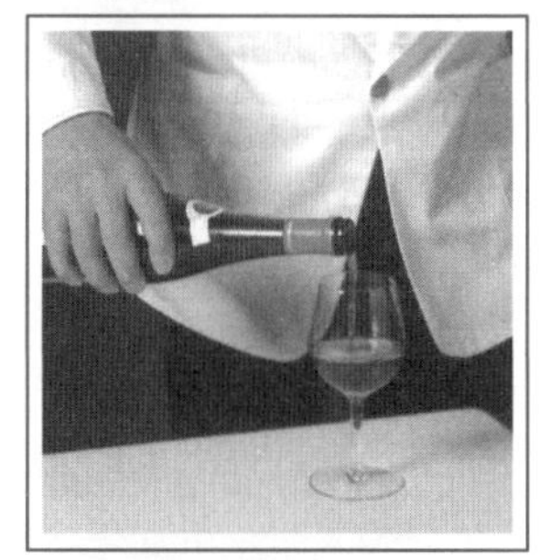

I. 와인을 따른 후 병목을 서비스 클로스로 닦아 술방울이 테이블에 떨어지지 않도록 한다.

② 스파클링 와인병 오픈

a. 아이스 바스켓에 병을 넣는다.
b. 병의 온도가 차게 되면 바로 꺼내고 냅킨으로 병을 싼다.
c. 왼손으로 병을 잡고 엄지손가락으로 코르크 마개를 잡는다. 오른손으로 호일을 벗겨내고 철사를 풀어낸다.
d. 코르크를 딸 때에는 병을 고객으로부터 멀리 떨어지게 한다. 왼손으로 병을 약간 기울게 잡고 오른손으로 코르크 마개가 느슨해질 때까지 비튼다. 냅킨을 이용하여 코르크 마개가 튀지 않게 한다.
e. 샴페인은 한번에 모두 서빙되어야 한다.

### (4) Decanting, Chambrer, Chilling

① Decanting

디켄팅이라는 정교한 과정을 통하여 아주 오래 숙성된 와인의 앙금은 병에 남아 있고, 와인은 디켄터에 분리되어 담아진다. 디켄팅 과정을 통하여 와인은 산소에 노출되고, 그렇게 함으로써 와인의 향기가 더욱 풍성하게 된다. 아주 품질이 높은 레드 와인만 디켄팅을 한다.

a. 주문한 와인병을 바스켓에 담아 고객에게 확인시킨다.
b. 촛불을 켠다.
c. 코르크 스크류 칼끝으로 와인병의 금속으로 만든 뚜껑을 길이 방향으로 자른다.
d. 주의해서 병뚜껑을 딴다.
e. 주의 깊게 코르크 마개를 빼내어 주문한 고객이 코르크에 인쇄된 내용을 볼 수 있도록 고객에게 보여준다.
f. 냅킨으로 병의 주둥이를 깨끗하게 닦는다.
g. 고객이 시음할 수 있도록 글라스에 조금 따른다. 고객이 확인을 한 다음 디켄팅을 시작한다.
h. 오른손으로 병을 잡고 왼손으로 디켄터의 목부분을 잡는다.

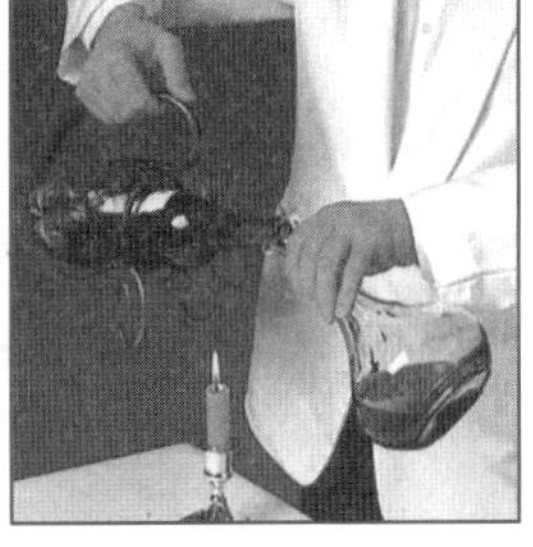

I. 디켄터의 입구와 와인병의 입구가 서로 마주 닿게 한다. 촛불은 와인의 목부분 밑에 두어 와인이 디켄터 속으로 흘러 들어가는 것을 볼 수 있도록 한다.
j. 와인을 천천히 그리고 부드럽게 디켄터 속으로 넣는다.
k. 촛불로 밝힌 병의 목부분에 와인의 앙금이 보이기 시작하면 디켄팅을 멈춘다.

l. 빈 병을 와인 바스켓에 다시 넣고 테이블에 올려놓아 고객이 병을 볼 수 있도록 한다.

m. 이제 디켄터로부터 와인을 고객의 글라스에 주의해서 따른다. 숙성된 와인의 경우는 그런 것처럼 왼손으로 글라스를 약간 기울여 잡고 1/3 정도 글라스를 채운다.

② Chambrer

Chambrer는 저장고에서 꺼낸 차가운 레드 와인을 서빙하기 전에 적정한 온도로 맞추는 것을 의미한다. Chambrer의 가장 좋은 방법은 수시간 동안 와인을 마실 장소에 보관을 하는 것이다. 또 다른 방법은 온도를 높이기 위해서 따뜻한 디켄터에 따르거나 따뜻한 물수건으로 적정한 온도까지 올라가도록 병을 싸는 것이다. 절대로 차가운 레드 와인 병을 뜨거운 물에 직접 넣지 않도록 한다. 이렇게 갑작스럽게 온도를 올리면 와인이 가지고 있는 고유의 향기를 파괴하는 것이다. 와인의 온도를 높이는, 즉 Chambrer는 꼭 필요한 경우에만 한다.

③ Chilling

Chilling은 Chambrer와는 반대로 와인의 온도를 빠른 시간 내에 낮추는 것으로 화이트 와인이나 스파클링 와인에 사용하는데 약 43~48° F가 되도록 맞추는 것을 의미한다. 병을 얼음, 물, 그리고 소금을 섞은 얼음 통에 넣는다. 이렇게 하면 약 5분에서 10분 후에 원하는 온도를 맞출 수 있다.

## 2. 맥주(Beer)

### 1) 맥주의 역사

고고학자들의 연구에 의하면 B.C 4000~B.C 5000년 전부터 맥주에 관한 유적이 나타나고 있다.

B.C 4200년경에 바빌론(Babylon)에 살던 슈멜인들은 빵조각을 물에 담궈 빵의 이스트(yeast)로 발효시킨 맥주를 마셨다 한다. B.C 3000년경의 것으로 추정되는 이집트 왕의 분묘에는 맥주 양조장을 그린 변화가 발견되었다. 맥주라고 하면 독일이 본고장이라고 생각될 정도로 고대 게르만(German) 민족은 B.C 1C쯤부터 맥주를 마시고 있었다는 증거가 있다. 그리고 중세에 와서 13C경에는 북 독일의 아인베크 거리에서 홉(hop)을 사용한 Back Beer라고 하는 독하고 농후한 맥주가 만들어져 현재의 Lager Beer의 기초가 되었다.

19C에 이르러 인공냉각법의 개발과 발효의 아버지로 불리는 파스퇴르(Louis Pasteur)에 의해 오늘날 우량 맥주의 대량 생산이 가능하게 되었다.

## 2) 맥주의 원료

### (1) 보리(Barley)

맥주에 있어서의 보리가 차지하는 중요도가 대단히 크다는 것을 알 수 있다. 또 영어의 'Beer' 라는 어원은 색슨(Saxon)어의 'Baere(보리)' 에서 유래한 것이라 한다. 양조용 보리로는 다음과 같은 것이 좋다.

① 껍질이 얇고 담황색을 띠고 윤택이 있는 것이 좋다.
② 알맹이가 고르고 95% 이상의 발아율이 있는 것이 좋다.
③ 수분 함유량은 10% 내외로 잘 건조된 것이 좋다.
④ 전분 함유량이 많은 것이 좋다.
⑤ 단백질이 적은 것(많으면 맥주가 탁하고 맛이 나쁘다)이 좋다.

### (2) 홉(Hop)

홉은 맥주에 특이한 쓴맛과 향기를 주며, 보존성을 증가시키고, 또 맥아즙의 단백질 제거를 하는 중요한 역할을 하는 불가결한 원료가 된다.

Hop은 봄에 싹이 트고 5~6m의 높이까지 성장하는 뽕과에 속하는 다년생 식물로 학명을 Humulus Iupulus라고 한다. 수꽃과 암꽃이 다른 나무에 피고 맥주에 사용하는 것은 암꽃 나무에 생기는, 그것도 아직 수분하지 않은 처녀의 꽃에 한정되어 있다.

초가을 꽃을 따고 건조공장에서 곧 건조시키고 압착해서 저장하는 것이다. 암꽃 안쪽에 붙어 있는 Lupulin이라는 금색가루가 맥주에 향기와 쓴맛을 주고 거품을 일게 하는 작용을 한다.

### (3) 물(Water)

맥주는 90%가 물이다. 그 때문에 수질이 좋은 것을 사용하지 않으면 맥주의 품질에 영향이 크다. 보통 산성의 양조용수를 사용한다. 최근에는 이온교환 수지의 발달로 이상적인 수질을 얻을 수 있기 때문에 좋은 맥주를 양조할 수 있다.

### (4) 효모(Yeast)

맥주에 사용되는 효모는 맥아즙 속의 당분을 분해하고 알코올과 탄산가스를 만드는 작용을 하는 미생물로 발효 후기에 표면에 떠오르는 상면발효 효모가 있다. 따라서 맥주를 양조할 때에는 어떤 효모를 사용하느냐에 따라 맥주의 질도 달라진다.

(5) 기타

맥아의 전분을 보충하기 위해 쌀, 옥수수, 기타 잡곡 등이 사용된다.

## 3) 맥주의 제조법

곡류는 주성분이 전분이기 때문에 직접 효모의 작용을 받아 알코올이 될 수 없다. 이 녹말을 분해시켜 당분으로 만드는 과정을 당화라고 하는데, 맥주와 같이 곡류를 원료로 하는 술을 만들 때에는 필수적인 단계이다.

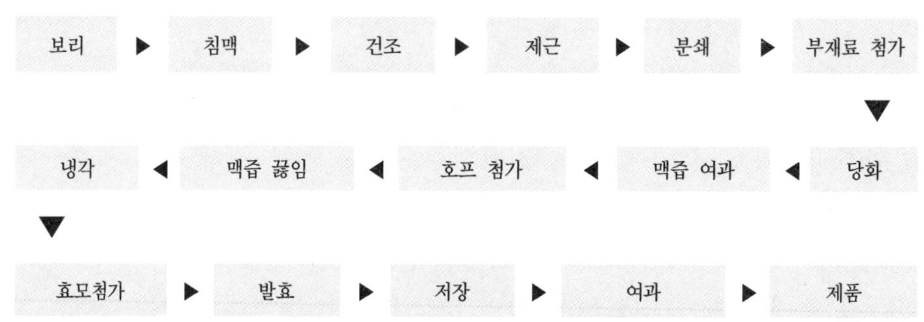


[그림 11-7] 맥주의 제조과정

## 4) 맥주의 종류

(1) 하면발효 맥주(Bottom Fermentation Beer)

저온발효라고도 하며, 낮은 온도에서 발효시키고 발효가 진행되면서 효모가 밑에 가라앉아 순하고 산뜻한 향미의 맥주가 만들어진다. 세계 맥주 생산량의 약 3/4 정도를 차지하며 비교적 저온에서 발효시킨 맥주로서 주정도는 3~4도이다.

① Lager Beer : 흔히 우리가 마시는 병맥주로 저온 살균과정을 거쳐 병입된 것이며 주정도는 4도이다.

② Draft (Draught) Beer : 보통 말하는 생맥주를 의미하며, 발효균이 살균되지 않은 맥주(unpasteurized beer)이다.

③ Pilsner Beer : 체코산으로 담색 맥아를 사용한 것이며, 맥아의 향취가 약하고 고미가 강한 강 호프성 맥주이다.

④ Dortmunder Beer : Pilsner보다 발효도가 높고 담색이며, 고미가 적은 맥주이다.

⑤ 흑맥주 : 색이 진하고 단맛이 있어 특유의 향기가 있는 맥주로 독일에서 많이 생산한다.

### (2) 상면발효 맥주(Top Fermentation Beer)

고온발효라고도 하며, 실온 또는 그 이상의 온도에서 발효시킨다. 발효가 진행됨에 따라 표면에 떠오른 효모를 사용하여 알코올 함유량이 비교적 높고 독특한 향미가 있는 것이 많다. 주로 영국에서 많이 생산하고 있으며 비교적 고온에서 발효시킨다.

① Porter : 영국의 독자적인 것으로 맥아즙 농도, 발효도, 호프 사용량이 높고 캐러멜로 착색한 것이다. 주정도는 5도이며 색이 검고 단맛이 있으며 거품 층이 두껍다.

② Ale : 보통 맥주보다 고온에서 발효시킨 것으로 호프와의 접촉시간을 길게 해서 진한 맛의 호프를 느낄 수 있고, 라거맥주보다 더 쓰다. 영국과 캐나다산이 유명하다.

③ Stout Beer : 알코올 도수가 강한(8~11° ) 맥주로서 흑맥주와 같은 거무스름한 색깔이지만 맛은 흑맥주와는 다르고 검은 빛깔은 볶은 캐러멜 맥아 때문이다.

④ Bock Beer : 라거맥주보다는 약간 독하고 감미를 느끼게 하는 진한 맥주이다. 이것은 연례적으로 발효통들을 청소할 때 나오는 침전물을 사용하여 만든 특수한 맥주로서 미국에서 주로 봄철에 생산된다.

## 5) 맥주 서비스

병맥주(lager beer)나 캔맥주(can beer)는 살균되어 있는 상태이므로 실제 저장온도에 따라 성질이 유지된다. 너무 장기간의 저장과 단기간 일지라도 직사광선이나 고온에 노출시키는 것은 맛의 변화를 가져온다. 가장 좋은 저장방법은 5~20℃의 실내온도에서 통풍이 잘되고 직사광선을 피하는 어두운 지하실의 건조한 장소가 가장 적합하다. 또 한가지 주의할 것은 영하의 온도에 노출되어 맥주가 얼지 않도록 주의해야 하며, 계절이나 지방, 기후에 따라 약간씩 다르다(실제로 영국의 Pub에서는 한여름에도 미지근한 맥주가 나온다).

Beer Cooler에서 약 3.5~4℃로 보관하였다가 서브할 때에는 여름에는 7℃, 겨울에는 10℃ 정도의 온도로 서브하는 것이 이상적이고, 마개를 땄을 때 맥주가 넘쳐 나올 경우는 너무 차게 하였거나 아니면 너무 오래 되었다고 보아야 한다.

맥주를 따를 때에는 병을 글라스에서 약 4~5㎝ 정도 들고 부어서 7부 정도로 잔을 채우고 거품이 일도록 붓는 것이 신선한 향취를 맛보는데 가장 이상적이다. 거품 없이 따르면 이산화탄소가 맥주와 함께 넘어가기 때문에 배가 빨리 불러온다.

또 첨잔은 금물이다. 처음 따른 맥주의 맛이 가장 좋고, 그 후에는 공기가 닿아서 산화되어 맛이 줄어든다. 이는 맛이 좋아지기는커녕 다시 부을 때 공기가 스며들어 더욱 산화를 재촉하게 된다. 맥주는 단숨에 마시는 것이 이상적이다.

# 제4절 증류주(Distilled Liquor)

곡물이나 과실 또는 당분을 포함한 원료를 발효시켜서 약한 주정분(양조주)을 만들고, 그것을 다시 증류기에 의해 증류한 것이다. 양조주는 효모의 성질이나 당분의 함유량에 의해 대게 8~14도 내외의 알코올을 함유한 음료를 산출하는데 이를 보다 더 강한 알코올음료나 순도 높은 주정을 얻기 위해서 증류하는 것이다.

## 1. 위스키(Whisky)

### 1) 위스키의 개요

고대 Gaelic(게릭)어의 Uisge-Beatha에서 나온 것이다. Uisge-Beatha가 Usque-Baugh(우스크베 이하)로 변하고 다시 Uisqe(우슈크)→Usky(어스키)→Whisky, Whiskey로 전환된 것이라 한다. 실제로 위스키라고 부르기 시작한 것은 18C 말부터이고, 아일랜드와 미국은 Whiskey, 그 외 지역은 Whisky라고 표기한다.

어원이 된 Uisge-Beatha는 라틴(Latin)어의 아쿠아 비테(Aqua Vitae)에 해당되며, 북유럽의 Spirits인 Aquavit와 프랑스의 Brandy를 오드뷔(Eau de Vie)라고 하는 것은 같은 의미의 말로서 'Water of Life(생명의 물)' 이란 뜻이다.

스카치의 역사가 곧 위스키의 역사라 할 수 있다. 12C경 이전에 처음으로 아일랜드에서 제조되기 시작하여 15C경에는 스코틀랜드로 전파되어 오늘날의 스카치위스키(scotch whisky)의 원조가 된 것으로 본다.

1171년 영국의 헨리11세(1133~1189)가 아일랜드에 침입했을 때 그곳 사람들이 보리를 발효하여 증류한 술을 마시고 있었다고 한다. 15C경까지는 기독교 성직자의 손에 의해 만들어져 널리 보급되고 있었다.

### 2) 위스키의 종류

#### (1) 증류법에 의한 분류

① Pot Still Whisky

Pot Still이란, 투구형의 단식증류기를 말하며, 구조도 지극히 간단한 원시적인 증류법이다. 위스키의 중요한 방향 성분을 잃지 않고 증류할 수 있어 좋으나 대량 생산이 불가능하다.

② Patent Still Whisky

Patent Still이란, 신식의 연속식 증류기를 뜻하며, 다량으로 더구나 농도가 높은 수준에 가까운 알코올이 얻어지는데 방향성분이 결점이 있다. 중후한 맛의 Pot Still Whisky의 혼합(blend)용으로 사용된다.

### (2) 원료 및 제법에 의한 분류

① Malt Whisky

발아시킨 보리, 즉 맥아만을 원료로 해서 만든 위스키로서 맥아 건조시 피트(peat)를 사용하고 Pot Still로 2회 증류시키는데, 피트향과 통의 향이 나는 독특한 맛의 위스키이다.

② Grain Whisky

발아시키지 않은 Barley, Rye, Corn 등의 곡물을 보리 맥아로 당화시켜 발효한 후에 Patent Still로 증류한 위스키를 말한다. 피트향이 없는 부드럽고 순한 맛이 그 특징으로 혼합용이다.

③ Blended Whisky

Malt Whisky와 Grain Whisky를 적당히 혼합한 것인데, 우리가 마시고 있는 거의 대부분이 이 블렌디드 위스키이다.

④ Bourbon Whisky

Bourbon이란, 미국 켄터키주 동북부의 지명 이름으로 이 지방에서 생산되며, 원료로 옥수수(corn)를 51% 이상 사용한다. 이것에 Rye와 맥아 등을 혼합하여 당화, 발효시켜 Patent Still로 증류한다. 사용하지 않은 새로운 Oak Barrel의 안쪽을 그을린 것에 넣어 4년 이상 저장, 숙성시키는 것이 특색이다.

⑤ Corn Whisky

미국 남부에서 생산되며, 전체 원료 중 옥수수의 비율이 80% 이상의 것으로 Bourbon Whisky가 안쪽을 그을린 통에 저장하며, 착색하는데 반해, Corn Whisky는 그을리지 않은 한 번 사용한 통을 재사용하며, 착색되지 않은 것이다.

⑥ Rye Whisky

제조법은 Bourbon Whisky와 거의 같으나 Rye를 주원료로 66% 이상 사용하는 위스키로 미국이 주산지이다. 보통 상표에 'Rye Blended Whisky' 라고 쓰여 있는 것은 Rye Whisky와는 의미가 약간 다르며, 최저 51%의 Rye Whisky와 다른 중성 알코올을 블렌딩한 것이다.

### 3) 산지에 따른 분류

#### (1) 스카치 위스키(Scotch Whisky)

스카치 위스키는 영국 북부의 스코틀랜드에서 증류되고 숙성된 위스키를 말하며, 중세에 아일랜드에서 위스키 제법이 전해지면서 탄생하였다. 보통 스카치라고 해도 스카치 위스키를 뜻하며, 스코틀랜드에서는 Scotch 대신 Scots라고 표기하기도 한다.

3,000종이 훨씬 넘는 상표(brand)가 있으며, 전 세계 위스키의 60%를 생산한다. 맥아 건조시 피트탄의 불을 사용하고, 증류시 Pot Still로 2~3회 실시한다.

① Scotch Whisky의 제조법상 분류

a. Malt Whisky(Straight Malt Whisky, Pure Malt Whisky)

b. Grain Whisky

c. Blended Whisky

② Scotch Whisky의 유명상표(Brand)

Chivas Regal, Johnnie Walker, Ballantine, White Horse, Old Parr, Black & White, White Label, Dimple, Glenfiddich, Cutty Sark, King George Ⅳ, Concorde, J & B, Dewar' s White Label 등

#### (2) 아메리칸 위스키(American Whiskey)

미국에서 생산되는 위스키의 총칭이다. 미국 위스키는 곡류를 발효시켜 만든 양조주를 증류하여 95% 이하의 알코올을 만든 다음 오크통에 2년 이상 숙성시켜 알코올 농도 40% 이상으로 병입한 것으로 규정한다. 아메리칸 위스키하면 보통 Rye Whiskey를 가리키는 것이다.

① 아메리칸 위스키의 분류

a. Straight Whiskey(Bourbon Whiskey, Rye Whiskey, Corn Whiskey, Bottled in Bond Whiskey)

스트레이트 위스키는 옥수수, 호밀, 밀, 대맥 등의 원료로 사용하여 만든 주정을 다른 곡류나 위스키를 혼합하지 않고 그을린 참나무통에 2년 이상 숙성시킨 것이다.

b. Blended Whiskey(Kentuck Whiskey, Blend of Straight Whiskey)

블렌디드 위스키는 한 가지 이상의 스트레이트 위스키에 중성곡주를 혼합하여 병입한 것이다. 배합비율을 스트레이트 위스키 20%와 중성곡주 80% 미만으로 혼합한 것을 말한다.

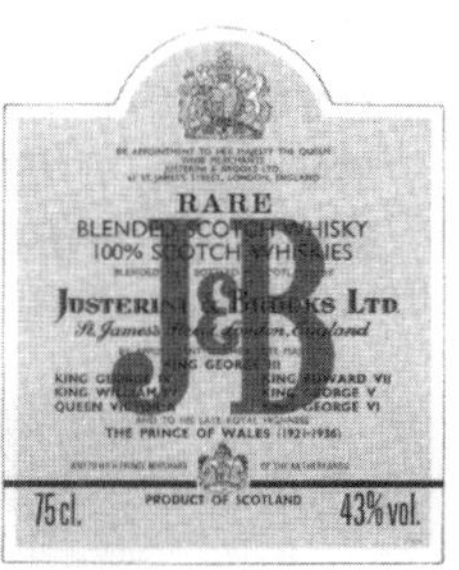

[그림 11-8] 스카치 위스키 상표[3]

② American Whiskey의 유명상표

Old Grand Dad, Old Taylor, Jim Beam, Wild Turkey, Early Times, Four Rose, Imperial, Golden Wedding, Old Frester, Jack Daniel' s 등

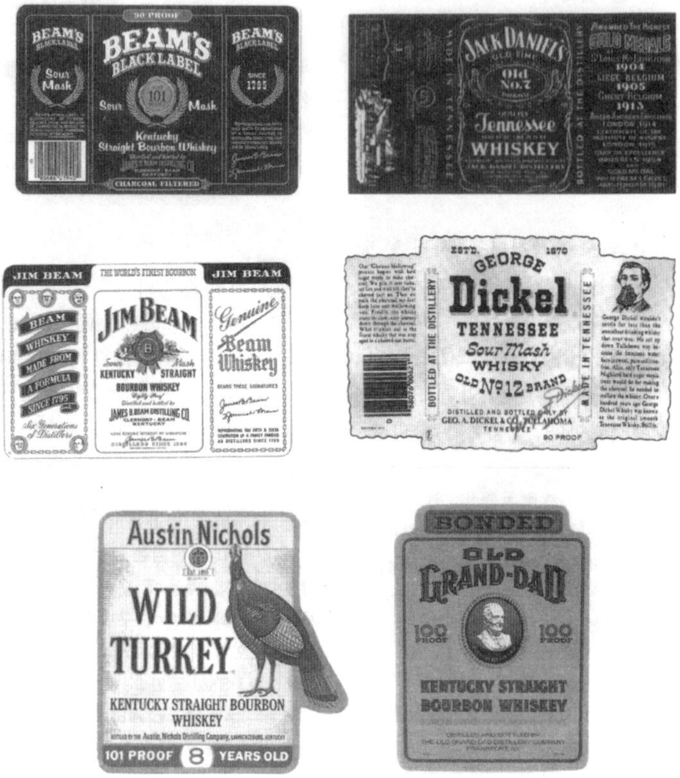

〈그림 11-9〉 아메리칸 위스키 상표[3)]

## (3) 아일랜드(Irish Whiskey)

아일랜드산의 위스키를 총칭한다. 아일랜드 위스키는 훈향이 없다. 왜냐하면 스카치에서처럼 피트탄을 사용하여 몰트를 건조시키는 것이 아니라 노속에서 밀폐되어 석탄으로 건조되므로 맥아가 연기에 접촉하는 일이 없기 때문이다. 그리고 스카치위스키는 2회 증류하는데 비하여, 아일랜드 위스키는 3회 증류하며 반드시 Pot Still를 사용하여 만든다. 아일랜드 위스키의 유명상표는 John Jameson, Old Bushmills, Tullamore dew, Murlh' s, Paddy' s 등이 있다.

[그림 11-10] 아일랜드 위스키 상표[3)]

(4) 캐나다 위스키(Canadian Whisky)

캐나다 내에서 생산되는 위스키를 총칭한다. 광대한 지역에서 보리나 호밀 등 모든 곡류가 재배되므로 생산량도 지극히 많다. 주로 Ontario호 주변에 위스키 산업이 집결해 있고, 시장의 태반이 미국이기 때문에 미국 형태의 것을 많이 생산한다. 그러나 아메리칸 위스키에 비해 호밀의 사용량이 많은 것이 특징이다. 스트레이트 위스키는 법으로 금지하고 블렌디드 위스키만 생산하며, 또한 4년 이상의 저장기간을 규제한다. 수출품은 대개 6년 정도 저장한다. 다른 어떤 나라보다 정부의 통제가 엄격하다.

캐나다 위스키의 유명상표는 Canadian Club(C.C), Seagram' s V.O, Crown Royal Lord Calvert, Mac Naughton, Canadian Rye 등이 있다.

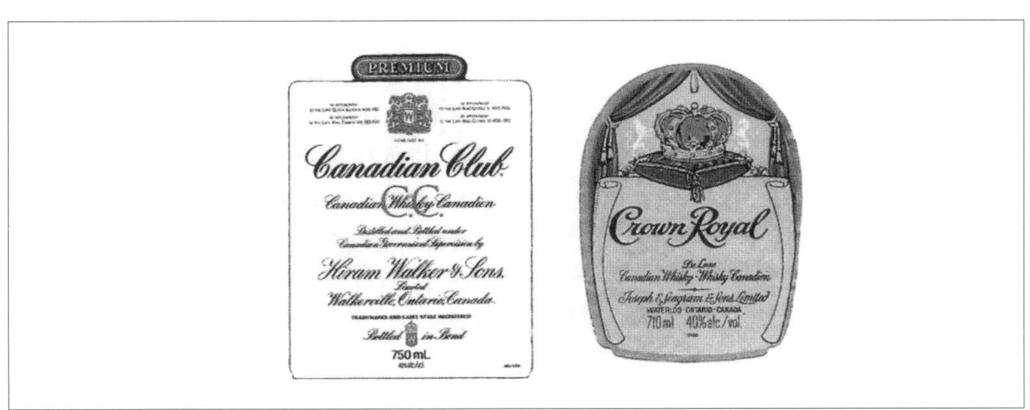


[그림 11-11] 캐나다 위스키 상표[3)]

## 2. 브랜디(Brandy)

### 1) 브랜디의 개요

Brandy는 영어이나 원래는 Netherlands어로 Brandewijin(영어로 brunt wine; 태운 또는 증류한 wine)에서 전해진 것인데, 이를 프랑스어로 Brande Vin이라 하고 영어화 되어 Brandy라 부르게 되었다.

브랜디를 프랑스에서는 Eau-de-Vie(Water of life)라 부르고, 독일에서는 Branntwein(brunt wine)이라 한다. 좁은 의미의 브랜디는 포도를 발효, 증류한 술을 말하며, 넓은 의미로는 모든 과실류의 발효액을 증류한 알코올 성분이 강한 술의 총칭이다. 포도 이외의 다른 과실을 원료로 할 경우는 브랜디 앞에 그 과실의 이름을 붙인다.

### 2) 브랜디의 등급

브랜디는 숙성 기간이 길수록 품질도 향상한다. 그러므로 브랜디는 품질을 구별하기 위해서 여러 가지 부호로서 표시하는 관습이 있다. 꼬냑에 처음으로 별표의 기호를 사용한 것은 1865년 헤네시사에 의해서이다. 이러한 브랜디의 등급표시는 각 제조회사마다 공통된 부호를 사용하는 것은 아니다.

#### (1) 머리글자 설명

① V → Very ② S → Superior ③ O → Old ④ P → Pale ⑤ X → Extra

#### (2) 브랜디의 등급과 숙성 연수

① ☆☆☆ (Three Star) : 5년 정도
② V.S.O.P (Very Superior Old Pale) : 10년 정도
③ Napoleon : 15년 정도
④ X.O (Extra Old) : 20년 정도

헤네시사에서 Three Star를 브라 자르므(bras arme)라고 표시하고 있으며, 레미 마틴사에서는 Extra 대신에 Age Unknown이라 표시하고 있다. 또한 마르텔사에서는 V.S.O.P에 해당하는 것을 메다 이용(medaillion)이라 표시하고 있듯이 각 회사별로 등급을 달리 표시하기도 하고, 같은 등급이라도 저장 연수가 다를 수 있다. 꼬냑의 경우 ☆☆☆(Three Star)만이 법적으로 보증되는 연수(5년)이고, 그 외는 법적 구속력이 전혀 없다.

### 3) 브랜디의 종류

#### (1) 꼬냑(Cognac)

꼬냑은 원래 프랑스의 지명인데, 이 지역에서 생산되는 브랜디를 꼬냑이라 한다. 포도의 품종과 토양이 재배에 적합하기 때문에 꼬냑 지방이 양질의 브랜디를 생산하는 것이다.

이 지역의 포도는 산도가 높고 당분이 낮아 와인을 만들기에는 부적합하나 이것을 증류하면 와인의 산이 브랜디의 방향 성분으로 바뀌고, 알코올 성분이 적어 강한 브랜디를 만들기 위해서는 다량의 와인을 여러 번 증류해 농축시키게 되므로 향기가 높은 브랜디가 되는 것이다.

프랑스는 꼬냑의 품질을 보증하기 위해서 원산지 통제 명칭에 의한 포도재배, 와인의 양조가 꼬냑지방에서만 생산되도록 규제하고 있으며, 와인의 증류는 반드시 단식증류기로 하도록 규정하고 있다. 헤네시, 카뮈, 레미마틴, 마텔, 쿠르브아제, 비스키, 샤토폴레 등이 있다.

#### (2) 아르마냑(Armagnac)

아르마냑은 꼬냑 지방에서 80마일 떨어진 보르도의 남부 피레네산맥에 가까운 가스코뉴 지역에서 생산된 와인을 증류한 브랜디를 말한다. 아르마냑의 토양, 기후에 있어 꼬냑 지방과 큰 차이가 없으나 증류방법에 있어서 꼬냑은 단식증류기로 두 번 증류하는데 비하여 아르마냑은 반연속식 증류기에 한 번만 증류한다. 따라서 아르마냑은 도수가 낮은 반면에 향이 매우 강하다. 또한 아르마냑은 숙성시킬 때 향이 강한 블랙 오크통을 사용하기 때문에 화이트 리무진 오크통을 사용하는 꼬냑보다 숙성이 빨리된다. 샤보, 자뉴, 말리악 등이 있다.

## 3. 진(Gin)

### 1) 진의 개요

진을 한마디로 표현하자면 곡물을 발효 증류한 주정에 두송나무의 열매(juniper berry) 향을 첨부한 것이다. 진은 무색투명하고 선명한 술이다. 또 다른 술이나 리큐어 또는 주스 등과 잘 조화되기 때문에 칵테일의 기본주로 가장 많이 쓰인다. 애음가에서부터 술에 익숙하지 않은 사람들에 이르기까지 친해질 수 있어서 '세계의 술, Gin' 이라 하기에 알맞는 술이다.

진이라는 이름의 어원은 두송열매의 프랑스말인 즈니에브르(genievre)에서 유래한다.

즈니에브르는 네덜란드어로 전화하여 제네바(geneva)가 되고 영국으로 건너가 진이 되었다.

### 2) 진의 종류

#### (1) 영국 진(England Gin)

영국에 진이 도입된 시기는 1689년 네덜란드의 윌리엄 3세가 영국왕위를 계승하면서 프랑스산의 포도주와 브랜디의 관세를 인상하자 가격이 저렴하고 향과 맛이 뛰어난 진이 영국인들 사이에 널리 퍼지게 되었다. 원료인 곡류(보리의 맥아, Corn, Rye 등)를 혼합하여 당화, 발효시킨 뒤 먼저 Patent Still로 증류하여 95% 정도의 주정을 얻는다. Juniper Berry, Coriander, Angerica, Caraway, Lemon Peel 등의 향료식물을 증류액에 섞어 Pot Still로 두 번 증류를 한다. 여기에 증류수로 알코올 성분 37~47.5%까지 낮추어 병입, 시판한다. 네덜란드산과 구분하기 위하여 Dry Gin이라고 부르게 되었다.

#### (2) 네덜란드 진(Netherlands Gin)

곡류의 발효액 속에 Juniper Berry나 향료식물을 넣어 Pot Still로만 2~3회 증류하여 55% 정도의 주정을 만든다. 이것을 술통에 단기간 저장하고 45% 정도까지 증류수로 묽게 하여 병입, 시판한다. 낮은 알코올 도수로 증류하므로 맥아의 향취가 짙고 중후한 타입이다.

#### (3) 아메리칸 진(American Gin)

영국에서 미국으로 대서양을 건너간 매우 순하고 부드럽게 제조된 미국 진은 칵테일의 기주로 널리 사용되었다.

#### (4) 독일 진(German Gin)

독일산 소맥을 주원료로 사용하여 근대적인 증류법인 단식증류기로 양조한 것으로 네덜란드 진과 매우 유사한 것이 특징이다.

## 4. 보드카(Vodka)

### 1) 보드카의 개요

보드카는 슬라브 민족의 국민주라 할 수 있을 정도로 애음되는 술이다. 무색, 무미, 무취의 술로 칵테일의 기본주로 많이 사용하지만, 러시아인들은 아주 차게 해서 작은 잔으로 스트레이트로 단숨에 들이킨다. 러시아를 관광하는 외국인이 기대하는 것의 하나로 캐비어에 보드카를 곁들여 마시는 것을 꼽을 수 있을 것이다. 이러한 보드카의 어원은 12C경의 러시아 문헌에서 지제니즈 붜타(Zhiezenniz Voda; Water of Life)란 말로 기록된 데서 유래한다. 15C경에는 붜타(Voda; Water)라는 이름으로 불리었고, 18C경부터 Vodka 라고 불리어졌다.

### 2) Flavored Vodka의 종류

① Zubrowka : Poland산으로 황녹색이고, 병 속에 이 풀잎이 떠있어 유명하다. 40~50도의 주정도이다.
② Naluka : 보드카에 과일을 배합한 것인데 과일의 종류에 따라 여러 가지 종류의 것이 있다.
③ Starka : 크리미아 지방에서 나오는 배나 사과잎을 담궈 만든 갈색의 보드카이다. 풍미를 좋게 하기 위하여 소량의 브랜디를 첨가한다. 주정도는 43도이다.
④ Jasebiak : 보드카에 도네리코의 붉은 열매를 첨가한 핑크색이다. 주정도는 50도이다.
⑤ Limonnaya : 주정도는 40도이고 레몬향을 첨가했으며 황색으로 아주 향기롭다.

## 5. 럼(Rum)

### 1) 럼의 개요

서인도제도가 원산지인 럼은 사탕수수의 생성물을 발효, 증류, 저장시킨 술로서 독특하고 강렬한 방향이 있으며, 남국적인 야성미를 갖추고 있어 해적의 술이라고도 한다.

럼이란 단어가 나오기 시작한 문헌은 영국의 식민지 바베이도스섬에 관한 고문서에서 「1651년에 증류주(spirits)가 생산되었다. 그것을 서인도제도의 토착민들은 럼 불리온(rumbullion)이라 부르면서 흥분과 소동이란 의미로 알고 있다」라고 기술되어 있다. 이것이 현재 럼으로 불리어졌다고 하는 설이 있다. 다른 한편으로는 럼의 원료로 쓰이는 사탕수수의 라틴어인 사카룸(saccharum)의 어미인 'Rum' 으로부터 생겨난 말이라는 것이 가장 유력하다.

럼의 역사는 서인도 제도의 역사를 보는 데서 시작된다. 1492년 콜럼버스에 의해 발견된 이후 사탕수수를 심어 재배하였다. 이후 유럽과 미국을 연결하는 중요 지점으로 유럽 여러 나라의 식민지가 되고 사탕의 공급지로 번영했다. 17C가 되어 바베이도스 섬에서 사탕의 제당공정에서 생기는 폐액에서 럼이 만들어진 것이 시작이다. 이러한 럼은 18C로 접어들자 카리브해를 무대로 빈번하게 활약했던 대영제국의 해적들에 의해 점점 보급되었다.

### 2) 럼의 종류

① Heavy Rum : 감미가 강하고 짙은 갈색으로 특히 자메이카산이 유명하다. 주요 산지로는 Jamaica, Martinique, Trinidad Tobage, Barbados Demerara, New England 등이다.
② Medium Rum : Heavy Rum과 Light Rum의 중간색으로 서양인들이 위스키나 브랜디의 색을 좋아하는 기호에 맞추어 캐러멜로 착색한다. 주요 산지로는 Dominic, Martinique 등이 있다.
③ Light Rum : 담색 또는 무색으로 칵테일의 기본주로 사용된다. 쿠바산이 제일 유명하다. 주요 산지로는 Cuba, Haiti, Bahamas, Hawaii 등이 있다.

## 6. 데킬라(Tequila)

데킬라의 원산지는 멕시코의 중앙 고원지대에 위치한 제2의 도시인 라다하라 교외의 테킬라라는 마을이 있으며, 여기서 멕시코 인디언들에 의해 생산되기 시작하였다. 멕시코의 여러 곳에서 유사한 증류수를 생산하는데 이를 메즈칼(mezcal)이라고 부른다. 이러한 Mezcal 중에서 데킬라 마을에서 생산되는 것만을 Tequila라고 부르며, 어원도 마을 이름에서 유래되었다.

## 7. 아쿠아비트(Aquavit)

아쿠아비트는 곡류나 감자를 원료로 하여 케러웨이나 아니스 등으로 향을 낸 증류주로서 북유럽의 특산주이다. 라틴어인 아쿠아 비테(생명의 물)에서 유래되어 노르웨이와 독일에서는 Aquavit, 덴마크에서는 Akvavit라고 부른다. 아쿠아비트는 감자를 당화시켜 연속식 증류법으로 증류하여 고농도의 알코올을 얻은 다음 물로 희석하여 각종 향료성분을 첨가한 다음 재증류하여 만든 것이다.

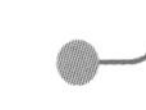

# 제5절 혼성주(Compounded Liquor)

## 1. 리큐어(Liqueur)의 개요

리큐어(liqueur)는 과일이나 곡류를 발효시킨 주정을 기초로 하여 증류한 Spirits에 정제한 설탕으로 감미를 더하고 과실이나 약초류, 향료 등 초근목피의 침출물로 향미를 붙인 혼성주이다. 즉 색채, 향기, 감미, 알코올의 조화가 잡힌 것이 리큐어의 특징이다. 식후주로 즐겨 마시며 간장, 위장, 소화불량 등에 효력이 좋은 술이다.

Liqueur의 어원은 라틴어 Liquefacere(리큐화세; 녹는다)에서 유래된 말이다. 프랑스 및 유럽에서는 Liqueur, 독일에서는 Likor, 영국과 미국에서는 Cordial이라고도 한다.

고대 그리스 시대에는 증류주에 레몬, 장미나 오렌지의 꽃 등과 스파이스(spice)류를 가하여 만들어져 이뇨, 강장에 효과가 있어 의약품으로 사용되었다. 18C부터 서구의 식생활은 눈부시게 향상되어 미식학의 싹이 텄다. 입에 부드러운 과일향이 있는 리큐어가 출현하게 된 것이다. 19C에 이르러 고차원의 미각에 부합되는 근대적인 리큐어가 개발되었는데, 그 예로 커피, 카카오 등과 바닐라 향을 배합한 리큐어들이다.

## 2. 리큐어의 제조법

### 1) 증류법(Distilled Process)

방향성의 물질인 식물의 씨, 잎, 뿌리, 껍질 등을 강한 주정에 담아서 부드럽게 한 후에 그 고형물질의 전부 또는 일부가 있는 채 침출액을 증류하는 것이다. 이렇게 얻은 향이 좋은 주정성 음료에 설탕 또는 시럽의 용액과 야채 농축액이나 태운 설탕의 형태로 된 염료를 첨가하여 감미와 색을 낸다.

### 2) 에센스법(Essence Process)

주정에 천연 또는 합성의 향료를 배합하여 여과한 후 사카린(saccarine)을 첨가하여 만드는데, 이런 제품은 품질이 좋지 않고 값이 싸다. 독일에서 흔히 이 방법을 사용하고 있다.

### 3) 침출법(Infusion Process)

증류하면 변질될 수 있는 과일이나 약초, 향료 따위에 Spirits를 가해 향미성분을 용해시키는 방법이다. 열을 가하지 않으므로 콜드방식(cold method)이라고 한다. 이렇게 만들어진 리큐어를 특히 Cordial이라고 한다.

## 3. 리큐어의 종류

### 1) Absinthe

라틴어로 압성 튜움에서 온 말로 '녹색의 마주' 라고도 한다. 그것은 향쑥의 일종, 아르테미시아 아신튜움의 잎과 싹의 작용에 의한 것이다. 주정도는 보통 68도, 대용품으로 45도로서 매우 강렬하다. 원료로는 국화, 향쑥, 안제리카, 육계, 회향풀, 정향나무, 파슬리(parsley), 레몬 등의 향료나 향초류이다. 스트레이트로 마시기는 너무 독하기 때문에 보통 약 4~5배의 물을 타서 마시고 있다.

### 2) Advocaat

네덜란드의 달걀술로 유명하다. 브랜디에 Egg Yolk(yellow), 설탕을 섞어 바닐라 향을 곁들인 일명 Egg Brandy이다. 마시기 전에는 병을 잘 흔들어서 따르고 개봉한 후에는 짧은 기간 내에 마시는 것이 좋다. 네덜란드어의 Advocaat란 영어로 Advocate에 해당하며 변호사라는 뜻이 있다. 주정도는 18도 정도이다.

### 3) Apricot Brandy

살구를 씨와 함께 으깨서 발효시키고 발효액을 증류한 것에 당분을 가한 리큐어이다. 프랑스에서는 '리큐르 다브리코' 라고 부르고, 특히 헝가리에서는 '바라크 리켈' 이라 하여 국민주로서 애음하고 있다. 주정도는 30~35도 정도이다.

### 4) Anisette

Anise(회향의 일종)의 향이 나며, Aniseed(아니스 열매), 레몬껍질 등의 향미를 첨가한 리큐어이다. Anise는 지중해 연안의 특산 식물로서 프랑스, 이탈리아, 스페인 등 남부 유럽국가에서 사랑받고 있다. 식전 또는 식후에 소화를 돕는 것으로 잘 알려져 있으며, 우리나라 사람들에게는 구미에 잘 맞지 않는 술이다.

## 5) Benedictine

프랑스에서 가장 오래된 리큐어 중의 하나로 Angelica를 주향료로 하여 Mint, Arnica(아니카; 약초)꽃 등 수십종의 약초를 사용한다. 주정도는 40도 정도이다.

## 6) Angostura Bitters

남미 베네수엘라의 보리바시는 거의 100년 전까지 Angostura시라 불리었다. 1842년 Angostura시의 당시 영국 육군 병장이었던 J.G.B Siegert 박사에 의해 창제되었다. Siegert 박사는 럼을 기본주로 하여 용담에서 채취한 고미제를 주체로 하여 많은 약초 향료를 배합한 술을 만들어냈다. 이것은 뛰어난 풍미와 향기에 있어서 다른 모든 Bitters를 능가하며, Manhattan Cocktail을 비롯해서 많은 칵테일의 고미제로서 쓰이고 있다. 주정도는 45도 정도(44.7%)이다.

## 7) Chartreuse

'Liqueur의 여왕' 이라고 불리는 이 술은 프랑스의 고전적인 리큐어의 하나이다. 프랑스어로 '수도원' 이란 뜻이 있다. 프랑스의 이젤현 그르노블시의 북동부 산주에 있는 「La Grand Chartreuse」 수도원에서 만들고 있다. 11C 때부터 이 술을 수도승들의 활력 증진을 위하여 애용되었으며, 그 후 18C 중엽(1735년)에 수도원의 약제사이며 신부였던 '세로움 모베크' 가 증류법을 도입하여 증류시킨 Yellow의 Chartreuserk 만들어지고 Liqueur의 여왕으로 추대받기에 이르렀던 것이다.

## 8) Cherry Brandy

브랜디에 Cherry나 Cinamon, Clove 등의 향료를 침전시켜 만드는 리큐어이나 Cherry 자체를 증류해서 만드는 것도 있다. 유명상표명으로 덴마크의 Cherry Heering이나 프랑스의 기뇨레단제르 등이 있다. 주정도는 25~30도이다.

## 9) Curacao

남미 베네수엘라의 북방, 카리브해에 있는 쿠라사우섬에서 재배되는 오렌지를 원료로 하여 만든 것이 원조로서 쿠라사우라 부르게 되었다. Orange Peel를 건조시킨 것과 Spice류를 브랜디에 담궈 만든다. 쿠라사우는 프랑스, 네덜란드에 유명 메이커가 많고 특히 네덜란드의 암스테르담산의 쿠라사우를 일품으로 친다. 주정도는 30~40도로 White Curacao,

Orange Curacao, Nlue Curacao, Green Curacao 등이 있으며, 세 번 증류했다는 의미의 Triple Sec은 White Curacao에 해당하며, Cointreau는 White Curacao의 극상품이라는 것을 자부하여 그 이름을 술이름으로 하고 있다.

### 10) Drambuie

스코틀랜드산의 유명한 리큐어로 스카치위스키를 기본주로 해서 Heney, Herbs(약초류)를 가하여 만든 술이다. Drambuie의 어원은 스코틀랜드의 고대 게릭어인 'Dram Buid Heach' 이며 "사람을 만족시키는 음료" 라는 뜻이다. 주정도는 40도이다.

### 11) Irish Mist

아일랜드에서 생산되는 담갈색의 리큐어이며, "아일랜드의 안개" 란 뜻이다. 주정도는 40도이다.

### 12) Kahlua

멕시코산의 커피 리큐어이다. 주정도는 26.5이고, 그 외의 커피 리큐어도로는 자메이카산 Tia Maria와 터키산 Pasha 등이 있다.

### 13) Creme de Menthe

이른바 Peppermint라고도 하며, 신선한 박하(Mint)향을 첨가한 리큐어로 Green, White, Pink 등이 있다. 주정도는 25~30도이다.

### 14) Creme de Cacao

Creme란 말은 프랑스어로 '극상' 이라는 뜻이다. Brown과 White가 있으며, 주정도는 25~30도이다.

### 15) Creme de Cassis

영어로 Black Currant Brandy라고도 한다. 또는 구즈베리(Black Currants)의 열매의 맛을 들인 심홍색이며, 조금 산미가 있다. 프랑스 부르고뉴 지방의 디종(Dijon)시가 본고장이다. 이 지방의 Dry White Wine과 Creme de Cassis를 섞은 'Kir' 라고 하는 칵테일이 유명하다.

## 16) Creme de Violet

프랑스에서는 Yvette(이베) 또는 Parfait Amour(파르페 아므르; 완전한 사랑)이라 불리고 있다. 제비꽃이나 기타 향초류를 주정에 담궈 만든 아름다운 보랏빛으로 로맨틱한 리큐어이다. 바이올렛이란 말은 제비꽃 또는 보라색이란 뜻으로, 주정도는 30도 정도이다.

## 17) Kummel

Caraway로 만드는 리큐어이다. 영어의 Caraway(회향풀)가 독일어로 Kummel이다. 1575년 네덜란드에서 처음 생산하였으나 지금은 독일을 비롯한 여러 나라에서 생산하고 있으며, "화장품의 분냄새가 난다" 라고 할 만큼 옛날에는 향이 강했었다. 주정도는 30~40도 정도이다.

## 18) Sole Gin

Sole berry(미국산 야생오얏)를 진에 첨가해서 만든 리큐어로 진이라고는 하지만 증류주의 진과는 다른 리큐어이다. 주정도는 30도 정도이다.

## 19) Creme de Bananas

바나나를 원료로 배합한 술로 주로 미국에서 생산한다.

## 20) Galliano

이탈리아의 밀라노 지방에서 생산되는 오렌지와 바닐라향이 강하며, 독특하고 길쭉한 병에 담긴 리큐어이다. 최근 Galliano를 이용한 칵테일이 유행하고 있으며, 특히 유의할 점은 양이 적으면 전혀 다른 향이 되는 경우가 있다는 것이다.

## 참고문헌

1) 김혁, 프랑스 와인기행, 세종서적, 2001.
2) 김진국, 와인의 세계, 가림출판사, 2001.
3) 박영배, 호텔 · 외식산업 음료 · 주장관리, 백산출판사, 2001.
4) 경희대, Wine(마스터 소믈리에 · 와인 컨설턴트 전문과정) 교재, 2004.
5) 김경옥 외, 와인을 알면 비즈니스가 즐겁다, 세종서적, 2004.
6) 김준철, 와인, 백산출판사, 2004.
7) 김한식, 현대인과 와인, 나래, 2006.
8) 박인규, 소믈리에 실무, 대왕사, 2005.
9) 이순주, 와인입문교실, 백산출판사, 2004.
10) 이준재, 칵테일 주장관리실무, 대왕사, 2007.
11) 장병주 외 3인, 와인의 이해, 대명출판사, 2005.
12) 롯데호텔, 식음료서비스 매뉴얼, 1988, 2003.
13) The Educational Institute of the American Hotel & Motel Association, Beverage Management Manual, 1986.
14) Philip, C. The Art of the Cocktail: 100 Classic Recipes, Chroncle Book, 1992.
15) Ninemeier, J. D., Food & Beverage Management, AHMA, 1984.
16) http://wine.co.kr
17) http://www.seoulwine.com
18) http://www.wine21.com
19) http://winenara.com
20) Jacson, R. S., Wine Science, Elslvier, Inc., 2008.
21) Good, J., The Science of Wine, Octopus publishing Ltd.,, 2005.

Chapter

12

# 칵테일

Chapter 12

# 칵테일

## 제1절 칵테일(Cocktail)의 유래

### 1. 칵테일(Cocktail)의 어원

칵테일(cocktail)에 관한 어원은 전 세계에 걸쳐 수많은 설이 있다. 그러나 현재에 와서는 어느 것이 정설인지는 정해져 있지 않다.

첫째, 칵테일을 그대로 직역하면 수탉의 꼬리가 되는데, 영국에서 내려오는 설에는 술잔에 넘쳐 흐르는 술잔의 모양이 수탉의 꼬리를 연상시킨다는 뜻에서 나온 말이라고도 한다. 둘째, IBA(International Bartender Association)의 Official Text Book에 소개되어 있는 설이다.

옛날 멕시코의 유카탄 반도의 캄페체란 항구에 영국 상선이 입항했을 때의 일이다. 상륙한 선원들이 어떤 술집에 들어가자 카운터 안에서 한 소년이 깨끗이 벗긴 나뭇가지 껍질을 사용해서 맛있어 보이는 혼합주(mixed drink)를 만들어서 그 지방 사람들에게 마시게 하고 있었다. 당시 영국인들은 술을 스트레이트로만 마시고 있었기 때문에 그것은 매우 진귀한 풍경으로 보였다. 그래서 한 선원이 "그건 뭐지?" 하고 소년에게 물어보았다. 선원은 음료의 이름을 물어 보았는데, 소년은 그 때 쓰고 있던 나뭇가지를 묻는 것으로 잘못 알고 "이건 Cora de gallo입니다" 라고 대답했다. 코라 데 가죠(Cora de gallo)란 스페인어로 '수탉의 꼬리' 란 뜻이다. 소년은 나뭇가지의 모양이 흡사 수탉의 꼬리를 닮았기 때문에 그렇게 재치 있는 별명을 붙여 대답했던 것이다. 이 스페인어를 영어로 직역하면 Tail of Cock이 된다. 그 이후에도 선언들 사이에서 혼합주를 Tail of Cock이라고 부르게 되었고, 이윽고 간단하게 Cocktail이라고 부르게 되었다고 한다.

이외에도 칵테일의 어원에 대한 유래는 여러 가지가 있으나 어느 것 하나 그 사실성을 확인할 수 없다. 그러나 칵테일이라는 말은 18C 중엽부터 사용되어져 왔다는 것은 확실하다. 당시의 신문이나 소설에 그 문자가 사용된 흔적으로 입증할 수 있다.

## 2. 칵테일의 역사

술을 여러 가지의 재료를 섞어 마신다고 하는 생각은 벌써 오래 전부터 전해 왔는데, 술 중에서도 가장 오래된 맥주는 기원전부터 벌써 꿀을 섞기도 하고, 대추나 야자열매를 넣어 마시는 습관이 있었다고 한다. 또 포도주도 고대 로마시대 사람들은 포도주에 해수 등을 섞어 농도를 옅게 하여 마셨다고 한다. 생각해 보면 이것은 훌륭한 칵테일 조제행위인 것이다. 즉 음료를 혼합하여 즐긴다는 습관은 옛날부터 있었던 것이다. 중세 이후 브랜디나 위스키 또는 진, 럼, 리큐어 등의 출현에 의해 혼합주의 종류는 일거에 확대되었다.

현재 우리들이 마시고 있는 칵테일은 그 대부분이 제조과정에서 얼음을 사용하여 반드시 차가운 상태로 나온다. 이처럼 차가운 칵테일은 1870년대에 독일의 칼르 린데에 의하여 암모니아 압축에 의한 인공냉동기가 발명되면서 인조얼음을 사용한 칵테일이 생기기 시작했다. 따라서 현재 우리들이 마시고 있는 칵테일의 태반은 1870년대 이후의 산물인 것이다.

전 세계의 애주가들로부터 칵테일의 걸작이라고 구가되는 마티니나 맨해튼도 이 시대에 만들어졌다. 이후 제1차 세계대전 당시 미국 군대에 의해 유럽에 전파되었고, 미국의 금주법이 1933년 해제되자 칵테일의 전성기를 맞이하였고, 제2차 세계대전을 계기로 세계적인 음료가 되었던 것이다. 이처럼 역사는 깊고 모습은 새로운 것이 현재의 칵테일인 것이다. 칵테일은 은은한 향과 고운 빛깔, 예쁜 장식으로 제공되는 대중적인 음료로 맛보다 분위기에 잘 어울려 최근 여성들과 부드러운 맛을 추구하는 현대인들의 기호에 따라 급격히 발전을 이루고 있다.

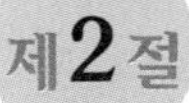

## 제2절 칵테일의 정의

칵테일은 훌륭한 맛과 향기와 색의 예술이다.

칵테일이란, 두 종류 이상의 알코올성 음료를 혼합하거나 알코올성 음료에 비알코올성 음료를 혼합하여 마시는 음료를 총칭하는 것으로 혼합주를 말한다. 즉 여러 가지 양주류와 부재료(syrup, 과즙, juice, milk, egg, 탄산음료 등)를 적당량 혼합해서 색, 미, 향을 조화 있게 만드는 것으로써, 주정분(술)과 주정분을 혼합하여 만드는 방법과 주정분에 기타 부재료를 섞어 만드는 방법이 있다. 이들 재료가 Shake나 Stir의 방법에 의해 혼합되고 냉각되어 맛의 조화가 이루어지는 것이다.

칵테일은 다음의 세 가지 종류를 가지고 있어야 한다.

첫째, 기본주(base)이다.

기본주란, 진 · 럼 · 브랜디 · 보드카 · 위스키 · 데킬라 등 칵테일의 기본이 되는 술을 의미한다.

둘째, 주향료이다.

이는 기본주의 향에 향을 가미하고 술의 맛을 조절한다.

셋째, 스페셜 향료이다.

칵테일 맛을 더욱 좋게 하는 것으로 단맛 · 신맛 및 담백한 맛을 더하거나 각종 시럽을 사용하여 미각을 돋우는 역할을 한다.

## 제3절 부재료의 종류

### 1. 청량음료(Soft Drinks; Non-Alcoholic Drinks)

#### 1) 탄산음료(Carbonated Drinks)

##### (1) 콜라(Cola)

콜라는 미국을 대표할 정도로 미국으로부터 세계 각지의 대중음료로 보급되고 있다.

주원료는 서아프리카, 서인도제도, 브라질, 말레이시아 등지에서 재배되고 있는 콜라열매(cola bean)를 가공 처리하여 콜라 농축액을 만들어 여기에 물을 섞고 각종 향료를 넣은 후 이산화탄소를 함유시켜 만든다.

향료로는 레몬, 오렌지, 넛맥(nutmeg), 시네몬(cinnamon), 바닐라 등이 쓰인다. 콜라 농축액에는 커피의 2배 정도의 카페인이 함유되어 있다.

#### (2) 소다수(Soda Water)

소다수는 탄산가스와 무기염료를 함유한 물을 말하며, 또는 순수한 물에 탄산가스를 인공적으로 혼합한 물을 말한다. 즉 천연 광천수와 인공제품이 있다. 소화제로 마시기도 하나 주로 위스키와 배합하여 조주된다.

#### (3) 토닉워터(Tonic Water)

영국에서 처음 개발된 무색투명의 음료로 레몬, 라임, 오렌지, 키니네 등으로 농축액을 만들어 당분을 배합한 것이다. 열대지방 사람들의 식욕증진과 원기를 회복시키는 음료로서 진과 같이 혼합하여 즐겨 마신다.

#### (4) 사이다(Cider)

구미에서 사이다는 사과를 발효해서 제조한 일종의 과실주로 알코올 성분이 1~6% 정도 함유되어 있는 청량음료를 말한다. 우리나라에서는 주로 구연산, 감미료 및 탄산가스를 함유시켜 만든다.

#### (5) 진저엘(Ginger Ale)

생강(ginger)의 향을 함유한 소다수로 자극성 있는 향이 혀와 위를 자극하여 식욕증진이나 소화제로 많이 마시고 있으나, 주로 진이나 브랜디와 혼합하여 마신다.

#### (6) 칼린스 믹서(Collins Mixer)

일반적인 소다수에 레몬, 라임, 설탕, 탄산가스를 혼합한 음료로서 대부분의 술과 잘 어울리는 음료이다.

### 2) 무탄산 음료(Non-Carbonated Drinks)

#### (1) 광천수(Mineral Water)

광천수에는 천연수와 인공수가 있는데, 보통 말하는 광천수란 칼슘, 인, 칼륨, 라듐, 염

소, 마그네슘, 철 등의 무기질이 함유되어 있는 인공 광천수를 말한다. 유럽 등지에서는 석회석의 함유로 수질이 나빠서 이러한 광천수를 만들어 일상음료로 마시고 있다.

(2) 에비앙(Evian)

에비앙은 프랑스와 스위스 사이의 레망 호수에 위치한 온천 휴양도시인 에비앙레뱅의 근처에서 용출되는 천연 광천수로서 1830년 첫 병입 후 세계적인 광천수의 하나가 되었다.

(3) 기 타

그밖의 무탄산음료로 천연광천수로서 유명한 비시수(vichy water), 젤쩌수(seltzer water) 등이 있다.

### 3) 과즙음료(Fruit Juices)

칵테일용의 주스는 Fresh Juice, Caned Juice, Bottled Juice 등을 사용한다. 주로 사용하는 주스로는 Lemon Juice, Orange Juice, Pineapple Juice, Grapefruit Juice 등 여러 가지 각종 주스류가 사용된다.

### 4) 유성음료

유성음료로는 지방질을 제거한 우유와 유지만을 모아 만든 스위트크림 등이 있다.

## 2. 기타 부재료

### 1) 시럽류(Syrups)

(1) 심플 시럽(Simple Syrup)

심플 시럽은 그레나딘 시럽과 함께 칵테일에서 가장 많이 사용하는 시럽이다. 과거에는 가루설탕을 사용하던 칵테일에 이 심플 시럽을 사용해서 조주작업시간을 단축시키고 있다. 만드는 방법은 설탕과 물을 4 : 1로 넣고 끓여서 만든다. 더욱 투명하게 하려면 달걀 흰자위 1개를 풀어서 시럽에 넣은 뒤 앙금을 걷어내면 된다. 심플 시럽을 사용해서 만드는 칵테일은 색상이 무색이므로 다른 칵테일의 색상과 향을 방해하지 않고 다만 단맛만 첨가하게 된다.

(2) 검 시럽(Gum Syrup)

Plain Syrup을 오래 방치해 두면 사탕이 밑으로 처져 결정체를 이루게 된다. 이것을 방지하게 위해 Plain Syrup에 아라비아의 Gum 분말을 가해 접착기가 있도록 첨가한 시럽이다.

(3) 그레나딘 시럽(Grenadine Syrup)

원래는 석류를 원료로 하는 진홍색 시럽이지만 에센스와 인공착색에 의한 것이 많다. 칵테일의 착색료로서 가장 많이 사용된다.

(4) 레즈베리 시럽(Raspberry Syrub)

레즈베리 시럽은 당밀에 레즈베리를 이용하여 만든 시럽이다.

(5) 아몬드 시럽(Almond Syrup)

아몬드 시럽은 당밀에 아몬드맛을 낸 것이다.

(6) 기 타

그 밖에도 Maple Syrup, Lilico Syrup, Guava Syrup 등이 있다.

### 2) 장식용 과실류(Garnish Fruits)

장식용 과일로는 레몬, 라임, 오렌지, 파인애플, 멜론, 바나나, 딸기, 사과 등이 쓰이고, 올리브, 체리 등의 열매도 사용하며, 칵테일 색채의 변화와 향기를 내기 위해서 장식할 때 사용한다. 올리브는 주로 드라이한 맛이 나는 칵테일에 사용되고, 체리는 스위트한 맛이 나는 칵테일에 장식하는 것을 기본 원칙으로 하고 있다. 칵테일용 올리브는 씨를 빼낸 뒤 그 자리에 서양고추(pimento)를 끼워 넣은 것을 사용한다. 체리는 레드와 그린이 있으며, 칵테일 어니언은 소금과 식초에 절인 것으로 흰색이며 깁슨과 같은 드라이한 칵테일에 사용된다.

## 3. 스파이스(Spice)류

스파이스는 향신료를 말한다. 만들어진 칵테일에 풍미를 한층 살리기 위해서 천연 그대로 또는 건조해서 분말로 또는 가공해서 사용하는 것이다. 가장 많이 사용하는 것은 넉맥과 클로버이며 이외에 시네몬, 민트 등이 있으며, 향을 소중히 하기 때문에 짧은 기간에 다 써버리는 것이 좋다.

## 4. 비터즈(Bitters)류

쓴맛이 나는 술로서 식욕증진 등의 효과가 있다. 프랑스어로 아메르라고 하며, 18세기 초에 만들어졌다.

### 1) 앵거스투라 비터즈(Angostura Bitters)

Manhattan, Old Fashioned 등의 여러 칵테일에 향료로 아주 적은 양을 사용한다.

### 2) 오렌지 비터즈(Orange Bitters)

오렌지를 사용한 비터즈의 일종으로 영국 진의 메이커가 만든 것이 최초로 이탈리아의 캄파리사의 것이 유명하다. 강장, 해열 효과가 있다고 한다.

## 5. 기타

달걀, 커피, 얼음 등이 있다.

# 제4절 칵테일의 종류

## 1. Mixed Drinks류

### 1) 숏 드링크(Short Drinks)

120mL(40oz) 미만의 용량 글라스로 내는 음료이며, 주로 술과 술을 섞어서 만든다. 이것은 좁은 의미의 칵테일에 해당하며, 이름 뒤에 칵테일을 붙여서 표기하기도 한다.

### 2) 롱 드링크(Long Drinks)

120mL(40oz)의 용량 글라스로 내는 음료이며, 얼음을 2~3개 넣는 것이 상식이다. 얼음이 녹기 전에 마시면 되는데, 소다류를 사용한 것은 탄산가스가 빠지면 청량감이 없어지므로 되도록 빨리 마시는 것이 좋다. 넓은 의미의 칵테일이란, 이 롱 드링크와 숏 드링크를 통틀어 혼합음료 전부를 가리키는 혼합주(mixed drinks)를 말한다. 이러한 롱 드링크에는 여러 가지 유형이 있으며, 이름 뒤에 그 유형의 명칭을 붙여서 사용한다.

### 3) 소프트 드링크(Soft Drinks; Non Alcoholic Drinks)

청량음료를 나타내는 소프트 드링크와는 다른 의미이며, 소량의 리큐어 등을 사용하는 수도 있으나 알코올 성분은 거의 없다. 주로 여성이나 어린이가 마시기에 적합하다. Pussyfoot Cocktail, Florida Cocktail, Rail Spliter, Lover' s Dream 등이 있다.

## 2. Mixed Drinks 유형의 분류

### 1) 하이볼(High Ball)

증류수나 각종 양주를 탄산음료와 섞어 하이볼 글라스에 나오는 일반적인 롱 드링크를 일컫는 의미로 사용되고 있다. Whisky Soda, Whisky Coke, Gin Tonic 등이 있다.

### 2) 피즈(Fizz)

피즈란, 탄산가스가 공기 중에 유리할 때 '피식' 하는 소리를 나타내는 의성어로 피즈를 만들 때도 마지막 소다수를 더했을 때 피식 하는 소리가 나기 때문에 그렇게 명명된 것이다. Gin Fizz, Cacao Fizz, Sloe Gin Fizz, Golden Fizz, Silver Fizz 등이 있다.

### 3) 콜린스(Collins)

피즈의 일종으로 제법도 비슷하다. 술에 레몬이나 라임즙과 설탕을 넣고 소다수로 채운다. 콜린스 글라스에 권하는 피즈라고 할 수 있다. Tom Collins, John Collins 등이 있다.

### 4) 사워(Sour)

레몬소주를 다량으로 사용한 음료로 사워란 '시큼한' 이란 뜻이다. 얼음을 제외하고 레몬과 체리를 장식한다. 세계적으로 매우 인기 있는 음료로 나라에 따라서 만드는 법에 다소 차이가 있다. 대표적인 칵테일로는 Whisky Sour, Gin Sour 등이 있다.

### 5) 릭키(Rickey)

신선한 라임(Lime)을 다량으로´사용한 시큼한 음료로서 설탕이 안 들어가며, 다이어트 하는 사람이나 당뇨병 환자가 마시면 좋다. Gin Rickey, Scotch Rickey, Rum Rickey 등이 있다.

### 6) 플립(Flip)

신선한 달걀과 주로 와인을 사용하는 음료로 에그넉과 마찬가지로 자양분이 대단히 많다. 피곤할 때나 병후의 회복기에 마시면 좋다. Port Flip, Sherry Flip, Brandy Filp 등이 있다.

### 7) 쿨러(Cooler)

차갑고 청량감이 있는 음료로서 갈증 해소에 좋다. 술, 설탕, 레몬주스를 넣고 소다수로 채우는 것이다. Gin Cooler, Rum Cooler, Wine Cooler, Remsen Cooler 등이 있다.

### 8) 코블러(Cobbler)

사전적 의미로는 '구두 수선공' 이란 뜻이 있다(지금은 Shoemaker가 보통 쓰인다). 열심히 일하던 구두 수선공이 한여름 낮에 목마름을 달래기 위해 잠시 손을 쉬고 서늘한 나무 그늘에서 마신데서 이 이름이 붙었다는 말이 있다. 알코올 도수가 낮고 과일주를 기본주로 한다. Whisky Cobbler, Brandy Cobbler, Gin Cobbler 등이 있다.

### 9) 에그 넉(Egg Nog)

미국 남부 여러 주의 전설에서 온 크리스마스 음료로서 전해진 것이며, 달걀이나 우유가 함유된 영양가 높은 음료이다. Brandy Egg Nog, Whisky Egg Nog, Rum Egg Nog 등이 있다.

### 10) 쥴립(Julep)

이 명칭은 페르시아에서 왔으며 원래의 의미는 '쓴 약을 마실 때 입가심을 위해 마신

달콤한 음료'를 말한다. 그것이 19C에 미국 남부에서 '기분을 상쾌하게 하고 기운을 나게 하는 음료'를 의미하는 말로 전용되었다. 민트 줄기를 넣은 칵테일이다. Mint Julep, Brandy Julep 등이 있다.

### 11) 프라뻬(Frappe)

프라뻬란, 프랑스어로서 '얼음으로 차게 한, 살짝 얼린 과일즙'이란 뜻이 있다. 글라스에 잔 얼음을 넣고, 중앙에 세로로 머들러로 구멍을 뚫은 다음 리큐어를 따르고 스트롱을 세우는 것이 원형이다. Mint Frappe, Cacao Frappe, Blue Curacao Frappe 등이 있다.

### 12) 펀치(Punch)

몇 가지를 제외하고는 일정한 처방이 없으며, 주로 큰 파티 장소에서 많이 이용된다. 큰 Punch Bowl에 덩어리 얼음을 넣고 두 가지 이상의 주스나 청량음료와 두 가지 이상의 술을 넣고 만드는 것이며, 지역이나 계절의 특성을 최대한 살릴 수 있는 것이다. 지역에 따라 특성 있는 과일 등을 작게 썰어서 띄운 다음 국자를 Punch Bowl에 넣어 손님들이 직접 덜어서 마시게 하는 것이 보통이다. Strawberry Punch, Sherry Punch, Champagne Punch, Brandy Champagne Punch 등이 있다.

### 13) 기 타

이 밖에 Fix, Pousse Cafe, Sangaree, Sling, Toddy, Smash, Swizzle, Daisy 등 많은 종류가 있다.

## 3. 칵테일 만드는 법

### 1) 쉐이킹(Shaking)

쉐이커에 얼음과 재료를 넣고 흔들어서 만드는 방법으로 점성 있는 리큐어류나 달걀, 우유, 크림, 각종 과일주스 등 비교적 비중이 무거운 재료를 사용한 칵테일을 만들 때 쓰인다. 쉐이커에 재료를 넣는 순서는 바텐더의 재량이나 기호에 따라 약간씩 다를 수 있으나 보통은 얼음을 맨 처음 넣고 다음은 기본이 되는 술, 그리고 주스나 달걀, 크림, 우유 등의 부재료를 나중에 넣는다. Whisky Sour, Brandy Alexander, Pink Lady, Side Car 등을 만들 때 이용한다.

### 2) 스터링(Stirring)

유리제품인 믹싱 글라스에 얼음과 술을 넣고 바 스푼으로 저어서 재빨리 조제하는 방법이다. 샤프하고 드라이한 칵테일의 대부분은 비중이 가벼운 재료를 사용하고 있으므로 흔들면 불투명하고 묽어질 염려가 있기 때문에 휘젓기 하는 것이다. 믹싱 글라스에 재료를 넣는 순서는 맨 처음 얼음을 넣은 뒤에 기본이 되는 술, 그 밖에 술이나 부재료의 순으로 넣으면 된다. Manhattan, Martini, Gibson 등에 이용한다.

### 3) 블랜딩(Blending)

Sherbet상의 Frozen Style의 칵테일이나 딸기, 바나나 등 Fresh Fruits를 사용하여 정열적인 맛을 내는 Tropical류의 칵테일, 그리고 거품이 많이 필요한 펀치류를 만들 때 사용하는 방법으로, 미국에서는 Blender, 일본에서는 Mixer라고 표현하는 기계를 사용한다. Frozen Daiquivi, Frozen Margarita, Mai-Tai, Chi Chi 등에 이용한다.

### 4) 머들링(Muddling; Building)

Shaking이나 Stirring을 하지 않고 글라스에 직접 얼음과 재료를 넣어 바 스푼으로 휘저어서 만드는 방법이다. 주로 Highball류가 이 방법에 의해 조제된다. 탄산음료를 이용해서 만드는 칵테일은 대다수 이 방법에 의해서 만들어진다. Whisky and Soda, Screw Driver, Old Fashioned, Rusty Nail 등에 이용한다.

### 5) 프로팅(Floating)

술이나 재료의 비중을 이용하여 내용물을 위에 띄우거나 차례로 쌓기도 하는 방법이다. 프로트 하는 방법은 바 스푼을 뒤집어 글라스 안쪽의 가장자리 끝부분에서 약간 밑으로 대고 글라스 안의 다른 재료와 섞이지 않게 조심스럽게 따른다. 어떤 사람은 이 방법을 빌딩의 범주에 넣기도 한다. Irish Cafe, Pousse Cafe, Angel' s Kiss 등에 이용한다.

## 제5절 칵테일의 기물

### 1. 쉐이커(Shaker)

음료를 차게 하거나 리큐르, 시럽, 달걀 등과 같이 잘 혼합이 되지 않는 재료를 사용해서 만들 때 필요한 도구이며, 재질로는 은도금, 스테인리스와 같은 금속성과 유리, 그리고 플라스틱 등으로 만들어진 것들도 있다. 쉐이커는 캡(cap), 스트레이너(strainer), 바디(body)의 세 부분으로 대부분 구성되어진다. 바디에 얼음과 재료를 넣고 캡과 스트레이너를 닫아 적당히 흔든 다음 캡을 열어 글라스에 따르게 된다. 이 때 얼음은 스트레이너에 걸려 나오지 못한다.

### 2. 믹싱 글라스(Mixing Grass)

유리 또는 스테인리스의 재질로 만들어진 원통형 모양의 기구로서 바 글라스라고도 한다. 주로 비중이 가벼운 음료를 섞을 때 사용하며, 얼음과 내용물을 글라스에 함께 넣고 바 스푼으로 여러 차례 저어서 잘 혼합한 다음 글라스에 스트레이너를 사용해서 얼음을 거른 다음 따른다.

### 3. 바 스푼(Bar Spoon)

손잡이가 길고 스푼 중간부분은 나선형으로 되어 있어 음료를 저을 때 골고루 저어지도록 하는 기구를 말한다. 또 음료에 들어가는 부재료의 양을 측정하기 위한 도구로도 사용된다.

### 4. 스트레이너(Strainer)

믹싱글라스에 제조된 칵테일을 글라스에 따를 때 얼음이나 기타 부재료가 흘러나오지 않도록 막아주는 역할을 하는 기구이다. 손잡이가 달려 있으며, 주걱형을 한 편편한 스테인리스판에 나선형의 용수철이 부착되어 있다.

## 5. 메저 컵(Measure Cup)

일명 지거 컵이라고 하며, 음료의 양을 정확하게 측정하기 위하여 사용하는 금속제 기구로서 양면으로 음료의 양을 측정할 수 있는 컵을 말한다. 삼각형 컵의 모양이 서로 맞대고 있는 모양을 하고 있다.

## 6. 블렌더(Blender)

전동식 믹서기를 말하며, 믹싱이 잘되지 않는 부재료를 사용할 때 믹싱을 용이하게 하기 위해 사용하는 것을 블렌더라고 한다.

## 7. 푸어러(Pourer)

술병의 주둥이에 꽂아 술이 한꺼번에 쏟아지는 것을 방지하고, 술이 흘러내리지 않도록 하기 위한 도구이다.

## 8. 칵테일 핀(Cocktail Pin)

올리브나 체리와 같은 가니쉬들을 꽂는 장식용으로 많이 사용되며, 윗부분에 우산과 같이 펼칠 수 있도록 된 것도 있다.

## 9. 머들러(Muddler)

롱 드링크 종류를 휘젓는 막대로 플라스틱, 유리, 나무 등의 재질로 만들어졌다.

## 10. 아이스 텅(Ice Tong)

얼음을 집을 수 있는 집게로, 얼음을 집는 끝부분은 톱니 모양으로 되어 있다.

## 11. 아이스 바켓(Ice Bucket)

얼음을 짧은 시간 담아두는 기구이다.

## 12. 아이스 픽(Ice Pick)

얼음을 깰 때 사용하는 송곳이다.

## 13. 스퀴즈(Squeezer)

레몬이나 오렌지 등의 과즙을 짤 때 쓰이는 기구로, 스퀴즈 중앙부분에 나선형의 돌기가 있어 각종 과일을 반으로 잘라 절단면을 돌기에 대고 손으로 눌러 돌리면서 짜낸다.

## 14. 주서(Juicer)

신선한 주스를 만들 때 사용하는 것으로 스퀴즈나 믹스로는 짜지 못하는 파인애플과 같이 껍질이 특이한 과실의 즙을 짤 때 사용한다.

## 15. 코스터(Coaster)

각종 음료의 제공시에 글라스 밑에 깔아 사용하는 것으로 미끄럼을 방지하고 흘러내리는 음료를 흡수하는 용도로 쓰인다.

## 16. 기타

글라스 홀더, 스트로우, 비터스 보틀, 나이프, 아이스 스쿠퍼, 아이스 크러셔, 스토퍼 등이 있다.

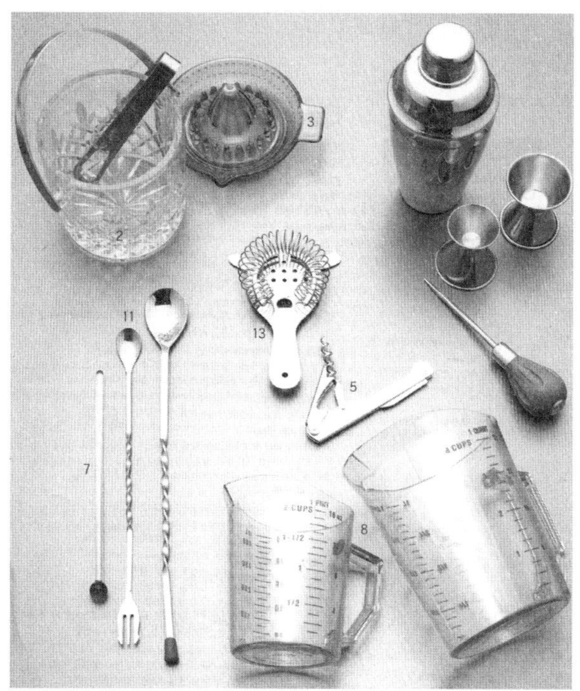

1. 아이스텅 2. 아이스 페일 3. 스퀴저 4. 지거 5. 코르크 스크류 6. 아이스픽 7. 머들러 8. 계량컵

[그림 12-1] 칵테일의 기물

## 참고문헌

1) 이준재 외, 와인의 세계와 소믈리에, 대왕사, 2010.
2) 김성열, 양주와 칵테일, 도서출판 효일, 2002.
3) 김의근 · 이정실, 주장관리론, 대왕사, 2000.
4) 김호남, 양주와 칵테일, 도서출판 세화, 1980.
5) 롯데호텔, 식음료서비스매뉴얼, 1988.
6) 박영배, 호텔외식산업 음료주장관리, 백산출판사, 2001.
7) 백재현 · 윤호영, 바텐더와 칵테일, 2004.
8) 오승일, 주장관리, 형설출판사, 1987.
9) 오정환, 양주와 주장관리론, 기문사, 1995.
10) 원융희, 음료 · 주장관리, 형설출판사, 1993.
11) 고치원 외, 칵테일 교실, 동신출판사, 1998.
12) Philip, C. The Art of the Cocktail: 100 Classic Recipes, Chroncle Book, 1992.
13) Calabrese, S., Classic Cocktails, Stering Publishing Co., Inc., 2006.
14) Regan, G., The Bartender's Bible, Harper Collins Pub., 1993.
15) Degroff, D., The Essential Cocktail, Crown, Pub., 2008.

Chapter

# 13

# 연회

Chapter

# 13 연회

## 제1절 호텔연회의 개요

### 1. 연회의 개념

연회는 원래 70~80년 전까지만 해도 가정에서 개최되어 왔던 것이 근래에 와서 호텔이나 레스토랑을 적극적으로 이용하고 있다. 연회는 환송회, 개업 축하, 생일, 회갑, 결혼식 등을 축하하기 위하여 행하는 행사로 그 의미를 보다 뜻있게 하는 것에 그 의의가 있다고 할 수 있다.

원래 연회를 의미하는 Banquet의 어원은 프랑스 고어인 'Banchetto' 인데, Banchetto는 당시에 '판사의 자리' 혹은 '연회' 를 의미했고, 이 단어가 영어화 되면서 지금의 Banquet이 되었다. 이러한 Banquet이라는 말은 호텔경영의 측면에서 호텔연회를 의미하게 되었다.

「웹스터 사전」에서는 Banquet을 "An elaborate and often ceremonious meal attended by numerous people and often honoring a person or making some incident(as an anniversary or reunion)" 으로 정의하고 있다.

즉 "많은 사람들, 또는 어떤 한 사람에게 경의를 표하거나 행사(연례적인 행사나 친목회 같은)를 기념하기 위해 정성을 들이고 격식을 갖춘 식사가 제공되면서 행해지는 행사" 라는 의미이다. 또한 Banquet과 유사한 의미로서 우리말로 연회를 의미하는 단어는 Function있는데 Function은 다음과 같은 의미를 내포하고 있다.

a. An impressive and elaborate religious ceremony
b. An often formal of social ceremony or gathering(as a dinner or reception)

즉 감명 깊고 정성들인 종교적 의식, 자주 열리는 공식적인 또는 사회적인 의식, 만찬이나 리셉션(환영회)으로서의 모임이라고 정의하고 있다. 또 우리나라에서도 많은 문헌은 이와 같은 의미로서 설명되어지고 있다. 여기에서 잔치란, "기쁜 일이 있을 때에 음식을 차리고 손님을 청하여 즐기는 일" 이라고 할 수 있다.

관광호텔 연회매뉴얼에 의하면 "연회란, 식음료를 판매하기 위한 제반시설이 완비된 구별된 장소에서 2인 이상의 단체 고객에게 식음료 및 부수적인 서비스를 제공하여 본연의 목적을 달성할 수 있도록 하여 주고 그에 따른 응분의 대가를 수수하는 행위" 를 말한다.

## 2. 연회의 분류

### 1) 기능에 의한 분류

① 식음료 연회(Meals Party) : Breakfast, Lunch, Dinner, Cocktail Reception, Buffet, Tea Party, Garden Party 등

② 임대 연회(Room Rental) : Convention, Meeting, Seminar, Conference, Symposium, Exhibition, Fashion Show, Press Meeting, Concert 등

### 2) 장소별 분류

① In House Banquet : 내부에 준비된 연회장을 이용하여 행사를 진행하는 경우

② Catering Service : 고객의 요청에 따라 고객들이 원하는 장소를 섭외하고 행사의 목적에 알맞은 연회행사를 하는 경우

③ Take Out : 고객이 원하는 음식을 잘 포장해서 고객이 가지고 가는 경우

④ Delivery Service : 고객이 요청한 물품을 고객이 원하는 곳으로 배달해 드리는 경우

### 3) 목적에 의한 분류

① 가족행사(약혼식, 회갑연, 칠순, 결혼 피로연, 생일잔치, 돌잔치 등)

② 회사행사(창립기념, 개관기념, 이·취임식, 사옥이전 등)

③ 학교행사(입학, 졸업, 사은회, 동창회, 동문회 등)

④ 정부행사(외국 국빈의 영접 파티, 정부수립 기념회 등)

⑤ 협회행사(국제회의, 정기총회, 심포지엄, 간담회 등)

⑥ 디너행사(식사와 함께 가수들의 노래와 쇼를 즐기는 것)

⑦ 기 타(신년 하례식, 망년회, 송년회, 간담회, 각종 이벤트 등)

## 4) 시간별 분류

① Breakfast Party(06:00~10:00)

② Brunch Party(10:00~12:00)

③ Lunch Party(12:00~15:00)

④ Dinner Party(17:00~24:00)

⑤ Supper Party(22:00~24:00)

## 5) 요리별 분류

양식, 한식, 중식, 일식, 뷔페, 칵테일, 바비큐파티 등

BANQUET/CATERING
CONTRACT
연회계약서

RENAISSANCE.
SEOUL HOTEL

| ORGANIZER 주최자 | NAME OF FUNCTION 행사명 |
|---|---|
| DATE & TIME 일시 | TELEPHONE/FAX 전화/팩스 |
| VENUE 장소 | NO. OF PERSONS 참석자 수 |
| DEPOSIT & PAYMENT 계약금 및 지불조건 | |

| ITEMS 항목 / DESCRIPTION 구분 | Q'TY 수 량 | UNIT 단 가 | AMOUNT 금 액 | REMARKS 비 고 |
|---|---|---|---|---|
| Food 식사 | | | | |
| Hors d' Oeuvres 안주 | | | | |
| Cake 케이크 | | | | |
| | | | | |
| Coffee Break 커피 휴식 | | | | |
| Cocktails 칵테일 | | | | |
| Beers 맥주 | | | | |
| Soft Drinks 청량음료 | | | | |
| Juice 쥬스 | | | | |
| Wine 와인 | | | | |
| Champagne 샴페인 | | | | |
| | | | | |
| | | | | |
| F/B Total 식음료 합계 | | | | |
| 10% Service Charge (10% 봉사료) | | | | |
| Sub Total 중간합계 | | | | |
| Room Rental 장소사용료 | | | | |
| Flower 꽃장식 | | | | |
| Banner 현판 | | | | |
| Musicians 음악 | | | | |
| Photographer 사진 | | | | |
| Ice Carving 얼음장식 | | | | |
| Parking Ticket 주차권 | | | | |
| Outside Catering 출장료 | | | | |
| Corkage 음료반입료 | | | | |
| A/V Equipment 기자재 | | | | |
| | | | | |
| | | | | |
| | | | | |
| Total 합계 | | | | |
| 10% V.A.T (10% 세금) | | | | |
| Grand Total 총액 | | | | |

Please carefully review the banquet details and the conditions before signing this contract.
본 계약서에 서명하시기 전에 뒷면의 약점을 반드시 읽어주시기 바랍니다.

19 년 월 일

Banquet Sales Manager 담당자 서명

Client 고객서명

676 Yoksam-dong, Kangnam-ku, Seoul, Korea Tel: (02)555-0501 222-8672/3 Internet: http://www.renaissance-seoul.com Fax: (02)565-5547

[그림 13-1] 연회계약서

## 3. 연회행사 통보서(Event Order)

행사 주최측과 견적서(quotation)를 주고받아서 행사가 결정되면, Control Chart를 재확인하여 확정한 내용을 기록하고 Event Order를 작성한다. 행사진행 관련부서에서는 고객과의 대화나 대면도 없이 E/O에 의해서만 행사를 진행하기 때문에, 고객과의 협의 내용과 필요한 사항 등 E/O에 기록할 내용이 많아서 난이 부족할 경우에는 별도 업무연락 또는 회의를 통하여 행사내용을 관련부서에 배부한다.

**Renaissance Seoul Hotel** **BANQUET EVENT ORDER**

**Serial No.** **Issuing Date:** 10 September

NAME OF ORG.:
ORGANIZER:
ADDRESS:

DEPOSIT: NO.:

BOOKING NAME:
CONTACT ON DAY:
NATURE OF FUNCTION:
SALES/CAT MGR: **YSK**
PAYMENT:
TELEPHONE:

***Date: Monday, 10 September***

| **EVENT** | **TIME** | **ATTENDEES** | |
|---|---|---|---|
| Set Dinner | 17:00-20:30 | 77 | |
| **VENUE** | **SETUP STYLE** | | **ROOM-RENTAL-FEE** |
| Dia-I | All round | | Complimentary Rate |
| **MENU** | **EXPECTED** | **GTD** | **PRICE** |
| **WSM-3-B**<br>Serve time: 17:00 | 77 | 70 | W40,000++ |

Pls see attached menu

**Additional Instructions**

**BANQUET SERVICE**
- All round table w/( ) pers each set up
- Sign Book & Bowl
-Champagne & Wine glass ,Tumbler set up
- Numbering stand
- Plastic Name Tag
- Place card by guest

**BEVERAGE**
- Beer — W6,000++
-(15)BTL Champagne , (30)Red wine will required

**F&B ART**
- Ice Carving any shape w/word
- Painted Banner — W150,000+

**F/O MGR**
- Transportation Bus (45 pax)

**HOUSEKEEPING**
- Basic decor — Comp

**SOUND ROOM**
- Mic Podium — 2

**SIGNBOARD**

**APPROVED BY:**

**DISTRIBUTION:**

| | | | |
|---|---|---|---|
| EAM F/B | Exec Housekeeper | Banquet/Catering Manager | |
| Financial Controller | Engineering | Banquet Services Manager | |
| Director of M & S | Sound Room | Chief Steward | |
| Cost Controller | F/B Mgr | Beverage Manager | |
| Executive Chef | Art Room | F&B Art Room | Credit Manager |

[그림 13-2] Event Order

## 4. 호텔연회의 종류 및 형태

연회행사는 크게 식음료연회와 임대연회로 구분하고, 식음료연회는 또한 테이블서비스 연회와 셀프서비스 형태의 연회로 나눌 수 있다. 다음은 연회의 형태에 따른 종류를 설명한 것이다.

### 1) 연회의 종류

#### (1) 정찬 파티(Table Service Party)

정찬 파티는 정식의 연회로서 사교상의 중요한 목적을 가지는 행사이다. 주최자가 초청장을 보낼 때에는 최소한 2주일 전에 받을 수 있도록 해야 하며, 연회의 취지와 주빈을 기재하고 복장에 대해 명시할 수 있다. 주로 예복을 입고 참석하는 것이 통상적인 예이다.

#### (2) 칵테일 파티(Cocktail Party)

칵테일 파티는 여러 가지 주류와 음료를 주로 하고 간단한 간식을 곁들이면서 서서 먹는 형식으로 행해지는 연회를 말한다. 식사시작 전, 특히 오후 저녁식사 전에 베풀어지는 경우나 칵테일 파티로 행사가 끝나는 경우도 있다. 지위고하를 막론하고 자유로이 이동하면서 자연스럽게 담소할 수 있고, 또한 참석자의 복장이나 시간도 별로 제약받지 않기 때문에 현대인에게 더욱 편리한 사교모임 파티이다.

#### (3) 뷔페 파티(Buffet Party)

뷔페는 행사마다 아주 여러 가지 형태로 다양하게 준비될 수 있기 때문에 적절한 용어 해석이 없다. 단지 샌드위치류와 한입거리(finger) 음식을 뜻할 수도 있고, 정성들여 만든 여러 코스의 실속 있는 식사를 뜻하기도 한다. 종류로는 입식뷔페(standing buffet), 좌식뷔페(sitting buffet), 조식뷔페(breakfast buffet) 등이 있다.

#### (4) 리셉션 파티(Reception Party)

리셉션은 중식과 석식으로 들어가기 전에 식사의 한 과정으로 베푸는 리셉션과 그 자체가 한 행사인 리셉션으로 나눠진다. 식사에 앞서 리셉션을 가지는 참 목적은 일정시간에 이르기까지에는 손님들이 서로 모여서 교제할 수 있도록 배려하는데 있고, 이것은 다과와 같은 한입에 먹을 수 있는 크기의 간단한 음식을 제공하는 것이 통례이다. 이 때 제공되는 음식들은 구미를 돋우는 것이 되어야 한다. 여기에 따르는 음료들은 위스키와 소다, 진과 토닉, 그리고 과일주스, 소프트드링크 등이다.

(5) 가족모임(Family Party)

최근 들어, 호텔에서의 가족모임 행사가 크게 늘어나고 있으며, 이는 신장률이 높고 잠재력이 있는 행사상품이기 때문에 각 호텔에서 유치에 전력을 기울이고 있다. 가족모임의 대표적인 종류는 약혼식, 결혼식, 생일잔치, 회갑연, 칠순연 등이 있다.

(6) 출장연회(Outside Catering)

한정된 연회를 탈피하여 고객이 원하는 장소 및 시간에 따라 행하여지는 행사이며, 보통 요리, 음료, 식기, 테이블, 비품 등을 준비하여 고객이 지정한 장소에 운반하여 연회행사를 실시하는 것이다. 많이 행하여지는 출장연회의 종류는 사옥이전 준공식, 개관파티, 가족모임, 결혼피로연 등이다.

(7) 기타(Others)

정원이나 야외에서 칵테일파티나 뷔페파티 등을 개최하는 가든파티와 커피, 차, 음료와 다과를 곁들이는 티 파티 등이 있다.

## 2) 국제회의

(1) 국제회의 종류

① Seminar : 일반적으로, 교육을 목적으로 개최되는 회의이다. 주로 강사와 참가자와의 토론이나 강의로 진행되며, 인원수는 대개 40명 전후이다.

② Workshop : 새로운 지식이나 기술을 습득시키기 위한 모임으로 인원수가 30명 내외로 제한되는 회의이다.

③ Clinic : 하나의 특정한 주제를 선정해 놓고 그 문제를 해결해 내는 훈련을 쌓는 소규모 회의 형식이다.

④ Conference : 일반적으로 구성된 조직 등과 같이 보편적 테마를 풀기 위한 회의 형식이다.

⑤ Forum : 토론 내용이 자유롭고 문제에 관하여 진지한 평가나 의견교환을 하는 공개토론 형식이다.

⑥ Symposium : 특정 주제를 놓고 연구 토론하기 위한 전문가들의 모임이다.

⑦ Panel : 미리 정해진 2명 이상의 연설자가 자기의 요점을 발표한 다음 해당사항을 전문가들이 다시 토론하는 회의형식이다.

⑧ Lecture : 전문가들의 강의 형식으로, 때로는 질문하고 응답하는 형식이 포함한다.

⑨ Institute : 학교 형식의 가르치는 방식으로 강좌하는 강습회 형식이다.
⑩ Exhibition : 무역, 산업, 교육분야 또는 상품 및 서비스 판매업자들의 대규모 전시회로서 회의를 수반하는 경우도 있다.
⑪ Convention : 한 개의 전문 직종에 한하여 정보를 전달하는 대규모 형식이다.
⑫ Congress : 보통 국제적으로 열리는 회의의 지칭이며, 실무회의로서 대규모적이다.
⑬ Teleconferencing : 회의참석자가 회의장소로 이동하지 않고 국가 간 또는 대륙 간 통신시설을 이용하여 회의를 개최한다.

(2) 통 역

① 동시 통역 : 스피커의 내용을 받아 즉시 통역에 옮겨 발송하는 통역 방식이다.
② 순차 통역 : 스피커의 내용을 듣고 순간순간 통역에 옮기는 방식이다.
③ 동 순차 통역 : 정상회담 등에서 볼 수 있는 방식으로 통역 설비 없이 옆에서 즉시 통역해 주는 방식으로 고도의 훈련과 어학실력이 요구되는 방식이다.

## 제2절 연회장 배열방법

연회행사에 있어서 의자 및 테이블의 배열은 장소와 분위기에 알맞게 해야 하며, 특히 연회장의 공간을 최대한 활용하여야 한다. 연회의 성격에 따라서 의자와 테이블의 배치가 달라지므로 어떻게 하는 것이 가장 적합하며 효율적인가를 서비스 담당자는 판단을 하여야 한다.

### 1. 의자배열

#### 1) 극장식 배치(Theater Style)

위치가 극장식으로 배열될 경우 의자와 의자 사이를 공간이라 부르며, 의자의 앞줄과 뒷줄 사이를 간격이라 한다. 연설자의 테이블 위치가 정해지면 의자의 첫째 번 줄은 앞에서 2m 정도의 간격을 유지하고, 400명 이상의 홀 좌석배치는 통로 복도가 1.5m 넓이의 간격을 유지하도록 하며, 소연회일 경우는 복도 나비가 1.5m가 되도록 한다. 의자의 배치를 똑바로 하기 위해서는 긴 줄을 이용하여 가로, 세로를 잘 맞춘다.

Speech Table

〈극장식 배치〉

### 2) 강당식 반월형 배치(Auditorium, Semicircular, Center Aisle)

무대의 테이블은 일반 배열과 동일하나 의자를 배열하는데 있어서는 무대에서 최소 3.5m 간격으로 배열하고, 중앙 복도는 1.9m 간격을 유지하여 놓고 의자를 양쪽에 한 개씩 놓아서 간격을 조절하여야 한다. 이러한 의자배열은 큰 공간을 차지하기에 많은 인원을 수용하는데 어려움이 있다.

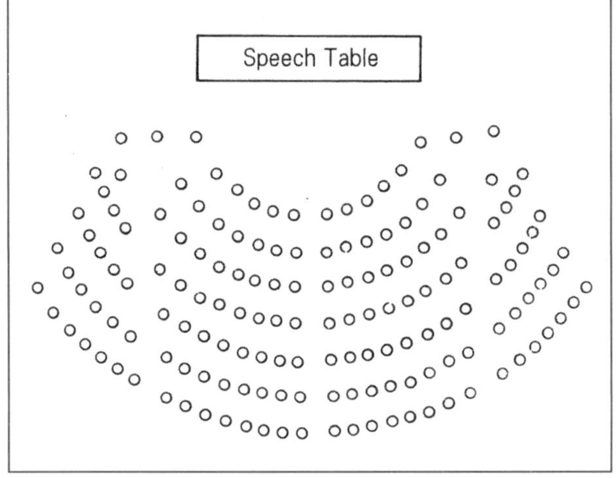


〈강당식 반월형 배치〉

### 3) 강당식 굴절형 배치(Auditorium, Semicircular with Center Block And Curved Wings)

강당식 반월형 배치와 같으나 옆면을 굴절시킨다. 맨 앞 가운데 테이블은 나란히 배열하여 홀 내의 의자 8~9개로 배열하며, 양측 복도는 1.2m 간격을 유지토록 한다.

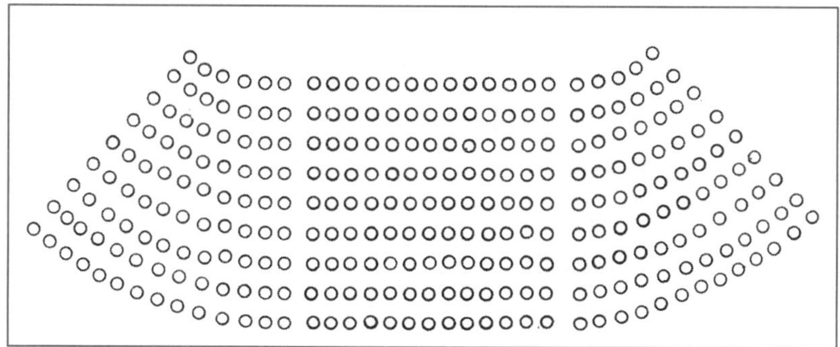

〈강당식 굴절형 배치〉

### 4) 강당식 V형 배치(Auditorium V Shape)

첫째 번 3개의 의자는 무대 테이블 가장 자리에서 3.5m 간격을 유지하여 의자를 일직선으로 배열하고 앞 의자는 30° 각도로 배열하여야 한다. V자형의 강당식 회의진행은 극히 드문 편이나 주최 측의 요청에 따라 배열한다.

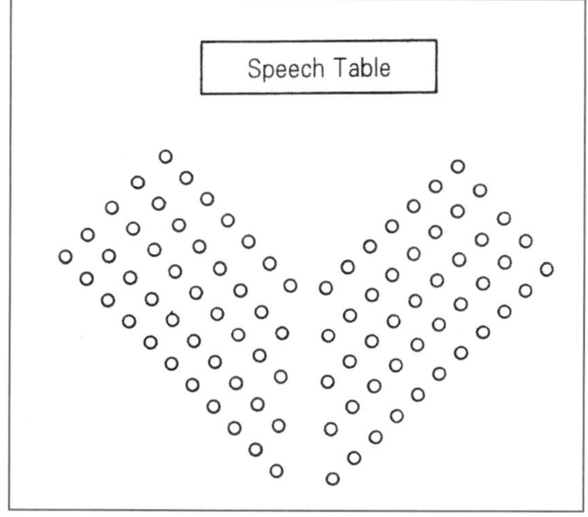


〈강당식 V형 배치〉

## 2. 테이블 배열

### 1) 원형 테이블(Round Table Shape)

많은 인원을 수용하여 식사와 함께 제공하는 디너쇼나 패션쇼 등의 테이블을 배치할 때 많이 쓰이며, 테이블과 테이블 간격은 3.3m 정도, 의자와 의자 사이의 간격은 90㎝ 정도로 하고, 양쪽 통로는 60㎝ 공간을 유지하도록 한다. 테이블은 무대를 중심으로 중앙부분을 고정한 뒤 앞줄부터 맞추면서 배열하면 되나 뒷줄은 앞줄이 중앙부분이 보이도록 지그재그식으로 맞춘다. 원형 테이블은 2~14인용까지 있다.

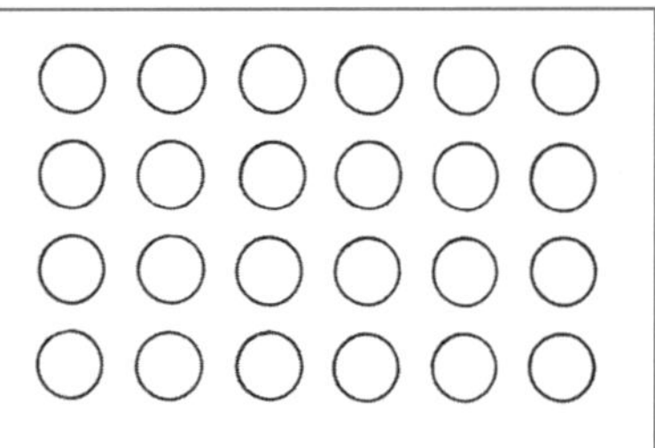

〈원형 테이블〉

### 2) U형 배열(U-Shape)

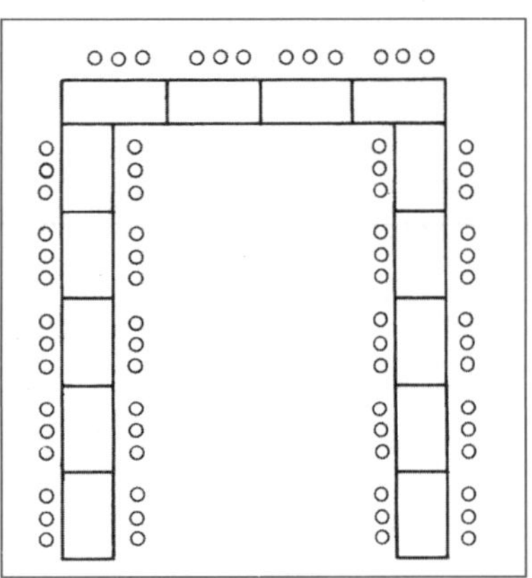

U형에서는 일반적으로 60″ × 30″의 직사각형 테이블을 사용하는데, 테이블 전체 길이는 연회행사 인원수에 따라 다르며, 일반적으로 의자와 의자 사이에는 50~60㎝의 공간을 유지하며, 식사의 성격에 따라 넓은 공간을 필요로 할 경우도 있다. 테이블클로스는 양쪽이 균형 있게 내려와야 하며, 헤드테이블 앞쪽에는 드랩스(drape' s)를 쳐서 다리가 보이지 않게 하여야 한다.

### 3) E형 배열(E-Shape)

U형과 똑같은 배열방법을 취하나, E형은 많은 인원이 식사를 할 때 이용되며, 테이블 안쪽의 의자와 뒷면 의자의 사이는 다니기에 편리하도록 120㎝ 정도로 간격을 유지하여야 한다.

### 4) T형 배열(T-Shape)

이 형은 많은 손님이 Head Table에 앉을 때 유용하다. Head Table을 중심으로 T형으로 길게 배열할 수 있으며, 상황에 따라서 테이블의 나비를 2배로 늘릴 수 있다.

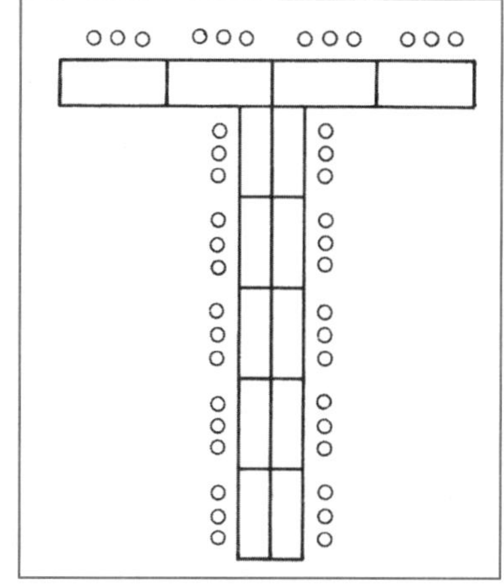

### 5) I형 배열(Oblong-Shape)

예상되는 참석자 수에 따라 테이블을 배열하며, 60″ × 30″, 72″ × 30″ 테이블을 2개 붙여서 배치하는데, 의자와 의자의 간격은 60㎝의 공간을 유지하도록 한다. 특히 고객의 다리가 테이블 다리에 걸리지 않게 유의한다.

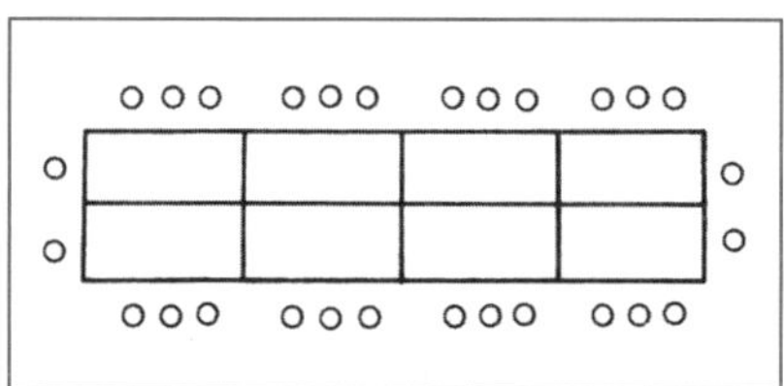

### 6) 타원형 배열(Oval Shape)

I형 테이블 모형과 비슷하게 배열하나, Oval형은 양쪽에 Half Round를 붙여 사용한다.

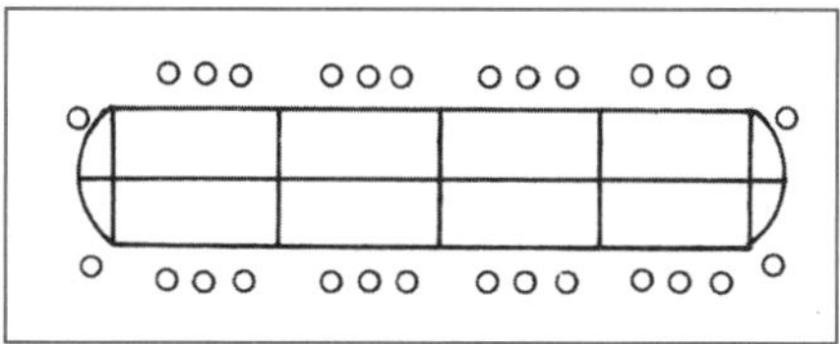

### 7) 공백 사각형 배열(Hollow Square)

U형 테이블 모형과 비슷하게 배열하나 테이블 사각이 밀폐되기 때문에 좌석은 외부 쪽에만 배열하여야 한다.

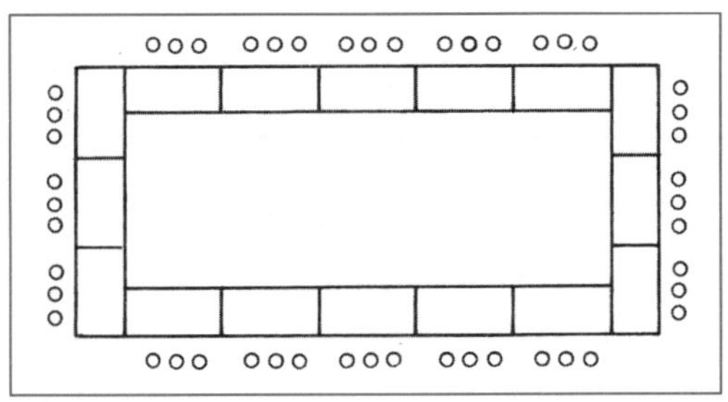

## 8) 말굽 좌석형 배열(Horse Shoe)

U형과 같이 배치하여 양쪽 귀퉁이 테이블 끝 부분에 반월형 테이블을 배열한다. 좌석은 외부 쪽에서만 배열하며 안쪽으로 드랩스를 쳐주어야 한다. 굴절되는 부분을 처리하는데 약간의 어려움이 있으므로 테이블클로스를 잘 조정하여야 한다.

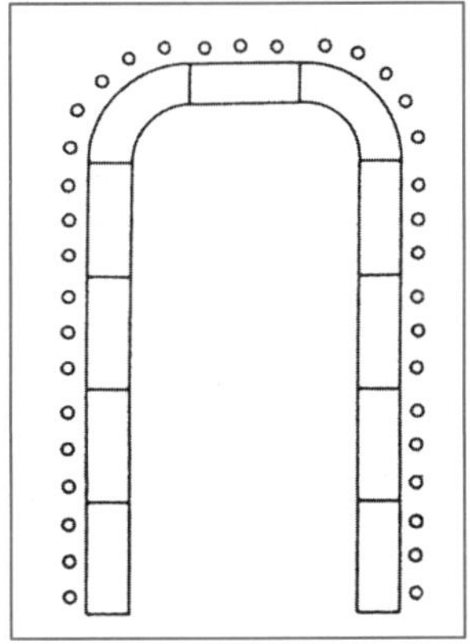

## 9) 공백식 타원형 배열(Hollow Circular)

이 테이블은 Horse Shoe형과 같게 배치하며, 끝부분만 2개의 부채형 테이블로 덧붙여 양쪽을 밀폐시킨다.

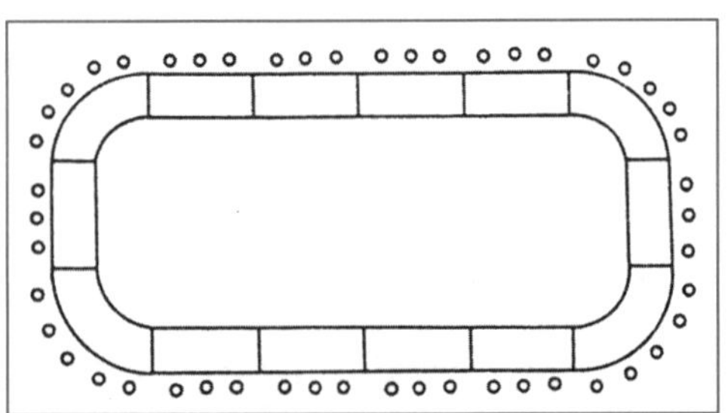

## 3. 기타 회의형 배열

### 1) 학교 교실형 배열(School Style)

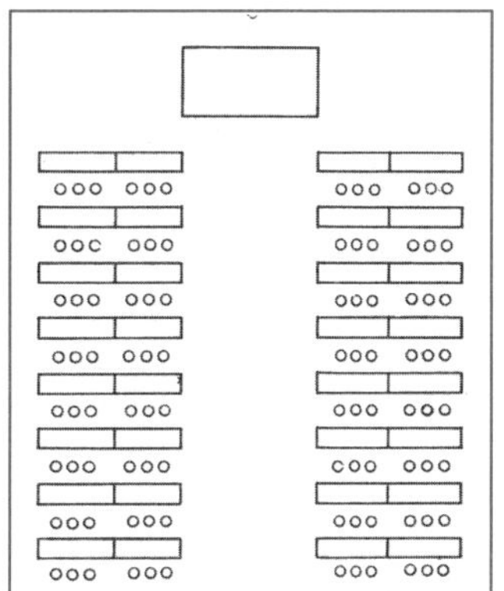

테이블 형에 따라서 다소 다르나 일반적으로 18″× 72″ 테이블을 2개씩 붙여서 배치하며, 무대와 앞 테이블의 간격은 1m 정도 떨어지게 설치하고 중앙복도의 간격은 1.5m, 또 테이블과 테이블의 간격은 150㎝, 의자와 의자 사이의 간격은 40㎝ 정도로 두며, 보통 1개의 테이블에 3개의 의자를 배치하도록 한다.

### 2) 학교 교실 개조 V형 배열(School Style Inverted or V-Shape)

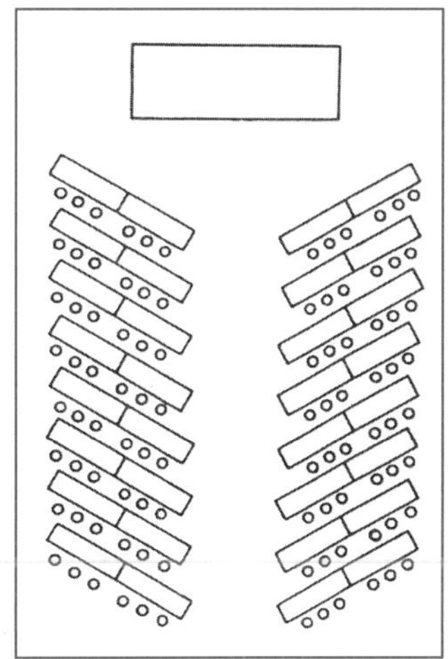

이 형의 테이블 배치는 School Style 배열방식과 비슷한 형식이지만, 무대에도 30도 경사지게 배열한다.

### 3) 학교 교실 수직형 배치(School Style Perpendicular)

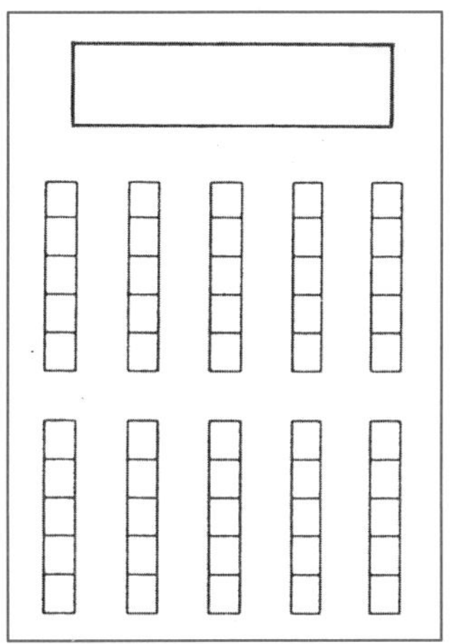

연회장의 크기에 따라서 많은 사람이 한꺼번에 회의 및 식사를 할 수 있게 배열하는 방법이다. 무대를 향하여 테이블을 수직으로 길게 배열하여야 하며, 테이블을 설치할 때 무대에서 2m 간격으로 떨어지게 배치하도록 한다. 중간 통로의 넓이는 130㎝, 의자와 의자의 간격은 40㎝ 정도로 하며, 또 테이블과 무대를 중심으로 간격이 잘 맞도록 하여야 하며 중앙 테이블을 중심으로 배열해 나가는 방법이다.

### 4) Buffet 및 Cocktail Reception Table 배열

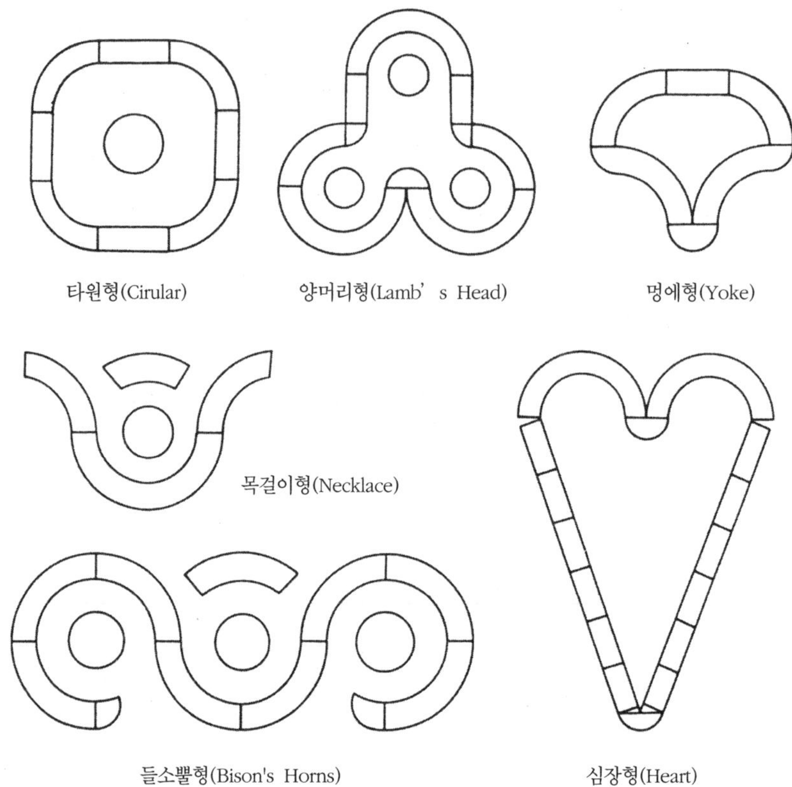


위와 같은 형이 있으나 무엇보다도 연회장에 가장 잘 맞는 이상적인 형태를 사용하는 것이 제일 좋은 방법이다.

## 참고문헌

1) 최동열, 연회실무, 백산출판사, 2000.
2) 강인호 · 김찬영, 호텔외식사업 식음료경영과 실무, 기문사, 2002.
3) 김용순 · 이관표 · 정현영, 호텔레스토랑 식음료경영, 백산출판사, 2002.
4) 롯데호텔, 식음료서비스 매뉴얼, 1988, 2003.
5) 박인규 · 장상태, 호텔식음료 실무경영론, 기문사, 2000.
6) 신형섭, 호텔식음료서비스실무론, 기문사, 1999.
7) 임주환 · 남영택, 음료해설, 백산출판사, 1997.
8) 이정학, 호텔식음료실무론, 기문사, 1998.
9) 유철형, 호텔식음료경영과 실무, 백산출판사, 1998.
10) Strianese, A. J., & Strianese, P. P., Dining Room and Banquet Management, Butterworth-Heimann, 1992.
11) O' Fallon, M. J. & Rutherford, D. G., Hotel Management & Operations, John Wiley & Sons, Inc., 2007.

Chapter

14

# 호텔 인적자원관리

Chapter

# 14 호텔 인적자원관리

## 제1절 호텔 인적자원관리의 이해

### 1. 인적자원관리의 중요성

호텔경영을 뒷받침하는 요소로는 사람, 자질, 자금, 정보 4가지 요소가 있다. 최근 호텔의 경영환경의 주된 초점은 경영관리의 효율적 개선이라는 점에서 물자와 자금, 그리고 정보에 대한 관리시스템의 합리화가 실시되어 생산성 향상에 직결되고 있음을 볼 수 있다.[1)]

어느 호텔이든 호텔의 최대 목적은 이윤의 극대화이다. 이윤의 극대화는 종사원의 능력을 최대한 활용함으로써 생산성을 향상시킬 수 있기 때문에 호텔경영 활동 중에서 가장 중요한 요소가 '사람의 관리' 라고 하여도 과언은 아닐 것이다. 인적자원관리란 인간을 대상으로 한 관리, 즉 인간을 관리한다는 것은 인간의 개성 존중과 능력 개발 그리고 종사원의 인간적 만족이라는 점에서 다른 관리제도와 다른 특징이 존재한다는 점이다.

인적자원관리에서 관리의 대상이 누구인가? 즉 인사관리라고 하면 보통 사무직 계층을, 노무관리라 하면 생산직 계층을 대상으로 그 의미를 한정하는 경우도 있으나 현재는 인적자원관리로 양자 모두가 종합되어 일원화된 개념으로 인식하고 있다. 인적자원관리는 종사원의 채용으로부터 시작하여 퇴직까지 각 종사원의 노동력을 지속적·능률적으로 이용하기 위해 이루어지는 경영관리의 한 분야이다. 즉 직무분석, 직무평가, 임금관리, 채용관리, 교육훈련, 안전위생 및 복리후생 등 각 종사원의 노동력의 효율적으로 이용하게 하는 일련의 과정을 의미한다.[2)]

역사적으로 볼 때 인적자원관리의 2가지 본질적인 학설은 종사원의 노동력을 효율적으로 이용하는데 중점을 둔 노동력 유효 이용설과 종사원의 협력 관계에 중점을 둔 협력관계 형성설이며, 최근 이 두 학설을 포함한 종합적인 견해도 등장하고 있다.[3)]

노동력 유효 이용설은 인적자원관리 속에 노동관계도 포함하여 논할 수 있으며, 인적자원관리의 본질은 노동력의 유효이용의 과학과 기술이라고 주장하면서 인적자원관리를 인력관리로 보았다. 또한 노동력의 유효 이용설은 노동자의 일에 대한 관심이라는 심리적 요인을 인정하고 있으며, 이것은 특수한 생산자인 노동력의 특성이라고 볼 수 있다.

협력관계 형성설은 미국에서 1940년대 Mayo에 의한 인간관계 연구의 영향과 생산방식의 자동화, 집단에서 개인적 노동력의 이용보다도 오히려 협력관계 형성을 중요하게 생각하여 인적자원관리도 협력관계 형성설에 맞추어 수행하게 되었다.

노동력 유효 이용설과 협력 관계 형성설은 견해를 매우 달리하는 것 같이 보이지만 양자 모두 자본주의적 기업을 전제로 한 경영활동의 효율화를 목적으로 하고 있다는 점에서 동일하다. 다만 노동력 유효 이용설은 주로 생산방법을 집단화·자동화 등에 따라 팀워크의 필요성을 제시하였고, 협력관계 형성설은 노동관계의 안전적 확보에 의한 노동활동의 원활화를 강조하였다.

인재(人在) : 지금 그냥 존재만 하고 있는 사람
인재(人材) : 재능이 많아 장래성 있는 사람
인재(人財) : 업적도 우수하고 팀워크를 이루는 사람
인재(人災) : 존재하는 것 자체가 죄가 되는 사람
인제(人濟) : 재능은 없지만 꾸준히 열심히 하는 사람

적절한 인재구성, 팀워크를 갖춘 변화선도 조직구성

[그림 14-1] 인적자원의 의미

일반적으로 인적자원관리는 조직체의 인적자원을 관리하는 경영의 한 과정이다. 즉 이것은 경영의 각 분야에서 자원 그 자체가 어떠한 성과를 달성하는 것이 아니고 이들 분야에서 일하는 조직구성원, 즉 인적자원에 의해서 지향하는 성과와 목적이 달성되는 것이다. 그리므로 인적자원은 모든 경영 분야의 공통적인 필수 기능이고 결국 경영 그 자체가 인적자원을 관리하는 것이다. 또한 인적자원관리는 모든 조직구성원을 대상으로 경영 각 분야에서 성과 달성에 발휘되는 필수기능이므로 조직체의 최고 경영층에서 하부의 일선 관리자에 이르기까지 경영 각층에서 일하는 모든 실무 관리자들의 기본적인 일반 관리기능이다. 즉 경영의 중요한 과정이기 때문에 조직체의 목표를 달성하고 이를 위한 필요한 성과를 창출하는 것을 가장 중요한 목적으로 삼고 있다.

이러한 인적자원관리가 조직체의 목적 달성에 기여하고 있는 능률과 생산성, 고객, 자본금, 자산의 보전과 비용 통제 등 경영 각 기능 분야에서 강조되고 있음은 물론 나아가 이들 목표를 달성하기 위하여 종사원의 적절한 자질과 능력 그리고 협조를 필요로 한다는 것을 전제로 하고 있다. 그러므로 인적자원관리는 생산성과 만족감 그리고 능력 개발 등 3대 효과를 동시에 추구하는 성과 지향적이고 인간중심적인 경영관리기능이라고 할 수 있다. 또한 인적자원은 다른 물질적인 시설이나 환경보다는 다른 고유한 특성으로 인하여 인적자원관리의 중요성이 한층 더 높아지고 있다.

호텔경영 또한 본질적으로 인적자원에 의존한다. 모든 기업경영에 있어서 인적자원이 중요하긴 하지만, 호텔경영의 특성상 인적자원의 중요성은 더욱 강조된다. 인적자원이 호텔의 경영성과, 즉 목적 달성에 중요한 영향을 미치기 때문이다. 예를 들어, 제조기업에서 직무수행 능력이나 의지가 부족한 종사원이 생산한 불량품은 검사 과정에서 발견되므로 생산비용만큼의 실패비용이 발생한다. 그러나 호텔의 경우 직무수행 능력이나 의지가 부족한 종사원은 생산비용만큼의 실패비용을 유발하는 것은 물론이고 고객과의 직접적인 접촉에서 고객의 불평, 불만을 야기해 호텔의 경영성과에 부정적인 영향을 미친다. 따라서 호텔 인적자원관리의 효율성에 따라 호텔의 경영성과가 달라지게 된다.

호텔의 인적자원으로부터 성과는 종사원의 직무에 대한 욕구와 동기, 고객에 대한 태도나 행동 그리고 직무활동에 대한 만족감과 안정감에 따라 결정되고, 종사원의 동기행동과 만족감은 경영관리에 대한 반응으로 나타나게 된다. 따라서 효율적인 인적자원관리는 호텔조직의 유효성과 경영성과의 긍정적 기능에 매우 중요한 기능을 수행하게 된다.[4)]

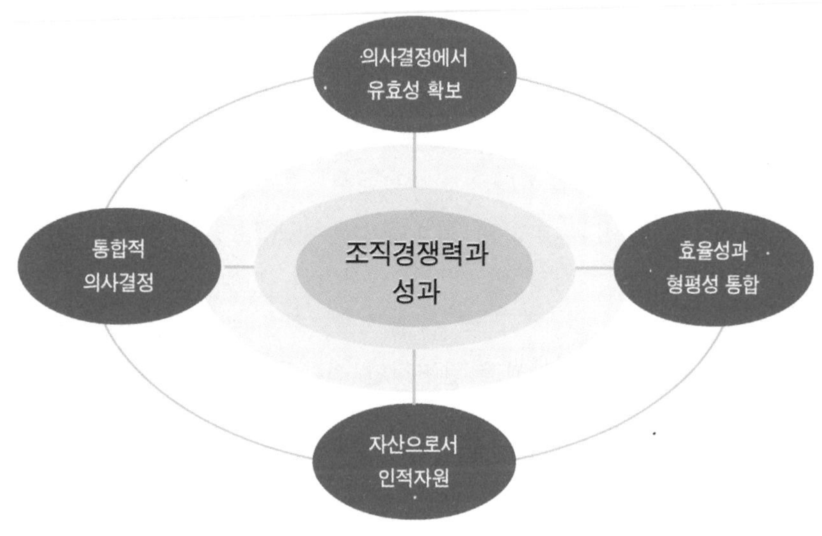


[그림 14-2] 인적자원관리의 중요성[5)]

## 2. 인적자원관리의 개념과 구성요소

### 1) 인적자원관리의 개념

인적자원관리는 호텔에 있어서 매우 중요한 경쟁력이며 이러한 인적자원관리를 통해 경영성과를 파악, 검증하고자 하는 많은 연구들이 있다.[6] 또한 이러한 연구들은 일반적으로 기업의 인적자원관리가 기업의 경영성과에 긍정적인 영향을 주는 것으로 많은 선행연구를 통해 검증되고 있다.[7] Pfeffer(1998)의 연구[8]에 따르면 기업경쟁력의 원천으로 인적자원관리가 중요하게 다루어지는 것은 인적자원관리가 갖는 다양성으로 인하여 경쟁기업에서 쉽게 모방할 수 없기 때문이다.

인적자원관리에서 연구되고 있는 인적자원관리에 대한 정의 중에 Wright · McMahan (1992)의 정의[9]에 의하면 "조직이 목적을 달성할 수 있도록 하기 위한 계획된 인적자원 전개 및 활동들의 유형" 으로 정의하였다. 이 정의는 전략적 인적자원관리를 전통적 인사관리와 구별시켜 주는 두 가지 중요한 요소를 담고 있다. 그 하나는 수평적 통합 혹은 내적 적합성인데, 이는 인적자원관리를 계획된 활동의 유형으로 파악한다는 점에서 그렇고 다른 하나는 수직적 통합 혹은 외적 적합성인데, 이는 조직의 전략적 목표와 연계되어 있다는 점에서 그렇다.[10]

MacDuffie(1995)[11]는 이런 인적자원관리 요소는 상호 유기적 형태를 취하고 있으며, 내부적 일관성을 갖는 하위 개념으로 이루어진 시스템이 된다고 설명하고 있다. 즉 인적자원관리에서는 활용되고 있는 하위기능, 관행들은 조직의 비전, 인적자원관리의 성과를 추구하는데 있어 개념과 개념 사이의 관계를 연결시켜주며, 상호보완적 관계를 구축할 수 있는 일정의 시스템이 되어야 한다.

인적자원관리에 있어서 내적 적합성이란 여러 인적자원관리 기능들 간에 조정되고 통합되어진 정도를 의미한다.[12] 그리고 외적 적합성이란 인적자원관리 기능들이 조직의 목표나 기업의 경쟁우위전략에 긴밀하게 연관되어 있는 정도를 말한다.[13]

배종석(1999)[14]은 인적자원관리를 정체되어 있지 않고 지속적으로 변화하는 과정으로 보았다. 그러한 변화를 원시적 인사관리, 인사관리, 인적자원관리, 전략적 인적자원관리 등 4단계로 구분하다.

김준성(2003)[15]은 인적자원관리를 단편적인 전략적 필요가 아니라 보다 통합적이고 포괄적인 관점에서 인적자원관리 전략과 기타 다른 전략 및 조직구성원들 사이에서 의견의 일치를 이끌어 내기 위한 전체적인 과정과 활동으로 정의하였다.

위에서 제시한 정의를 종합하면 인적자원관리는 내부적, 외부적 현상을 통합적으로 고려하여 일반화하는 것이 효율적인가의 여부가 관건이라고 할 수 있다. 인적자원관리에

대한 정의는 학자들에 따라서 각기 다른 정의를 내리고 있는 상황이다. 이러한 상황에서 인적자원관리는 공통적으로 모집과 충원, 훈련 및 개발, 평가, 보상 그리고 노사관계와 같은 몇 개의 하위시스템들로 구성되어 있다는 점에 동의하고 있다.[16)]

인적자원관리는 기업목적을 달성하기 위한 경영활동의 유지 발전을 꾀하기 위하여 종사원의 노동능력과 태도 등을 가장 적합한 상태로 유지하려는 일련의 종합적 시책이라고 할 수 있으며[17)], 일반적으로 생산목적을 달성하기 위하여 개인이나 집단의 조직구성원이 적정한 활동을 할 수 있도록 하는 시책이라고 정의할 수 있다.[18)] 보다 구체적으로 정의하면, 일반적으로 인적자원관리란 "기업목적을 달성하기 위한 원동력이 되는 인적자원을 기업의 장기 전망에 맞추어 확보하고 개인의 개성과 복지를 존중함과 동시에 개인 능력의 육성개발을 도모하며, 또한 조직구성원으로서 원만한 인간관계를 유지할 수 있는 환경을 조성하여 그러한 노동환경 속에서 기업에 대하여 최대한 공헌을 할 수 있는 장소를 제공하거나 창조함으로써 노동의 결과에서 개인 또는 집단으로서의 최대 만족을 얻도록 하기 위한 시스템" 인 것이다.

따라서 호텔 인적자원관리의 개념은 인적자원에 관련된 전반적인 내용을 기본으로 하여, 궁극적으로 조직의 성과를 극대화할 수 있는 인적자원의 확보 및 유지를 통하여 조직성과를 달성하기 위한 계획된 과정과 활동으로 본다.

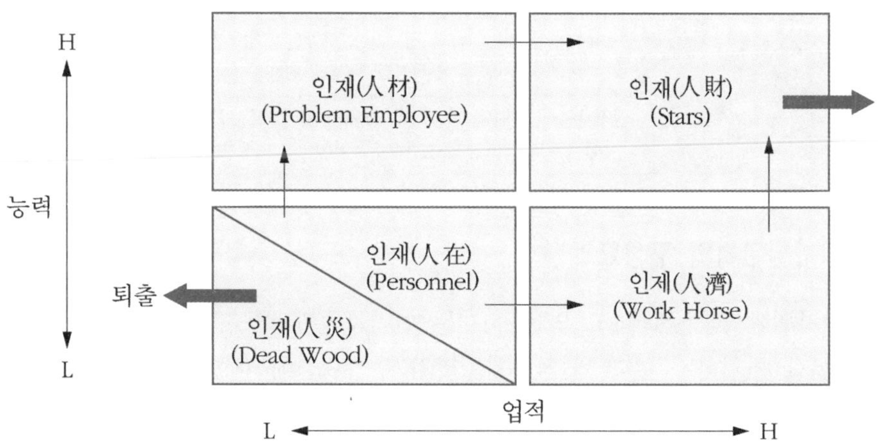


주요 학자들의 인적자원관리 정의를 살펴보면 〈표 14-1〉과 같다.

〈표 14-1〉 인적자원관리의 정의[19]

| 학자 | 정의 |
|---|---|
| Beer, Spector, Lawrence, Quinn, Mills·Walton (1984) | 구성원들과 관련된 직·간접적인 행위들을 고무시키기 위한 조직 환경 모든 측면에서의 개발 |
| Craft (1988) | 기업의 전략계획에 따라 우선적으로 사용, 제휴 가능한 또는 잠재적으로 사용 가능한 구성원들에 관한 정책과 프로그램 |
| Dyer (1983) | 인적자원 전략의 목표와 수단에 근거한 인적자원의 획득, 배분, 활용 그리고 개발과 관련된 주요한 의사결정의 형태 |
| Miller (1987) | 경쟁력의 창출과 유지와 직결되는 전략 수행에 필요한 종사원 관리와 관련된 의사결정과 행위들 |
| Schuler·Walker (1990) | 종사원과 관련된 기업 문제를 해결하기 위한 인적자원과 라인 관리자의 공유된 행위와 그 과정 |
| Schuler(1992) | 전략과 전략적 요구가 인적자원관리와 통합된 과정과 행위들 |
| Wright·McMahan (1992) | 조직이 목적을 달성할 수 있도록 하기 위한 계획된 인적자원 전개 및 활동들의 유형으로 정의하면서 조직의 목적을 달성하기 위한 의도된 인적자원의 배치와 행위의 패턴으로 설명 |
| MacDuffie (1995) | 인적자원관리 관행의 집합체는 상호 연관되고 내적 일관성을 지닌 하위 기능 또는 관행들로 구성되어 이 집합체는 하나의 시스템이 됨 |
| 배종석 (1999) | 인적자원관리는 기능적·전략적 인적자원관리, 협의의 인적자원관리, 창의적 인적자원관리로 구분됨 |
| 김준성 (2003) | 기업이 사업상의 전략적 필요와 인적자원의 활동을 완전히 통합하고 이러한 인적자원관리 전략과 다른 전략 및 구성원들 사이의 조화를 이루어 내기 위한 모든 과정과 활동 |
| 본 저서 | 인적자원에 관련된 전반적인 내용을 기본으로 하여, 궁극적으로 조직의 성과를 극대화할 수 있는 인적자원의 확보 및 유지를 통한 조직성과를 달성하기 계획된 과정과 활동 |

## 2) 인적자원관리의 구성요소

인적자원관리를 구성하고 있는 문제는 인적자원관리와 관련된 연구 문제 중에서 중요한 부분을 차지하고 있다. 인적자원관리의 구성요소에 관한 최근의 개념적 연구를 통해 학자들마다 다양한 방법으로 인적자원관리의 구성요소를 규정, 제시하고 있다. 이후의 많은 학자들의 연구에서도 일정부분 중복되는 인적자원관리의 구성요소를 발견할 수 있으나 구성요소에 관한 연구 간의 공통적인 합의를 도출해 내기는 어려운 것으로 판단된다. 따라서 인적자원관리의 대표적인 구성요소는 〈표 14-2〉와 같다.

따라서 본 저서에서는 학생들의 이해를 돕기 위하여 호텔 인적자원관리의 구성요소를 편의상 3가지 측면으로 구분하였다. 첫째, 호텔 인적자원확보 관리 측면에서 ① 계획, ② 채용, ③ 면접, ④ 고용배치, ⑤ 교육훈련, ⑥ 직무평가로 보았으며, 둘째, 호텔 인적자원성과평가 관리, 셋째, 호텔 인적자원유지 관리 측면에서 ① 임금, ② 복리후생, ③ 이직으로 구성하였다.

〈표 14-2〉 인적자원관리의 구성요소[20]

| 구성요소 | | Arhur (1994) | Bae& Lawler (2000) | Delaney& Huselid (1996) | Delery& Doty (1996) | Huselid (1995) | MacDuff (1995) | Yo undt et al (1996) |
|---|---|---|---|---|---|---|---|---|
| 인적자원 유동 | 모집/선발 | | √ | √ | √ | √ | √ | √ |
| | 내부 승진/내부 노동시장 | | | √ | √ | √ | | |
| | 고용 보장 | | √ | | √ | | | |
| | 훈련/개발 | √ | √ | √ | √ | √ | √ | √ |
| | 특정 직종 종사원 비율 | √ | | | | | | |
| 작업 시스템 | 직무 특성 | | √ | | √ | √ | | |
| | 팀제/ 직무 순환 | | | | | | √ | |
| | 임금 수준 | √ | | | | | | |
| 보상제도 | 성과급제/ 능력급제 | √ | √ | | √ | √ | √ | √ |
| | 인센티브/ 보너스 | √ | | √ | √ | √ | | √ |
| | 재무적 참여 | √ | | | √ | √ | | |
| | 평가 | | | | √ | √ | | √ |
| 종사원 영향력 | 정보 공유 | | | | | √ | | |
| | 종사원 참여 | √ | √ | | √ | √ | √ | |
| | 분권화 | √ | √ | √ | | | √ | |
| | 권능 확대 | | √ | | | | | |
| | 지위 격차 해소 | | √ | √ | | | √ | |
| | 공식적 고충처리 | √ | | √ | | √ | | |

## 3. 인적자원관리의 기본 구조와 영역

인적자원관리론을 연구함에 있어 발달과정을 중심으로 하는 체계는 직능적 체계, 관리과정적 체계, 체계론적 체계 등으로 분류되며, 이러한 인적자원관리의 발달과정과 관련시켜 분류하고 있는 연구체계는 3가지 유형을 전체적으로 통합한 상태에서 발전하고 있다는 전제조건에 유의해야 한다.[21)]

### 1) 직능적 체계

직능적 체계에서는 인적자원관리 측면에서 조직에 필요한 인적 요소를 고용 · 배치 및 활용하며, 평가 · 보상 · 개발 · 유지하는 다양한 활동을 구성요소로 간주하고 있는 상태를 말한다. 이러한 체계에서 우선 고려해야 할 직능으로는 고용관리기능이며, 이 기능은 모집과 채용의 활동을 포괄하는 인적자원의 조달기능이 강조된다. 그 다음 활동으로는 인사평가와 개발 · 훈련 및 승진 · 이동의 활동이며, 종사원의 성과나 공헌에 알맞은 보상활동이 이루어져야만 지속적인 동기부여가 이루어지게 된다. 이러한 보상은 복합적인 의미를 지니므로 이를 조화 있게 충족시킬 수 있도록 합리적인 것이어야 한다. 마지막 직능적 활동은 유지관리로 그 중심점은 노사관계관리가 된다.

### 2) 관리과정의 체계

이 체계는 관리과정에 따른 인적자원관리의 체계로서 계획과 조직 및 통제 등의 활동으로 이루어진다. 따라서 인적자원관리의 전반적인 활동을 계획-조직-통제 등으로 구성되는 통합 · 조정적 관리과정은 인적자원관리의 기본적인 체계로 보는 것보다 일반 관리론의 체계를 인적자원관리에 원용 및 활용하고 있는 체계로 이해하는 것이 옳을 것이다.

### 3) 체계론적 체계

이 체계는 직능적 체계와 관리과정의 체계를 인적자원관리 업무가 수행되는 기업의 환경조건과 연관시켜서 효율적이고 합리적으로 적용 및 활용하려고 시도하는 기본적인 사고에서 연유되었다고 볼 수 있다. 원래 여기에서 체계 자체는 전체 인적자원관리의 사고방식을 뜻하며, 기업의 직능적 활동체계와 관리과정적 활동체계를 결합하고 있음을 의미한다. 즉 모든 기업조직은 고용 · 개발 · 보상 · 유지와 같은 직능적 활동체계를 지니고 있으며, 또한 이를 목적 달성을 위해 보다 효율적으로 수행되도록 계획하고 조직하며 통제하는 관리과정으로 이루어지는 것이다.

### 4) 기본영역

#### (1) 채용관리

호텔이 경영활동을 수행하기 위해서는 아무리 기술혁신이 진전되었더라도 종사원의 고용은 필수적인 것이며, 고용관리는 종사원의 모집, 선발, 배치, 승진, 이동, 이직, 취업 규칙, 직무규율 등을 다루는 것을 주된 내용으로 한다.

#### (2) 교육훈련·능력개발 관리

종사원에게 기능을 습득시키고 작업능력을 발휘시키기 위해서는 교육훈련의 실시가 불가결하다. 즉 신입사원교육, 기능교육, 감독자·관리자 교육훈련 및 능력개발, 경영자 능력개발 등의 제반 교육훈련·능력개발을 계층별, 직능별로 행할 필요가 있으며, 최근에는 그러한 제 프로그램의 체계화를 통해 이루어지고 있다.

#### (3) 근무조건 관리

종사원에게 현실적으로 작업능률을 발휘시키기 위해서는 직장환경을 개선하여 피로의 감소를 도모하는 것이 중요한 요소이며, 노동안전, 보건위생 등에 관한 대책 내지 노동시간에 대한 과학적인 검토 과정이 요구된다.

#### (4) 임금관리

임금은 노동력의 재생산 여부를 결정하게 하고, 임금체계나 임금지불제도 등은 능률향상과 밀접한 관련성을 가지는 중요한 요소이다. 임금관리는 임금액, 임금형태, 임금체계, 상여, 퇴직금 등이 주된 내용을 이루게 된다.

#### (5) 복지후생 관리

복지후생 관리는 호텔의 사기형성 기능을 중요시하며, 사택, 종사원 금융, 물품판매 등의 가계보조적 시책, 레크리에이션에 대한 보조 등과 같은 종사원 복지, 각종 보험 등은 사기형성에 큰 역할을 수행하게 된다.

#### (6) 인간관계 관리

종사원의 소외감을 해결하여 사기의 향상·유지를 도모하고, 제 시책의 원활한 운영을 가능하게 하기 위해서 행하여지는 관리활동을 말한다. 예를 들어, 각종 커뮤니케이션을 위한 시책이라든가 제안제도, 인사상담제도, 의사결정 참여 등이 주된 내용을 이루게 된다.[22)]

### (7) 노사관계 관리

노동조합과 협력관계를 원활히 형성·유지하고, 어떠한 방법으로 수행할 것인가가 노사관계 관리의 과제이며, 직접적으로는 단체교섭제도, 노동협약, 고충처리제도 및 노사협의제도 등이 주된 내용으로 구성된다.

〈표 14-3〉 인적자원관리의 영역별 구체적 내용[23]

| 영역 | 내용 |
|---|---|
| 채용 | 회사내부에서의 기운 게시·부서이동·승진, 외부 구인 알선업체와 광고를 통한 외부인재 채용, 면접, 입사제의, 신원조회, 각종 테스트, 신입종사원들에 대한 후속 조치 |
| 교육 | 신입, 경영 관리자들 및 일선 종사원들에 대한 인사처리 및 오리엔테이션, 교육자 양성 프로그램 실시, 부서 내 프로그램개발 지원, 교육비 지원 프로그램·감독직 개발 프로그램·인턴 프로그램·평가센터 등의 관리, 인력 배치 기획·경력 설계·승진 계획 등의 조직 개발 |
| 인간관계 | 라커룸·종사원 식당·자판기·유니폼·주차·조명·소음 등 전체적인 업무환경 감시, 사기 및 업무동기 유지 개선 프로그램과 근속 포상·공로 인정·단합대회·종사원회의·정년퇴직 등의 종사원 프로그램의 개발·실행·관리, 종사원들을 위한 상담, 종사원들에 대한 지원 프로그램 및 신용조합과 같은 종사원 자체 서비스의 관리, 스포츠 팀·클럽 등의 여가활동, 사보·제안 프로그램·종사원 태도 조사 등 종사원들을 위한 의사소통, 품질 향상 동아리 프로그램 및 업무 향상과 업무설계에 대한 총체적 관심 |
| 임금 | 임금에 대한 자체 프로그램 개발 및 관리(임금조사 포함), 초임 책정 및 인력배치에 업무평가 활용, 임금·근로시간·동일 급여 등 관련 법규 준수, 임금 및 실적 검토 프로그램 관리 |
| 수당 | 모든 보험 프로그램의 관리(선택사항 설정, 보험 청구에 대한 처리 포함), 복지 프로그램 개발 및 유지, 관련법규 준수, 휴일 수당·휴가 수당·근무시간 자유선택·주간 육아·수당 자유선택 등 각종 수당 관리, 업무수당 관리 및 기록 유지 |
| 경영관리 | 회사방침 개발 및 그 방침에 대한 통일된 해석 유지, 이직률 보고서·인사기록 및 통계처리, 경영관리정보시스템 취급 및 개발, 종사원 편람 개발, 중앙정부 및 지방정부가 요구하는 기록 준수, 차별 철폐 프로그램 관리 |
| 노사관계 | 평등고용기회위원회와 고용노동부가 제기한 소송 및 불법 해고 등 고용 관행과 관련된 민사소송에 대한 변호, (노조가 있는 경우) 노조 계약 협상 및 관리와 그 계약 준수의 보장, (노조가 없는 경우) 비노조 환경 유지, 사내 징계·최종 경고·해고 절차·해고검토위원회·불만 절차·퇴직자 면담 등의 조정, 실질수당 처리 |
| 안전관리 | 사고손실 예방 안전프로그램의 관리, 안전위원회 조정, 직업안정건강법의 요건 준수, 응급상자·간호사·의무실 등 사내의료 안전대책, 심폐기능 소생교육 기타 안전교육 프로그램 실시 |

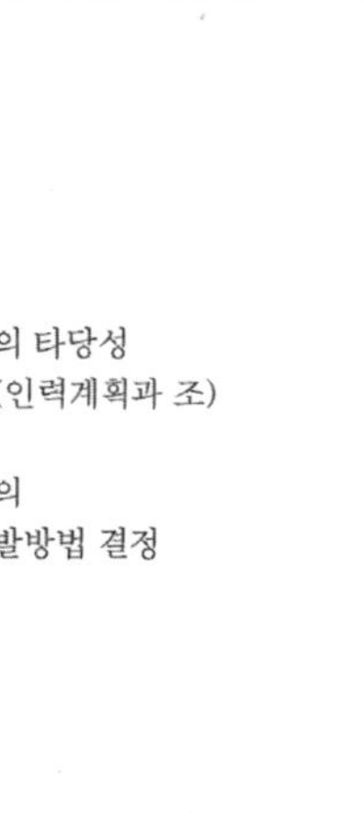
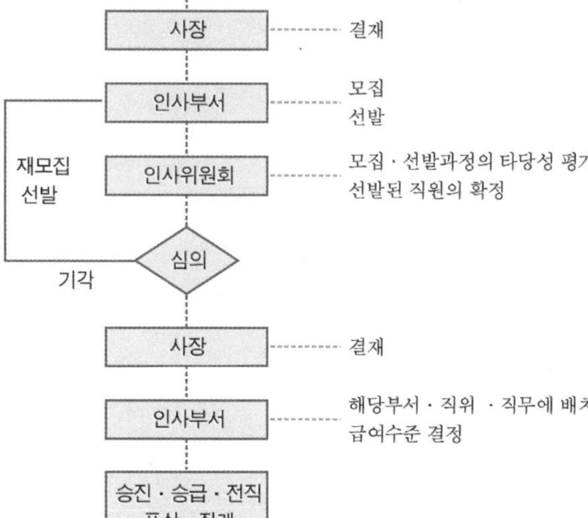

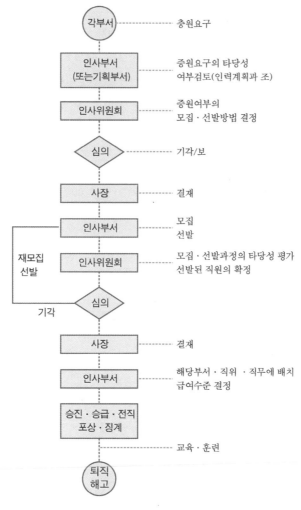

[그림 14-3] 인적자원 충원부터 퇴직까지의 흐름도[24)]

## 4. 인적자원관리의 목표

호텔의 인적자원관리의 목표는 재화와 용역을 생산해서 이를 사회에 제공함으로써 사회 대중을 위해서 생활수준을 창조해 주고, 그 반대급부로서의 이윤을 획득하는 것을 말한다. 개인의 인간적 만족이란 조직생활에의 참여와 노력의 제공을 통해서 그가 보다 높은 수준의 업무생활의 질을 향유하는 것을 의미한다. 이들 목표를 보다 유효하게 실천할 수 있도록 조직은 유능한 인적자원을 확보하고 유지시킴은 물론 그들이 가진 잠재적 능력을 개발 활용함으로써 조직의 성장과 개인의 성장을 동시에 기할 수 있도록 하여야 한다.

호텔경영에 있어서 인적자원관리는 '사람을 보는 눈', '사람을 기르는 눈' 그리고 '사람을 스스로 움직이도록 하는 눈'을 갖지 못할 때 그 관리적 효과는 기대할 수 없기 때문이다. 그리고 이상의 인적자원관리 활동이 보다 효과적으로 실행되어질 수 있도록 조직에 있어서의 인사기능은 보다 잘 계획되고 집행되며 통제되지 않으면 안 된다.

인적자원관리는 인적자원을 확보해서 유지하고, 이를 개발하여 활용함으로써 호텔이 가진 목표-성취와 종사원의 목표-만족을 보다 잘 실현하는데 주된 목표를 둔다. 호텔이 갖는 목표는 관리적 효율성의 실현, 다시 말해서 종사원들이 이룩하는 높은 성취, 곧 생산성과 종사원 자신들이 느끼는 직무만족을 모두 확보하는데 있기 때문이다. 따라서 인적자원관리의 총체적 성과를 기하기 위하여 목표, 기능 그리고 구조 중심으로 하나의 시스템으로서 통합될 수 있어야 한다.[25)]

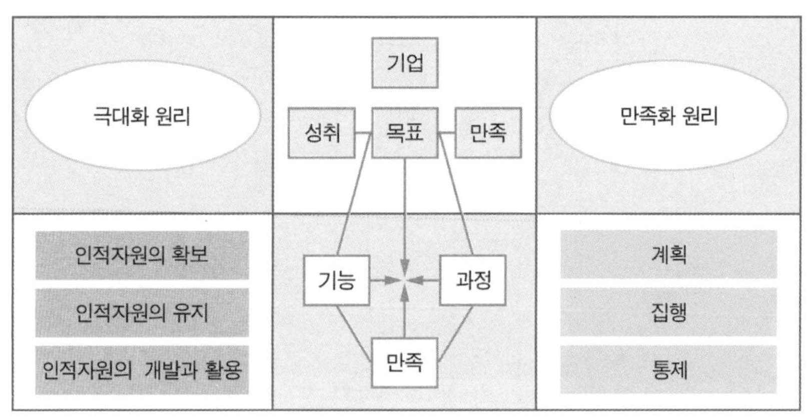


**[그림 14-4] 인적자원관리에 관한 시스템적 접근**[26)]

이러한 목표를 달성하기 위한 구체적인 인적자원관리 방향은 다음과 같다.

① 호텔은 다른 제조업과는 비교적으로 인적자원에 대한 의존도가 크다는 사실을 인식하여야 한다.

② 호텔이 기본적으로 추구하고자 하는 경영전략의 방향과 적합한 조화를 이루어야 한다.

③ 인적자원관리에 대한 보다 세부적인 활동 내용에 있어서 인적자원관리의 흐름에 대한 개요, 인적자원관리 관련 규제와 한계점 등에 대한 철저한 고려를 통해서 수행되어야 한다.

④ 인간은 본질적으로 동기를 부여하면 성과가 높아진다는 능동성, 인간에 대한 개발노력을 기하게 되면 상황에 따라서 더욱 질이 높아질 수 있다는 개발성, 인간은 스스로 목적을 갖고 움직인다는 고유의 목적성을 갖는다는 존재임을 인식하고 이에 따른 적합한 관리를 수행하여야 한다.

⑤ 호텔에는 100여개 이상의 직무가 존재하고 인적자원관리의 목적은 이러한 다양한 직무들이 최대한 성과를 창출해야 하는 데 있다.
⑥ 글로벌화 되고 있는 세계의 모든 기업들과 같이 종사원들에게 주요한 영향을 미치는 리더십에 대한 고려가 필수적이다.
⑦ 호텔 내에 존재하는 역량 중에서 종사원에 대한 책임적 역량을 찾아내어 그 역량이 경영성과에 반영될 수 있는 관리 방안을 모색하여야 한다.
⑧ 호텔도 성과중심의 조직문화를 구축하여 개인별 차원 및 조직단위 차원에서 성과에 대한 보상이 이루어져야 한다.[27)]

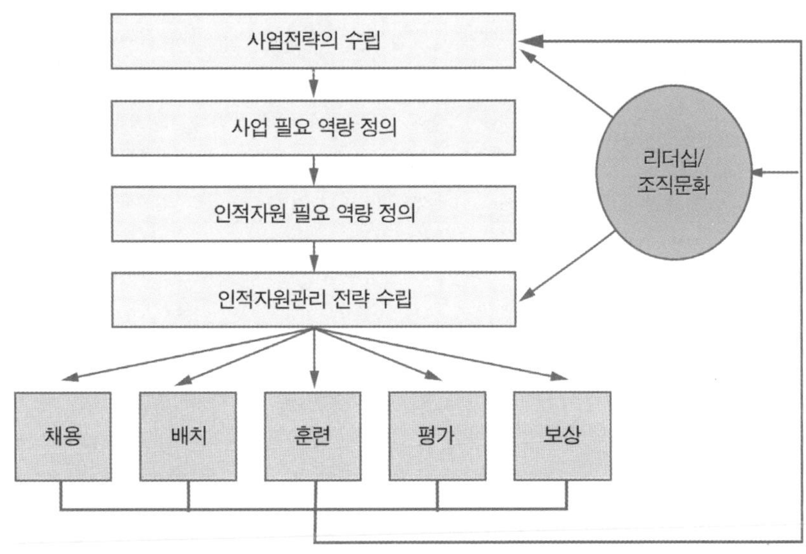


〔그림 14-5〕 인적자원관리 전략 수립 프로세스[28)]

# 제2절 호텔 인적자원 확보관리

## 1. 인적자원계획

### 1) 인적자원계획의 개념

인적자원계획은 인력계획 또는 인사계획이라고 한다. 이것은 재무계획, 생산계획, 마케팅계획, 구매계획, 투자계획 등 경영의 주요 계획과 맥을 같이하는 계획의 하나로 좁게는 인적자원의 채용, 배치, 승진, 해고, 교육훈련 계획으로부터 넓게는 종사원들에게 영향을 주는 조직의 모든 여건, 제도 등을 긍정적으로 형성하는 면까지 고려하는 것을 말한다.[29)]

인적자원계획은 크게 3가지로 구분되는데, 전략적 차원의 인적자원계획, 관리적 차원의 인적자원계획, 업무적 자원의 인적자원계획이며, 구체적 내용은 〈표 14-4〉와 같다.

〈표 14-4〉 인적자원계획의 3차원[30)]

| | 인적자원계획의 차원 | 내용 | 담당자 |
|---|---|---|---|
| 인적자원계획 | 전략적 차원의 인적자원계획 | 경제, 기술, 사회적 경영환경변화에 적응하고 도전하는 경영전략에 따른 인적자원계획 | 최고 관리자 |
| | 관리적 차원의 인적자원계획 | 경영전략 및 합목적적 인적자원계획에 따라 기업의 자원을 최대한 활용 배분할 수 있는 구체적 합목적적 인적자원계획 | 중간 관리자 |
| | 업무적 차원의 인적자원계획 | 관리적 인적자원계획에 따라 집행할 수 있는 업무적 인적자원계획 | 하위 관리자 |

### 2) 인적자원계획의 내용

인적자원계획은 호텔의 종합적 경영계획의 한 부문으로서 존재한다. 따라서 인적자원계획은 경영계획의 일환으로서 다른 부문계획과 유기적인 상호작용 속에서 전개되어야 한다. 즉 판매계획, 생산계획, 투자계획 및 구매계획 등과 상호작용 속에서 이루어져야 한다. 특히 판매계획과 생산계획은 인적자원계획과 더욱 밀접한 관계가 있다.

인적자원계획은 인적자원계획의 중추가 되는 부문으로 경영 목적을 위해 요청되는 인력의 소요, 유지, 개발, 활용에 대한 계획이라 할 수 있다. 그리고 조직계획과 제도 계획은 인적자원계획을 수립하는데 지원적이고 보조적인 역할을 한다.

오늘날 호텔경영상 인적자원계획의 비중과 중요성이 점차로 커지고 있다. 호텔을 둘러싸고 있는 기술, 경제, 사회적 환경의 급속한 변화에 따라 노동환경에 많은 변화가 일어나고 있으며, 여기에 대처할 수 있는 계획적인 인적자원관리가 요구되고 있다. 즉 기술적 환경의 기술구조 변화, 경제적 환경의 시장구조 변화, 사회적 환경의 작업동기 구조 변화 등을 초래하여 이에 따른 인적자원계획의 필요성이 증대하고 있다. 인적자원계획을 수립하는 목적은 다음과 같다.

① 조직이 필요로 하는 인력의 양과 질을 획득한다.

② 호텔의 인적자원을 최대로 활용한다.

③ 잠재적인 인력의 부족 현상과 과잉상태를 예측하고 적절히 대응한다.

〈표 14-5〉 인적자원계획의 핵심 내용[31)]

| 인적자원계획의 핵심 | 내용 |
|---|---|
| 인적자원 수요예측 | 미래 활동의 예측과 계획에 의해 미래의 소요 인력을 추정함 |
| 인적자원 공급예측 | 현재의 자원이나 미래의 이용가능성 등을 분석하고 인력공급을 추정함 |
| 인적자원 소요량의 결정 | 미래의 인력부족이나 과잉현상에 대한 수요와 공급예측을 분석함 |
| 생산성·원가분석 | 생산성의 개선과 원가절감의 필요성을 확인하기 위하여 노동 생산성과 원가를 분석함 |
| 활동계획 | 인력의 부족이나 과잉현상을 예측하고 생산성의 개선과 원가절감을 위한 계획을 준비함 |
| 인적자원의 예산 통제 | 인력예산과 기준을 설정하고 인적자원계획을 지시하고 감독함 |

### 3) 인적자원계획의 중요성

기술·경제·사회적 경영환경의 변화는 노동시장의 구조적 변화를 초래하여 구조적인 개편이 필요한 실정이며, 이에 따른 인적자원계획의 중요성은 다음과 같다.[32)]

① 인적자원계획은 효율성과 효과성 향상을 향상시킨다. 효과성은 목적과 목표를 달성하기 위한 능력이며, 효율성은 최소 투입으로 최대의 결과를 이루는 능력이다.

② 인적자원계획은 사람들이 해야 할 지침서이다. 따라서 인적자원계획은 생산성을 향상시키고 종사원의 만족을 증가시키다.

③ 사기(morale)는 인적자원계획에 영향을 받는다. 사기는 팀 노력에 있어서 매우 중요한 요소이다.

④ 인적자원계획은 인적자원관리에 있어서 모든 기능에 영향을 미친다. 즉 고용, 기술, 급료 등이 해당된다.

⑤ 인적자원계획은 인적자원 의존도가 높은 호텔에서 가장 중요한 요인이다.

## 2. 채용관리

### 1) 채용관리의 개념

채용이란 지원자들 중에서 조직이 필요로 하는 직무에 가장 적합한 자질을 갖추었다고 판단되는 인력을 고용할 것을 결정하는 과정이다. 또한 채용은 호텔에 필요한 인재를 모집하여 배치하는 것으로써 조직목표의 효율적 수행을 위한 요구 조건을 갖춘 인재를 흡수하는 과정을 의미한다. 이 절차는 인적자원관리의 대상인 사람이 결정되는 시작점이다.[33)] 이에 부수적으로 발생하는 제반 업무를 합리적이고 효율적인 상태로 처리하는 과정을 채용관리라고 한다. 이러한 채용관리는 호텔경영에 있어서 필요한 자질을 갖추고 있는 인적자원을 필요한 시기에 조달하는 것을 목적으로 하기 때문에 우선 어떤 자질을 갖춘 인적자원이 필요한가를 명확히 분석해야 한다. 그리고 새로운 종사원이 맡을 직무와 물적, 기술적 환경을 검토, 파악해서 효율적으로 업무를 수행할 수 있는 인적자원을 선발해서 채용해야만 한다.

이와 같은 현대적 채용관리의 기본업무를 수행하기 위해서는 직무의 특성과 요구되는 능력을 파악하여 이에 필요한 인원을 정원으로 산정해야 한다. 즉 직무분석에 근거한 직무에 필요한 인적 조건, 직무수행에 필요한 적정 인원수, 직무배치 계획 등이 수립되어 있어야 한다.[34] 또한 호텔이 채용관리를 수행할 때 다음과 같은 항목을 고려해서 채용계획을 수립하는 것이 바람직하다.[35]

① 채용관리는 호텔의 경영전략과 적합해야 한다. 전략 유형에 따라서 필요한 호텔 종사원의 인재상을 정립하고 이에 따라 종사원을 선발, 배치하는 것이 바람직하다.

② 채용관리의 구성 활동은 일관된 원칙에 따라서 이루어져야 한다. 이를 위해서는 채용관리 규칙을 정립하여 이를 수행하는 제도화가 필요하다.

③ 호텔 내부 흐름 관리는 개인의 경력개발 관점에서 운영해야 한다.

④ 비용면에서 효율성이 있어야 한다.

⑤ 법적, 윤리적 요건을 반드시 준수해야 한다.

## 2) 채용관리 계획

채용관리 계획이란 성공적인 종사원의 인적자원관리 프로그램에서 가장 중요한 과정의 하나로 인적자원을 계획하는 노력을 호텔의 경영전략 방향과 연결시키는 과정이다. 특정 직무에 어떤 사람이 얼마나 필요한가를 수립하는 것이 채용관리 계획인데, 이는 직무와 종사원을 연결해 주는 계획을 의미한다. 즉 호텔의 경영능률 향상, 인건비 절감, 선발계획 등을 위해서 단위 조직별, 직종별로 적정인원을 산정하고 여러 가지 조건의 변화에 따라 정원을 수정하고, 적정하게 유지시키는 활동이다.

채용관리 계획의 전제조건으로 우선 호텔은 스스로 임금지불 능력이 있는지 파악해야 한다. 호텔경영에서 인건비가 차비하는 비중이 상당히 높기 때문에 임금지불능력이 없는 호텔이 인력을 확보하기에 급급한 나머지 미흡한 채용관리 계획을 세워 실행한다면 결과적으로 호텔경영의 부실과 종사원의 사기 저하 또는 이탈 등의 결과를 가져올 수 있다.[36] 채용관리 계획을 할 때 주요 고려사항은 다음과 같다.

① 경영방침이나 경영계획 하에 채용관리 계획이 이루어져야 한다. 예를 들어, 직무분석에 따른 기본적인 단위 직무에 적재적소 인원배치 여부, 매출 목표 계획, 설비계획, 그 사업의 확대 또는 현상유지를 위한 영업활동을 전개하고 있는지 여부 등

에 따라서 적정인원에 대한 채용관리 계획이 이루어져야 한다는 것이다.

② 영업관리상 채산성에 의해서 채용관리 계획이 이루어져야 한다. 예를 들어, 전체적인 재무상의 매출액 대비 인건비가 차지하는 비율을 근거로 적정인원에 대한 채용관리 영활동에 필요한 인원을 산정하는 미시적 방법(상향식 방법)과 호텔의 전체적인 매출액 계획이 이루어져야 한다는 것이다.

③ 시설 규모와 업무량 및 업무 내용의 질에 따라 채용관리 계획이 이루어져야 한다. 예를 들어, 규모와 업무의 양과 질에 대한 적정인원의 채용관리 계획이 이루어져야 한다는 것이다.

호텔 채용관리 계획의 유형에는 일반적으로 호텔의 직무분석 및 직무명세서의 자료를 기준으로 경대비 임금 지불능력을 기준으로 필요한 인원을 산정하는 거시적 방법(하향식)으로 구분된다.[37]

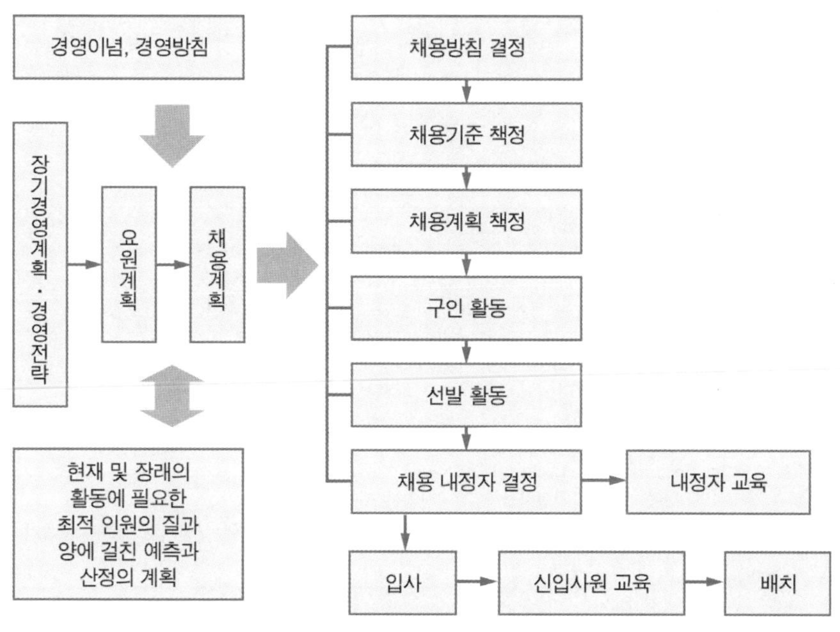


[그림 14-6] 채용관리 체계[38]

### 3) 채용과정

오늘날 급변하는 호텔경영환경 속에서 인사기능이 중요해지면서 모든 조직은 기업의 가장 기본적인 자원인 자격요건을 갖춘 인적자원 확보가 호텔의 생존을 결정하는 기준이 된다. 채용 과정은 현재와 미래의 직무를 수행할 인적자원을 확충하기 위하여 충분한 수의 자격요건을 갖춘 지원자를 찾고, 유인하고 확인하는 데 있다.

호텔의 지원자들에게 적용하게 되는 채용기준은 주로 직무기술서, 직무명세서, 자격요건 명세서 등에 기재된 것을 바탕으로 구체화한다. 일반적으로 채용기준에 포함되는 주요 내용은 다음과 같다.

| 채용 기준 | 내용 |
|---|---|
| 전문적 조건 | • 직무 요건에 부합되는 전문지식 및 숙련, 교육, 경험 등 |
| 신체적 조건 | • 용모, 나이, 태도, 육체적 특성에 따른 정상, 비정상 여부 등 |
| 정신적 조건 | • 지능, 적성, 성숙, 정서적 안정, 인성, 직무에 대한 태도 등 |
| 사회적 조건 | • 가족 상황, 자녀수, 사회적 신분, 소속단체 등 |

또한 호텔의 특성 및 규모에 따라 채용 과정은 상이하겠지만, 일반적으로 모집 → 서류전형 → 각종 검사(필기시험, 적성 검사 등) → 면접 → 경력조회 → 채용결정 → 배치의 과정을 거치게 된다.[39] 호텔의 구체적인 채용 과정별 주요 내용을 정리하면 〈표 14-6〉과 같다.

〈표 14-6〉 채용 흐름도 및 주요 내용[40]

| 채용 과정 | 내용 |
|---|---|
| 모집 | • 직무분석을 통해 인적자원계획이 수립되면 채용 과정의 첫 번째 과정임<br>• 모집방법으로는 공개 모집(외부 모집), 비공개 모집, 추천, 내부 모집 등이 있음 |
| 서류전형<br>(입사지원서) | • 지원자가 제출한 서류를 바탕으로 적합한 인재 인지를 심사하는 과정임<br>• 개인적인 사항(사진, 나이 국적 관계, 거주지 등)과 학력사항 및 전공 관련 여부와 어학능력 정도, 자격증 여부, 컴퓨터 숙련도, 경력사항, 가족 관계 등이 기재된 이력서 및 입사지원서는 서류전형시 평가도구임 |
| 각종 검사 | • 각종 검사는 지원자들을 경쟁시키는 과정임<br>• 검사의 종류는 필기시험, 지능검사, 인성검사, 적성검사, 성취도 검사, 흥미검사, 육체적 능력검사, 직무 테스트 등이 있음 |
| 면접 | • 서류전형이나 각종 검사 등으로 파악할 수 없는 지원자의 교육정도, 근무경력, 지식과 기술에 대한 정보, 대화 능력, 인성과 지원동기에 대하여 파악하고 직무와 호텔에 대하여 자세히 전달하기 위한 채용의 마지막 과정임<br>• 면접 방법으로는 개별 면접[1:1 면접, 1:다수 면접, 1:방(房) 1명씩 면접], 집단 면접, 집단 토의면접, 프레젠테이션 면접, 다차원 면접, 블라인드 면접, 영어 면접, 스트레스 면접 등이 있음 |
| 경력조회 | • 지원자가 기재한 경력이나 제출한 서류가 올바른지를 판단하는 과정임<br>• 경력조회는 지원자의 출신 학교나 이전 직장에서의 생활태도를 전화, 문서 또는 지인과의 만남을 통해 조회하는 것으로 비용과 시간이 소요되지만 지원자의 개성, 행동성향 등을 판단할 수 있음 |
| 신체검사 | • 신체검사의 목적은 직무가 요구하는 신체적 조건이 구비되지 못한 지원자를 탈락시키고, 채용 후에 발생하는 피해보상의 기준이 되는 선발 당시의 신체조건에 대한 기록을 얻으며, 전염병을 보 |

| 채용 과정 | 내용 |
|---|---|
| 신체검사 | 유한 지원자를 선별하여 전염을 방지하고 신체적 결함과 관련이 없는 직무에 배치하기 위하여 실시하는 과정임 |
| 채용결정 | • 서류전형, 각종 검사, 면접 결과 등에 대한 지원자의 다양한 정보가 모아지고 나면 누구를 채용할 것인가를 결정하는 과정임<br>• 채용이 결정되면, 채용된 지원자에게 채용 통보와 함께 직무 제안, 근무조건, 직위, 임금, 출근일자, 오리엔테이션 일정, 배치예정 부서 등을 신속하게 확정하여 알려줌 |
| 배치 | • 채용과정을 통해 선발된 조직구성원을 해당직무 내용에 맞는 부서에 배속시켜 직무를 수행하도록 하는 것임<br>• 배치는 기본적으로 적재적소 배치, 조직구성원의 희망과 호텔의 필요에 따른 배치, 인재육성을 고려하여 배치가 이루어져야 함 |

## 3. 교육훈련

### 1) 교육훈련의 개념

일반적으로 호텔의 교육훈련은 종사원 능력을 직접적으로 향상시키는 활동이다. 교육훈련이란 인적자원 개발을 위한 도구이며, 교육은 이해력과 지식활동을 활성화시킴으로써 지식 및 기능을 습득하는 과정으로 훈련은 주로 반복적인 연습을 통해 지식 및 기능을 습득하는 과정을 말한다.[41)]

교육훈련은 직무기술을 전제로 하여 이루어지기 때문에 그 직무가 필요로 하는 직무요건이 밝혀져야 하고, 현재의 직무기술이 미흡한 부분은 교육훈련에 의해서 보충되어야 한다. 일반적으로 부분적인 교육훈련보다는 전반적인 교육훈련의 필요성을 중요시하고 계획과 실시 및 효과에 주력해야 한다. 그러므로 신규 종사원에게 교육훈련을 통해서 호텔의 전반적인 상황을 이해시키고, 자기가 담당할 직무에 필요한 제반요건에 관하여 제시를 받을 수 있으며, 근무시의 제반 안전관리와 사고에 대한 주의력을 갖게 되는 것이다.

그리고 교육훈련을 통해서 새로운 지식과 기술을 습득하게 되어 호텔상품 판매에 기여하게 된다. 또한 교육훈련은 신입사원으로부터 경영자에 이르기까지 모든 계층이 그 대상이 되며, 경영자의 입장에서 보면 교육훈련을 통해서 경영목표 달성을 위해 종사원을 조직화하고 전략화 하는데 의의가 있다. 종사원 측면에서 개인이 가지고 있는 자아에 대한 인식과 생활을 통해 호텔경영에 투입시킴으로써 종사원만을 위한 것도 아니고, 호텔만을 위한 것도 아닌 서로를 위해 계획되고 운영되어야 양자의 존재가치를 살려 적극적인 성과를 기대할 수 있게 된다.[42)] 따라서 호텔의 교육훈련의 현대적 의의는 다른 기능과 상호연관성을 유지하여 교육훈련효과를 극대화하는 데 있다.

### 2) 교육훈련의 목적

교육훈련의 목적은 경영자 관점에서 볼 때 인재육성에 있고, 종사원 관점에서는 자기개발에 있다. 이러한 측면에서 지식 및 기술 축적·조직 협력·동기부여·사기앙양·태도 변화·문제해결·능력배양·대인관계 능력 향상 등 여러 가지 효과를 가져와 결국 호텔조직의 효과성 증대에 기여하게 된다.[43] 인간의 개인적 자질과 개발의 문제는 호텔경영 활동이 계속성을 갖고 전개되는 과정에서 항상 요구되고 있다.

따라서 교육훈련은 정신적·지적 개발은 물론 육체적 기술 개발이란 양면성을 동시에 추진해 나가야 할 필요성이 있다. 그래서 인적자원 개발은 우선적으로 본인·상사·교육담당 부서의 협력 없이는 불가능한 것이다.

이와 같이 교육훈련의 목적은 호텔의 목적 달성을 위해 여러 가지 전문 부분에 필요한 기초적인 지식과 기술을 습득하도록 하는 것이다. 또한 일반적으로 종사원에게 호텔의 일원으로서 높은 시점에서 자기반성, 자기평가를 할 수 있는 장을 부여하고, 항상 자기연구에 전력하여 진보·향상하도록 자기개발의 동기부여나 소질을 육성하는 것이 교육훈련의 제 1차적인 목적이다. 다음에 지식·기능·기술을 부여하고[44], 현재의 직무수행에 필요한 능력을 개발하여 호텔조직의 일원으로서 자질과 책임을 갖게 하는데 있다. 또한 호텔은 사회적 책임을 수행할 수 있는 인재를 스스로 육성해야 한다.[45]

### 3) 교육훈련의 필요성

#### (1) 기술과 환경변화

구체적으로 호텔에서 교육훈련이 필요한 이유는 기술과 환경변화에 따른 신규 업무발생으로 교육수요가 지속적으로 발생하기 때문이다. 이는 기존에 경험하지 못했던 새로운 기술과 환경변화에 따라 생겨나는 새로운 업무처리가 필요해지고, 특히 업무처리에 사용되는 컴퓨터 기술은 그 주기가 짧아짐에 따라 추가적이고 지속적인 교육훈련이 필요하다.

#### (2) 지식반감기의 단축

인적자원의 지식반감기가 짧아지고 있다. 이는 최근 호텔이 필요로 하는 인적자원 능력은 급속도로 그 유용성이 감소하고 있다는 점을 의미한다. 흔히 지식과 기술의 반감기는 3년에 불과하고 10년 이후에는 심지어 무용지물이 되기도 한다는 주장도 있다. 이처럼 지식반감기는 점차 짧아지고 있고, 이에 따라 호텔의 적절한 교육훈련이 지속적으로 필요하게 된 것이다.

### (3) 지식사회에서 전문가 양성

지식기반사회의 주축이 되고 있는 지식근로자 및 전문가 양성에 교육훈련이 더욱 필요하게 되었다. 오늘날과 같은 지식사회에서의 경쟁우위를 창출할 수 있는 핵심 지식을 보유한 지식근로자가 더욱 필요해지고 있고 이러한 지식근로자의 양성과 개발에 교육훈련은 필수적이기 때문이다.[46)]

## 4) 교육훈련의 체계와 평가방법

### (1) 교육훈련의 체계

교육훈련의 내용은 호텔의 교육 필요성에 따라 달라진다. 이는 호텔의 규모, 업종, 채용방침, 전략적 인적자원개발의 지향점 등이 호텔에 따라 상이하고 이에 따라 호텔의 특성에 맞는 교육훈련이 실시되게 된다. 호텔이 규모가 클 경우에는 계획적인 교육훈련 체계를 수립하고 이를 시행할 수 있는 있는 경우가 많지만 규모가 작은 호텔은 교육훈련 실시가 어려운 경우가 많다. 또한 업종에 따라 필요한 직무관련 교육의 종류가 달라지고, 채용에 있어 신입사원 위주의 채용과 경력사원 위주의 채용 방침에 따라 교육훈련이 달라지게 된다. 그리고 호텔에서 인재의 육성과 개발에 있어 제너널리스트 또는 스페셜리스트를 지향할 것인가에 따라 달라지게 된다.[47)]

교육훈련의 전개과정은 ① 교육훈련의 필요성 분석, ② 교육훈련의 목표 설정, ③ 교육훈련의 설계 및 체계 확립, ④ 교육훈련의 방법 결정, ⑤ 교육훈련 유효성 평가로 구성된다.

〈표 14-7〉 교육훈련체계

<table>
<tr><th colspan="2">분류기준</th><th>교육 형태</th><th>특징</th></tr>
<tr><td rowspan="5">장소</td><td rowspan="3">직장 내 교육</td><td>• 직장 내 훈련</td><td>OJT</td></tr>
<tr><td>• 교육 스텝에 의한 훈련</td><td rowspan="4">Off-JT</td></tr>
<tr><td>• 전문가나 외부강사에 대한 훈련</td></tr>
<tr><td rowspan="2">직장 외 교육</td><td>• 파견교육 훈련</td></tr>
<tr><td>• 외부교육기관 훈련</td></tr>
<tr><td rowspan="3">대상</td><td>신입사원 교육</td><td>• 기초직무 훈련, 실무 훈련</td><td rowspan="3">OJT와 Off-JT혼용</td></tr>
<tr><td>현직자 교육</td><td>• 계층별 교육(신입사원 교육, 일반종사원 교육, 감독자 훈련, 관리자 훈련, 경영자 훈련 등)</td></tr>
<tr><td>자기개발 교육</td><td>• 지도를 수반한 능력개발(어학교육, 컴퓨터교육)</td></tr>
</table>

| 분류기준 | | 교육 형태 | 특징 |
|---|---|---|---|
| 내용 | 직능별 교육 | • 생산, 마케팅, 인사, 재무, 영업부문 | |
| | 정신계발 교육 | • 자기계발 훈련, 교양 교육, 극기 훈련 | |
| | 능력개발 교육 | • 어학연수, 컴퓨터 교육, 자격취득 훈련 | |

### (2) 교육훈련의 방법

교육훈련은 내용과 목표에 따라 여러 가지 방법으로 구분할 수 있으나 이하에서는 주요 대상자의 계층, 장소, 기법을 중심으로 정리하면 〈표 14-8〉과 같다.

〈표 14-8〉 교육훈련의 방법[48]

| 분류기준 | 교육대상 |
|---|---|
| 대상 | • 경영자층 대상한 교육훈련, 현장 감독층 대상 훈련, 작업층 대상 교육훈련 |
| 장소 | • 직장훈련(OJT : On the Job Training), 직장 외 훈련(OFF JT : Off the Job Training) |
| 기법 | • 지도식 방법(강연, 패널, 심포지엄, 회의 등), 토론식 방법(분반 토론, 분임연구 등), 모의연습(서류함기법, Business Game, 사례연구, 역할 연기법 등), 경험적 방법(현장 실무, 직무순환, 감수성 훈련, 프로그램 훈련, 컴퓨터 이용 훈련, 시뮬레이션, 가상현실시스템 등) |

### (3) 교육훈련의 평가방법

교육훈련의 평가방법은 다양하지만 주요 내용을 정리하면 다음과 같다.[49]

① 전후 비교법

교육훈련과정을 통해 그 전후의 변화와 실적을 비교함으로써 교육훈련에 대한 성패를 평가하는 것을 말한다.

② 실험 비교법

교육훈련을 실시한 그룹과 교육훈련을 실시하지 않은 그룹의 성과를 비교함으로써 교육훈련의 유효성을 평가하는 방법이다.

③ 테스트법

특정한 기술, 지식의 습득을 목적으로 하는 교육훈련의 경우, 사후에 검정시험을 실시함으로써 성과달성의 여부를 평가하는 것을 말한다.

④ 상호 평가법

익명에 의한 방법으로 서로가 자유로이 평가하는 것을 말한다.

⑤ 교육훈련 보고서

전형적 교육훈련과 같이 오랫동안 실시되어 그 효과에 대해 명확한 평가가 이미 되어 있는 경우에는 단순히 그 교육훈련시간, 비용 등을 보고함으로써 교육훈련에 대한 성과 등을 평가할 수 있다.

# 제3절 호텔 인적자원 직무관리

## 1. 직무분석

### 1) 직무분석의 개념

직무분석이란 경영의 한 기능을 수행하기 위해서 필수불가결한 직무를 결정하고 그 직무를 완성하기 위해서 종사원이 몇 명이 필요한가를 결정하는 것을 말한다. 즉 직무가 가지고 있는 내용과 성격을 설명하는 것이다. 따라서 호텔 종사원이 담당하여야 할 제반 직무의 성격을 분석하고 그 직무가치를 평가하여 시간, 동작연구와 재설계 등 직무를 중심으로 한 일련의 분석을 의미한다.[50)]

구체적으로 분석적인 방법에 의하여 직무 또는 직위의 내용을 한정짓는 요소를 기술하여 이를 조직적으로 제시, 기록하는 것이다. 그러므로 다종다양한 개인 직무의 성격에 관한 적절한 정보를 제공하고 보고하는 절차라고 할 수 있다. 또한 수행하는 일을 분석하여 그 성격을 결정하고 명확화 하는 것이며, 이를 통해 어떠한 종류의 종사원의 질이 어느 정도 필요한가를 밝히는 것이다. 또한 경영조직의 건전한 확립을 위한 기본적 요소이며, 조직구성에 있어서 중요한 임무를 담당하는 직무분석에서 얻은 구체적인 사실은 고용에서 해임에 이르기까지`조직의 건전성 획득의 수단으로 활용되고 있다.

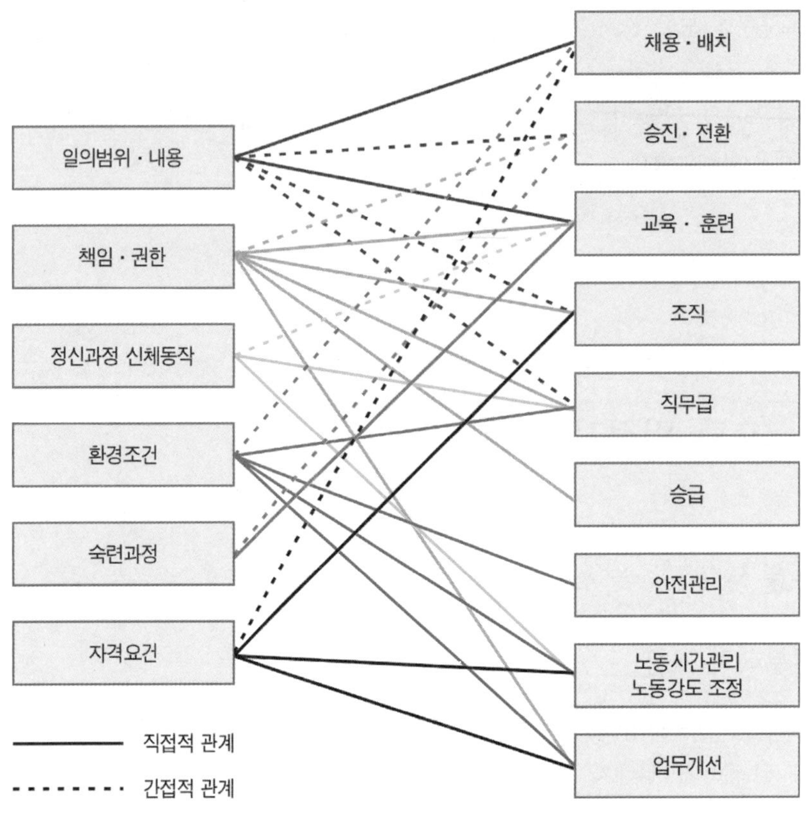


[그림 14-7] 인적자원관리와 직무분석 관계[51)]

직무분석에 포함되어야 할 내용은 직무 내용(직무의 목적과 작업 방법 등), 노동 부담(노동의 난이도와 복잡도 등), 근로 조건(노동환경과 위험정도 등), 자격 요건(체력, 기본지식, 경험 등), 책임(업무 책임, 지도 책임, 감독 책임 등), 권한의 종류와 범위 등으로 구성된다.[52)]

### 2) 직무분석의 목적과 활용

직무분석은 인간의 노동력을 과학적, 합리적으로 관리하기 위한 정보의 획득을 목적으로 하며, 구체적인 내용은 다음과 같다.[53)]

① 직무평가의 자료로 활용한다. 직무를 수행하는데 필요한 지식, 능력, 책임 등의 직무내용과 특성을 파악하고 비교, 평가할 수 있는 정보를 제공한다.

② 채용, 배치, 이동, 승진 등의 자료로 활용한다. 모든 직무는 직무마다 각각 상이한 지식과 기능을 요구하므로, 각 직무에 어떠한 요건이 필요한지를 알아야 채용, 배

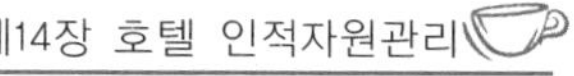

치, 이동, 승진 등의 업무를 수행할 수 있다.

③ 교육훈련의 자료로 활용한다. 교육훈련의 필요성은 각 직무를 수행함에 있어서 요구되는 지식, 기능, 숙련 등의 종류와 내용 및 정도를 파악하고 부족한 정도를 보충해 주는 것으로 직무분석을 통해서 이러한 정보를 제공해야 한다.

④ 정원 산정을 위한 기초자료로 활용한다. 직무분석을 통해 도출된 업무의 양과 질은 그 업무를 수행하는데 필요한 인원과 자격요건을 통해 종사원 수를 산정할 수 있다.

⑤ 책임과 권한부여를 위한 자료로 활용한다. 호텔의 경영 효율화를 위해서는 각 종사원의 직무와 이를 수행함에 필요한 권한과 책임을 명확히 해야 한다. 직무분석은 각 직무와 직위의 권한과 책임을 명확히 하는 자료를 제공한다.

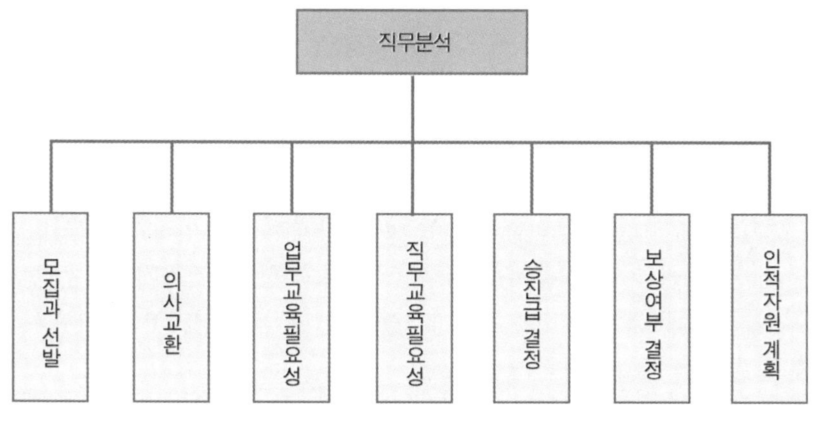


[그림 14-8] 직무분석의 활용

## 3) 직무분석의 방법

직무분석 방법에 있어서 국내외 학자들과 실제 호텔에서 사용되어지고 있는 형태는 각양각색이다. 일반적으로 직무분석에 많이 활용되고 있는 관찰법, 면접법, 질문지법, 중요사건법을 중심으로 정리하면 다음과 같다.[54)]

| 구분 | 관찰법 (Observation Method) | 면접법 (Interview Method) | 질문지법 (Questionnaire Method) | 중요사건법 (Critical Incident Method) |
|---|---|---|---|---|
| 내용 | 직무수행자의 직무수행 과정을 집중 관찰/기록하여 정보를 획득하는 방법 | 해당 직무수행자들과의 워샵형태를 빌어 직접 질문과 토의하는 방법 | 표준화된 양식을 사용하여 직무수행자나 부서장이 직무에 관한 내용을 서술하는 방법 | 직무수행자의 직무 행동 가운데서 직무성과에 효과적인 행동패턴을 추출하는 방법 |

| 구분 | 관찰법 (Observation Method) | 면접법 (Interview Method) | 질문지법 (Questionnaire Method) | 중요사건법 (Critical Incident Method) |
|---|---|---|---|---|
| 장점 | 특정 직무에 대한 기본 정보가 부재하거나, 타 방법 사용시 적절한 직부정보를 얻을 수 없는 경우 유용함 | • 직무분석이 전혀 되어 있지 않은 조직<br>• 정확하고 세밀한 직무 분석이 요구될 때 | • 규모가 크고 직무의 수가 많은 조직에서 사용<br>• 짧은 시간내에 많은 정보를 얻을 수 있음 | • 직무의 특성이 행위 중심으로 파악하기 좋은 경우<br>• 직무행동의 직무성과 간 관계를 직접적으로 파악 |
| 단점 | • 자료에 대한 신뢰도 및 타당도의 문제 발생 가능<br>• 조직이 작고 직무수가 적어야<br>• 직무분석자의 능력이 뛰어나야 함 | • 시간 및 비용이 많이 소모<br>• 직무수행자가 정확한 정보 미제공 가능성 | 내용이 일반화되어 직무에 관한 자세한 정보를 얻는데 한계가 있으며, 응답자에 의한 오류 발생 가능 | • 많은 시간과 노력 소요<br>• 수집정보만으로는 포괄적 정보획득에 제약 |

### 4) 직무분석의 절차

직무분석의 절차는 예비단계와 실시단계를 거치면서 직무기술서와 직무명세서를 작성하는 과정으로 이루어진다. 직무분석 결과 개선해야 할 점을 개선하고 정리한 후에 그 요점을 기술한 문서가 직무기술서이며, 보다 구체적으로 인적자원관리의 특정한 목적에 맞도록 세분화시켜 기술한 문서를 직무명세서라고 한다. 직무기술서는 주로 직무의 내용과 직무의 요건에 동일한 비중을 두고 있는 반면, 직무명세서는 직무요건 중에서 인적요건에 큰 비중을 두고 있다.

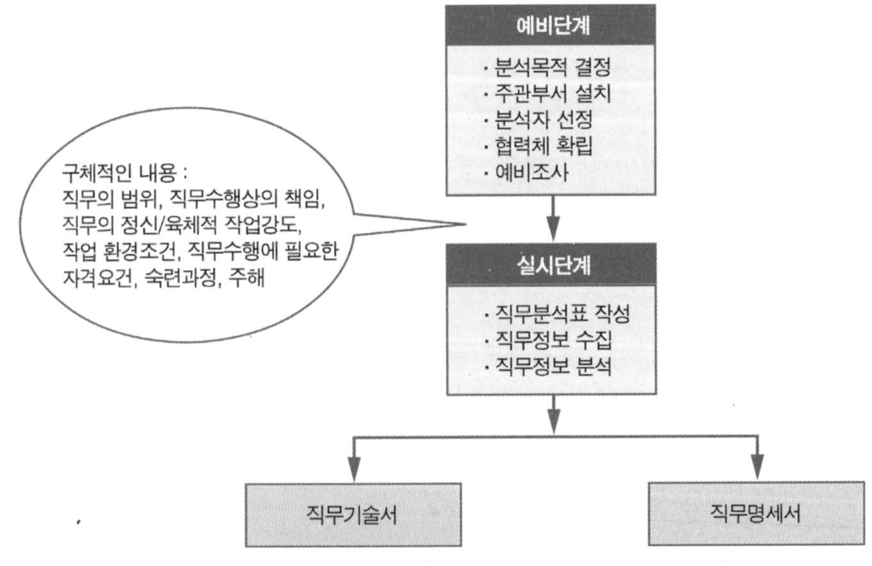


[그림 14-9] 직무분석의 절차[55)]

| 직무기술서 | 직무명세서 |
|---|---|
| • 직무관련 사항<br>• TDRs : Task(과업), Duties(임무), Responsibilities(책임)<br>• 직무의 명칭<br>• 직무의 소속부서 혹은 위치<br>• 직무내용의 용약<br>• 사용하는 설비, 도구, 기계 등<br>• 원재료 등 직무대상<br>• 직무를 이루고 있는 구체적인 과업의 종류 및 내용<br>• 대내외 접촉기관 등 | • 사람관련 사항<br>• KSAOs : Knowledge(지식), Skills(스킬), abilities(능력), Other Characteristics(기타)<br>• 지식(Knowledge)<br>• 기술(Skills)<br>• 능력(Ability)<br>• 퍼스낼리티(Personality)<br>• 직무수행에 필요하거나 도움이 되는 적성(Aptitude)<br>• 흥미(Interests)<br>• 가치관(Values)<br>• 태도(Attitudes)<br>• History) 등 |

[그림 14-10] 직무기술서와 직무명세서의 차이

## 2. 직무평가

### 1) 직무평가의 개념

직무평가란 조직에서 각 직무의 숙련, 노력, 책임의 정도, 직무수행의 난이도 등을 평가하여 다른 직무와 비교한 직무의 상대적 가치를 정하는 체계적 방법을 말하며, 호텔 전 계층의 각종 직무간의 상대적인 서열을 결정하는 절차를 의미한다.[56] 직무평가의 과정은 [그림 14-11]과 같다.

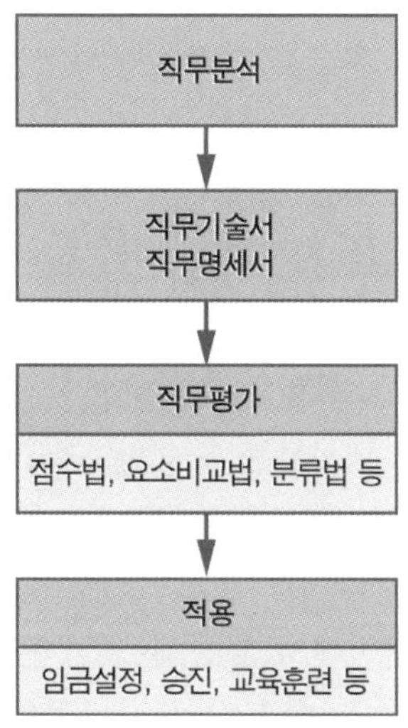


[그림 14-11] 직무평가의 과정[57]

또한 각 직무의 상대가치인 중요도, 곤란도, 위험도 비교평가 후 결정하는 방법이며, 직무를 평가하는 것이지 사람을 평가하는 것은 아니다. 그리고 직무평가는 직무평가를 통해 합리적인 인력의 확보, 배치, 개발 등의 방안을 제시할 수 있으며, 특히 임금체계 중 직무급의 기초 자료로 활용하는 데 의의가 있다.

### 2) 직무평가의 목적

직무평가의 1차적인 목적은 직무의 상대적 가치에 따라서 호텔 내부의 임금격차를 결정하는데 있다. 광의적인 측면에서 보면, 그 목적은 호텔 내의 임금체계나 구조를 확립하고 전반적으로 인적자원관리의 합리화를 기하는 데 있다. 직무평가의 구체적인 목적은 다음과 같다.[58)]

① 질적인 측면에서 직무의 상대적 가치와 그 유용성을 결정하는 자료를 제공한다.
② 노·사간에 타당성을 인정할 수 있는 임금격차를 줄일 수 있기 때문에 종사원의 근로의욕을 증진시켜 노사협력체계를 확립할 수 있게 된다.
③ 조직의 직계제도 확립과 직무급 및 직무제도를 확립하기 위한 자료를 제공한다.
④ 노동시장에서 인적자원을 유인할 수 있는 우월한 임금체계를 수립하는 자료를 제공한다.
⑤ 단체교섭에 유용한 자료를 제공한다.

### 3) 직무평가의 구성요소

직무평가 구성요소는 국가의 산업별 분야의 특성에 따라 서로 다르며, 제각기 상이한 결과를 내리고 있으므로 일률적으로 사용될 수 있는 통일된 구성요소는 없다. 그러므로 각 호텔조직은 경영 목표와 방침에 따라 적합한 평가요소를 정하게 되는데, 다음과 같은 전제조건을 고려한 후 구성요소를 설정하는 것이 좋다.

① 직무평가는 각 직무에 공통적인 것이어야 한다.
② 직무평가는 과학적이고 객관성을 지니고 있어야 한다.
③ 직무평가는 노사쌍방이 납득할 수 있어야 한다.
④ 직무평가는 직무내용을 구성하는 중요한 요소이어야 한다.

그러나 평가에 있어서 구성요소의 중요가 요구되는 만큼 가능한 객관적 사실을 기준으로 하여 결정해야 한다. 직무평가의 구성요소의 중요도 설정의 일반적 조건은 다음과 같다.

① 경영전체의 운영상의 관점에서 관찰해야 한다.
② 직무에 있어서 각 평가요소가 표현하는 가치의 정도이다.
③ 직무평가 구성요소의 신뢰도 또는 확률이다.

이러한 중요도는 대체로 백분율로 표시된다. 세계적으로 이용되고 있는 직무평가의 구성요소는 국제직무평가회의의 독일안(1950년대)과 Lytle(1954), Otis · Leukart (1954)가 제시한 구성요소는 〈표 14-9〉와 같다.

〈표 14-9〉 직무평가의 구성 요소[59]

| 구분 | 구성 요소 |
|---|---|
| 국제직무평가회의의 독일안 (1950년대) | ① 정신적 요소 : 전문지식, 판단력<br>② 육체적 요소 : 숙련, 근육부담, 주의력<br>③ 책임 : 생산수단과 상품, 타인의 안정과 건강, 생산 공정<br>④ 작업환경 : 온도, 물 · 습도 · 산, 더러운 것(유지 · 오염 · 먼지), 가스 · 연기, 소음 · 진동, 눈부심 · 어둠, 환기의 우려 · 옥외 노동, 화재 위험 |
| Lytle (1954) | ① 기능(Skill) : 지능적 기능, 육체적 기능<br>② 책임(Responsibility) : 대인적 책임, 대물적 책임<br>③ 노력(Effort) : 정신적 노력, 육체적 노력<br>④ 작업조건(Working Condition) : 위험도, 불쾌도 등 |
| Otis·Leukart (1954) | ① 비교하여 얻는 것이어야 한다.<br>② 직무에 있어서 일반적인 것인 동시에 중요한 것이어야 한다.<br>③ 직무의 어떤 일면에 대해서만 측정하는 것이며, 중복해서 평가해서는 안 된다.<br>④ 노사 쌍방에서 일치하는 것이 좋다.<br>⑤ 모든 직무에 있어서 보편적으로 적용할 수 있어야 한다. |

## 4) 직무평가의 방법

직무를 평가하기 위한 방법은 여러 가지가 있으나 가장 일반적으로 알려진 방법은 서열법, 분류법, 요소비교법, 점수법 등이 있다. 구체적인 내용은 〈표 14-10〉과 같다.

〈표 14-10〉 직무평가 방법[60]

| 방법 | 개념 | 장점 | 단점 |
|---|---|---|---|
| 서열법 | • 가장 오래된 방법이며, 직무를 중요한 것으로부터 경미한 것으로 서열을 매겨서 평가하는 방법임 | • 가장 빠르고 쉬운 방법이며, 직무평가 목적에 큰 문제가 없을 경우 사용함<br>• 직무의 수가 많지 않을 경우에 적합함 | • 직무가 많은 대기업에는 부적합함 |
| 분류법 | • 미리 등급을 결정하여 놓고 모든 직무를 평가해서 분류하는 방법임 | • 평가절차가 간단하고 비용 및 시간이 절약됨<br>• 직무내용에 대한 참고 정보를 얻기 쉬움<br>• 활용 및 설명이 용이함<br>• 등급이 구분되어 있어 임금과 결부가 용이함 | • 명확한 등급 정의가 곤란하여 분류가 어려움<br>• 선입견에 영향을 받기 쉬움 |
| 요소비교법 | • 각 직무가 공통적으로 포함하고 있는 직무의 특징 몇 개를 평가요소로 추출하여 직무의 가치를 요소별로 가정한 결과를 완화하여 각 직무의 가치를 결정하는 방법임 | • 서열법 또는 분류법에 비하여 비교적 객관성 있는 평가를 할 수 있음<br>• 간결하고 탄력적 평가가 가능함<br>• 비교적 종사원의 이해를 얻을 수 있는 평가 근거가 됨<br>• 다종의 직무를 평가할 수 있음<br>• 직무평가와 동시에 임금률을 결정할 수 있음 | • 기준 직무의 추출이 곤란함<br>• 기준 직무의 잘못 선택은 전직무의 평가가 불공평해짐<br>• 등급 구분이 곤란함 |
| 점수법 | • 직무평가를 측정할 수 있는 여러 요소를 추출 선택하고 각 요소에 중요도에 따른 등급을 설정해서 등급에 점수를 부여하고 그 성과를 직무가치로 산출하는 방법임 | • 비교적 객관화된 평가를 기하여 공정한 결과를 얻을 수 있음<br>• 평가결과를 납득할 수 있는 근거자료가 됨<br>• 평가자가 교체되어도 큰 영향을 받지 않음<br>• 다수 직무의 평가가 용이함 | • 요소결정 비중 및 등급 점수의 할당이 어려우며 고도의 숙련이 필요함<br>• 시간과 경비 측면에서 큰 부담이 됨<br>• 주관적 판단의 여지가 있으며, 요소 및 비중의 잘못 선택에 따르는 평가오차가 매우 클 수 있음<br>• 절차가 복잡함 |

# 제4절 호텔 인적자원 유지관리

## 1. 임금관리

### 1) 임금관리의 개념

한국의 근로기준법 제18조에는 “임금이란 사용자가 노동의 대상으로 근로자에게 임금, 봉급, 기타의 명칭으로든지 지급하는 일체의 금품을 말한다.” 라고 명시되어 있다.[61]

임금과 봉급관리는 견해에 따라 상이한 관점에서 정의되고 있으나 이들 개개의 종사원에게 노동의 반대급부로 얼마의 액수를 지급할 것이며, 그 액수는 무엇을 기준으로 하여 계산할 것이며, 종사원간의 임금기준에는 어떠한 격차를 둘 것인가에 있다. 또한 그 액수는 생활급으로 안정될 수 있는지의 여부와 일정기간에 변화가 있는 등에 대한 적절한 결정을 내리기 위해서 발전된 기술이란 점에서 본다면 임금관리는 ① 임금지급액, ② 임금기준 및 지급방법, ③ 임금의 사회적 수준, ④ 생활급으로서의 안정 여부, ⑤ 승급의 가능성 등에 관한 합리적이고 효율적인 결정을 내리기 위한 기술이라고 볼 수 있다.

따라서 호텔과 종사원 간의 직무적인 관계를 합리적으로 해결하기 위한 방안을 모색하는 기법을 임금관리라고 할 수 있다. 그리고 임금관리의 내용은 [그림 14-12]와 같다.

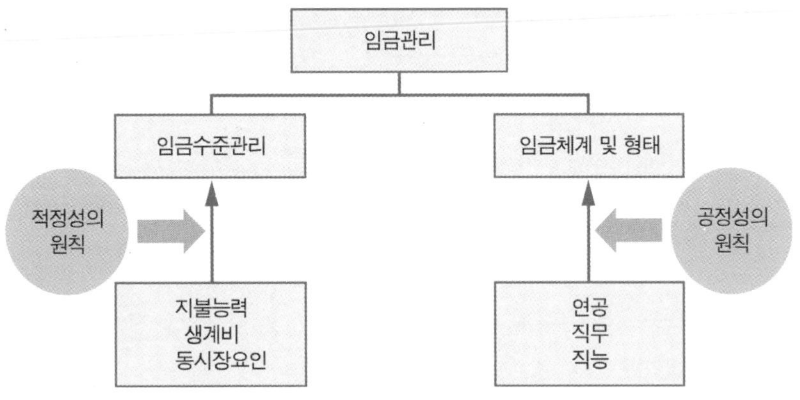


[그림 14-12] 임금관리의 내용

## 2) 임금체계와 형태

임금체계가 체계 확립에 있어서 보다 근본적 골격형성인 상위개념이며, 임금형태는 구체적 지급형태인 하위개념으로 인식되는 것이 일반적이다.

임금체계는 호텔이 정한 총액임금을 어떻게 배분할 것인가에 대한 기준을 말한다. 각 직무 간 임금격차가 발생할 수 있기 때문에 공정성의 확보가 요구된다. 임금형태는 고정급, 성과급 여부를 결정하는 임금산정방식과 임금을 어떤 방법으로 지불할 것인가를 정하는 임금지급방식을 의미한다.

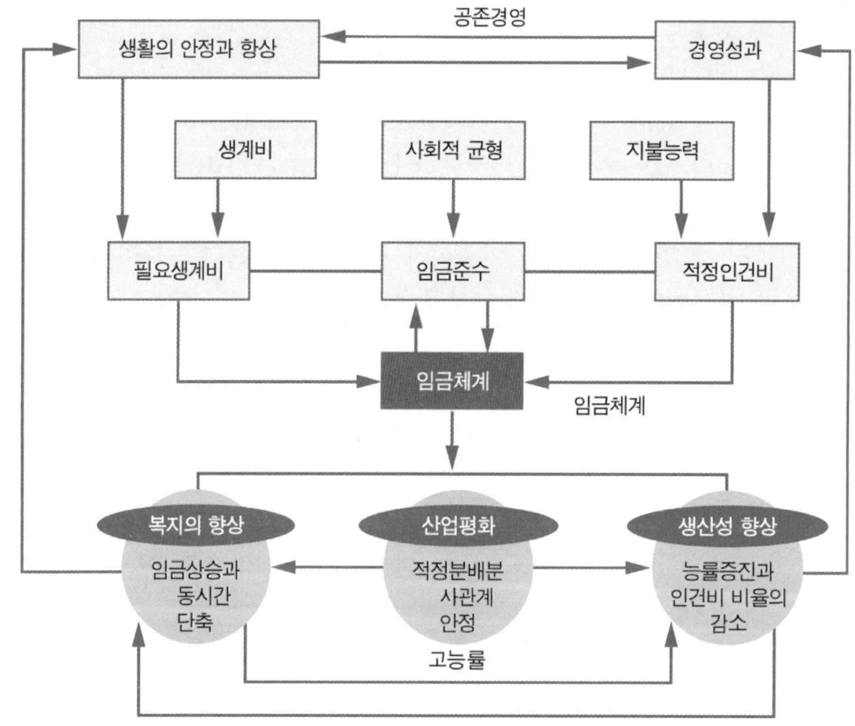

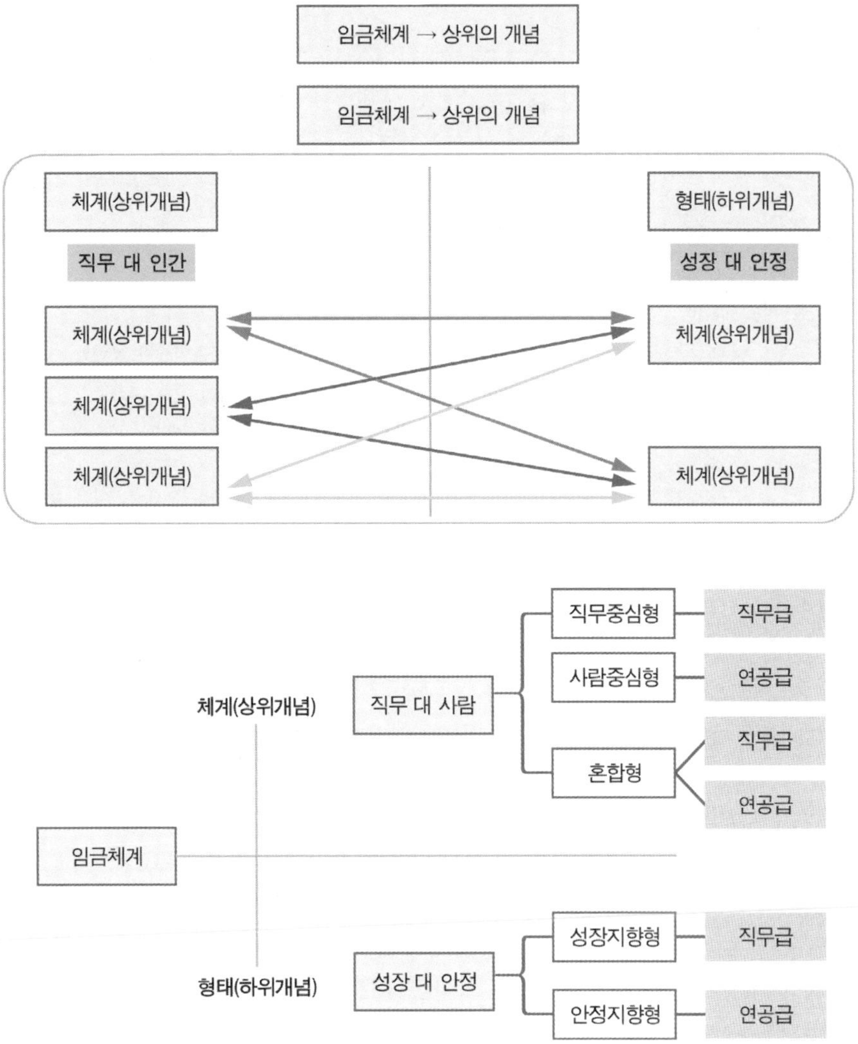

[그림 14-13] 임금체계와 형태[62)]

임금체계를 결정하는 것은 종사원이 호텔에 기여한 실적에 따라 임금을 결정하는 업적주의와 학력·연령·능력·직무내용 등의 투입량에 따라 임금을 결정하는 능력주의로 구분된다. 기본적인 임금체계의 장·단점은 다음과 같다.

| 구 분 | 장 점 | 단 점 |
| --- | --- | --- |
| 연공급 | • 생활보장으로 귀속의식 확대<br>• 연공질서의 확립과 사기유지<br>• 폐쇄적 노동시장에 적합<br>• 성과평가가 어려운 직무에 용이 | • 동일노동에 대한 동일임금 실시 곤란<br>• 전문기술인력의 확보 어려움<br>• 능력 있는 젊은 종업원의 사기 저하<br>• 인건비 부담 가중<br>• 소극적 근무태도 야기 |
| 직무급 | • 능력주의 인사풍토 조성<br>• 인건비의 효율성 증대<br>• 개인별 임금차 불만 해소<br>• 동일노동에 대한 동일임금 실현 | • 직무분석 등 절차가 복잡<br>• 학력, 연공주의 풍토에서의 저항<br>• 종신고용 풍토 혼란<br>• 노등의 자유이동이 곤란한 사회에 적용 제한 |
| 직능급 | • 능력주의 임금관리 실현<br>• 유능한 인재의 지속적 보유<br>• 종업원윌 성장욕구기회 제공<br>• 승진정체의 완화 | • 초과능력에 적용 곤란<br>• 직능평가가 어려움<br>• 적용 직종의 제한<br>• 직무 표준화가 선해되어야 함 |
| 성과급<br>(개인 성과급) | • 생산성 향상, 종업원 소득 증대<br>• 감독의 필요성 감소<br>• 인건비 측정 용이 | • 품질관련 문제 발생 가능성<br>• 종업원의 신기술 도입 저항<br>• 생산기계의 고장에 종업원 불만 고조<br>• 작업장내 인간관계문제 발생 가능성 |

### 3) 임금관리의 중요성

임금은 호텔이 종사원을 채용하고 선택하며, 유지하고 동기부여시키는 관리수단으로 중요한 의미를 갖는다. 반면에 종사원에게는 임금이 소득으로서 생활의 수단이 되기 때문에 중요한 이유 중의 하나다. 이처럼 임금은 비용으로서의 측면과 소득으로서의 측면의 양면성을 갖기 때문에 대립의 원천이 되는 경우가 많다. 따라서 임금은 호텔에 있어서 관리의 대상으로서 매우 중요한 의미를 내포하고 있는 것이다.

이와 같은 임금은 임금구조와 관리, 임금수준과 정책, 지급방법과 형태 등에 따라서 종사원과 기업주, 더 나아가서는 전체 사회에 미치는 영향이 매우 크며, 그 중요성이 강화되어지고 있다. 임금관리의 중요성은 크게 종사원, 호텔, 사회적 관점으로 구분된다.[63]

#### (1) 종사원 관점

종사원 측면에서 중요성은 첫째, 인간의 일차적인 욕구를 충족시키는 생계비는 인간활동의 에너지 원천과 노동 재생산의 요소가 되고 있으므로 임금의 인상은 욕구와 노동재생산의 증대로 반영된다고 볼 수 있어 임금은 생계비 유지의 원천이 된다. 둘째, 조직내부에서의 조직적인 계층의 상향이동은 권한과 책임을 확대시키고 대외적으로 고임금과 고지위에 따르는 사회적 위안을 향상시키게 되므로 종사원의 임금은 사회적 신분 규정 요소로서의 중요성을 갖게 된다. 셋째, 임금은 종사원의 생활안정의 요소로서 생리적

요구를 충족시킴과 동시에 사회적 욕구를 충족시키며 직무에 대한 보람을 느끼게 하므로 임금은 근본적인 사회적, 생리적 욕구 충족의 수단으로 매우 중요한 것이다. 넷째, 임금이 사회적 평균수준을 상회하는 경우에는 절대적인 유인요소로 작용하여 종사원의 자질 향상은 물론 호텔에 대한 공헌도가 증대된다. 따라서 고임금은 종사원의 자질 향상과 공헌도 증진의 요소로 실질적인 중요성을 갖는다. 다섯째, 업무수행의 과정에서 보상제도에 따라 재무적 인센티브를 부여하는 것이 호텔 목표달성을 촉진시킬 수 있다는 점은 종사원에 대한 동기부여 수단으로서의 중요성을 가지게 된다. 따라서 임금은 종사원의 잠재능력을 개발시키기 위한 매개요인으로 작용하게 된다.

### (2) 호텔 관점

호텔의 임금지급 범위는 비용 한도액 내에서 결정되며 가급적이면 관리상에서 비용을 경감시키려고 노력하기 때문에 노・사간의 제반 문제가 발생하는 동기가 되는 것이므로 임금은 호텔 측면에서 비용요소라는 점에서 중요성을 가지게 된다.

임금수준은 종사원의 노동 생산성과 능률을 자극하는 요소이기 때문에 동일 업종과 산업 간에 상호평균을 유지할 수 있는 수준에서 결정이 되면 호텔의 성과 증대와 함께 국가발전에도 영향을 미치게 되므로 임금은 생산성과 능률성의 요소로서 중요성을 내포하게 된다.

임금의 증대는 생산원가를 상승시키는 동시에 판매가격을 높은 수준에서 결정하게 하므로 고객의 구매량의 감소현상을 유발하게 되고 결국은 호텔의 이윤을 하락시키는 결과를 가져오게 된다. 호텔은 이익과 계속고용 및 적정임금 지급계획을 세워야 하므로 이윤요소라는 측면에서 중요성을 갖게 된다. 호텔 종사원에게 지급하는 임금의 증대는 종사원의 구매력을 증진시키고 호텔의 판매행위로 인해 호텔수입으로 재환원되어 임금은 호텔의 수입원천으로 볼 수 있다.

호텔의 고임금 수준의 확보는 상품 판매가격을 높은 수준에서 결정하게 하며, 상품의 질적 향상과 더욱 고도한 마케팅 전략의 전개로 고객을 유인할 수 있는 요소가 되므로 고임금은 최고 가격 형성과 가격 유인의 요소로서 중요성을 가진다.

### (3) 사회적 관점

임금은 사회적 집단에 대하여 중요한 영향을 미치게 된다. 높은 임금은 공동사회의 번영을 증대시킬 수 있는 많은 구매력을 종사원에게 부여하고 있다. 그러나 충분한 원천의 확보 없는 높은 임금정책의 시행은 계속기업으로서의 존립 그 자체에까지 영향을 미치게 된다. 따라서 적정 판매가격 수준의 확보를 위해서는 종사원을 사회집단의 구성원으로 보고 그들의 생계비 유지에 위협을 배제하기 위하여 물가상승을 규제하고 임금 노동자의 생계비 절감을 기할 수 있는 효율적인 정책의 배려가 있어야 한다. 특히 높은 판매가격은 공동사회 내의 많은 집단에서의 절감 현상, 즉 종사원의 생산 서비스에 대한 수요 절감의 결과를 초래하게 되므로 임금은 사회적으로 중요성이 대두되고 있는 것이다.

## 2. 복리후생관리

### 1) 복리후생의 개념

호텔에 있어서 복리후생이란 종사원의 복리향상을 위하여 시행하는 임금 이외의 간접적인 모든 급부를 말한다. 원래 호텔에 있어서 종사원에 대한 복리후생은 온정적·은혜적 의미에서 사용자의 자유의사에 의한 임의적 제도로서의 성격을 가진 것이었으나, 산업사회의 발전과 특히 노사관계의 변화로 말미암아 오늘날에 있어서는 국가의 입법에 의해서 법정제도로서의 성격을 띠게 되었다.

복리후생은 종사원에 대한 생활보장적·은혜적 시책으로서의 성격을 지니고 있는 이상, 호텔이 종사원이 가진 능력을 호텔에 대하여 최고도로 발휘하게 하여 생산성 향상을 도모하고, 호텔을 발전시키는 동시에 종사원이 경제적·문화적 생활향상을 도모하는 것을 목적으로 한 시책의 총칭이라고 할 수 있다.[64] 즉 노동력의 확보·유지·배양을 원활하게 하기 위한 것일 뿐만 아니라 경영 공동체 형성의 기반으로서도 필요하다. 종사원의 복지를 증진시킨다는 것은 오늘날 널리 강조되고 있는 기업의 사회적 책임이기도 하다.

간접적인 경영보수론으로서 복리수행은 경영공동체 형성의 일환으로 사회적 측면을 내포하고 있다. 또한 복리후생은 장기 근속자를 우대함으로써 종사원의 이직을 방지하고, 호텔 특유의 기술 축적에 중요한 역할을 한다. 그러므로 호텔경영에 있어서 인적자원관리 및 개발은 개별적 차원과 사회적 차원으로 구분하여 장기적인 안목과 함께 구체적인 정책 및 관리가 확립되어야 한다. 즉 종사원의 개인 발전과 사회공동체 실현이 합리적으로 융합되어야 한다.[65]

### 2) 복리후생의 목적

호텔의 복리후생은 종사원의 호텔의 귀속심·충성심의 확보, 노동력의 유지·함양, 노사관계의 안정, 생산성 향상 등에 있다. 호텔의 급변하는 시장 환경 하에서 적응하기 위하여 종사원의 생애에 걸친 종합적 복리 확립을 통하여 종사원 스스로가 지속적으로 일하고자 하는 동기부여를 유지하여 그 결과로서 생산성이 향상되고 원만한 노사관계를 유지하는데 있다.[66] 또한 호텔의 복리후생은 호텔 측면과 종사원 측면으로 구분된다. 종사원 측면은 종사원의 사기가 앙양되고, 이로 인해 보다 직무에 충실하도록 하여 호텔의 수익성 목표달성에 기여하는데 있으며, 호텔 측면은 보상의 일부로서 임금의 보완적 성격으로 종사원의 실질 소득을 향상시키는 데 있다.[67]

호텔의 복리후생 관리의 기본원리는 첫째, 공동체 원리에 입각한 경영 공동체의 기반을 구축하는 것이며, 둘째, 보조원리로서 지원관리에 입각한 노동력 재생산을 위한 노동의 확보・유지・배양과 노사관계 개선의 확립에 있다.

종사원 복리후생을 위한 제도는 노동력의 재생산을 위한 보조적 수단이라고 할 수 있지만, 경영관리의 내용이 고도의 발전하고 변화된 오늘날의 호텔에 있어서는 매우 중요한 의의를 갖게 된다. 복리후생이 호텔과 종사원 측면에 영향을 주는 효과는 〈표 14-11〉과 같다.

〈표 14-11〉 복리후생의 효과[68]

| 호텔 | 종사원 |
|---|---|
| • 생산성 향상과 원가절감<br>• 팀워크 정신이 높아짐<br>• 결근, 지각, 사고, 불만 및 노동 이동률 감소<br>• 인간관계 개선<br>• 채용 및 훈련비용 절감<br>• 종사원과 건설적으로 일할 기회 제공<br>• 호텔의 방침과 목적을 과시할 기회가 높아짐<br>• 호텔의 홍보 기회 제공 | • 사기가 높아짐<br>• 복지에 대한 인식이 깊어짐<br>• 불만 감소<br>• 경영자와의 관계 개선<br>• 고용안정과 생활수준 향상<br>• 건설적으로 참가하는 기회 증대<br>• 호텔의 방침 및 목적에 대한 이해가 커짐<br>• 지역사회의 시설 및 기관에 대한 종사원 개인으로서 관심과 이해가 촉진됨 |

### 3) 복리후생의 기능

복리후생의 기능은 첫째, 생활안정의 기능이다. 호텔이 종사원에게 보상을 하는 목적으로 근로의욕을 증진하고 생활안정을 도모하여 안심하고 직무에 종사할 수 있도록 하는 것이다. 이때 임금이 직접적인 기능을 한다면, 복리후생은 간접적이고 부가적인 보완기능을 한다. 그러므로 복리후생은 종사원의 생활안정을 도우려는 각별한 배려의 한 방법이다.

둘째, 노동력 유지의 기능이다. 복지후생에 관한 제도는 종사원의 이직을 방지하는 주요한 기능을 가진다. 이직의 주된 이유가 생활불안정이기 때문에 이를 해결하여 노동력을 유지하려면 우선 복리후생의 확대를 통해 생활안정을 도모해야 한다. 주택지원을 하고 의료 혜택과 생활편의시설을 마련해 주면 종사원의 이직은 감소하게 된다.

셋째, 명랑한 인간관계 조성의 기능이다. 임금은 개별적 차등지급의 형태를 가지고 있기 때문에 개인적인 비교나 저수준의 임금을 받는 사람이 불만을 가질 수 있다. 그러나 복리후생은 단체지급의 성격을 내포하기 때문에 종사원 모두가 평등하다는 생각으로 조직 내의 인간관계가 원활하게 된다.

넷째, 협조적 노사관계 조성의 기능이다. 이처럼 대부분의 복리후생의 내용은 호텔이 종사원을 배려하는 차원에서 지급하는 것이므로 노사관계를 협조적 분위기로 만드는데 크게 기여한다.[69]

### 4) 복리후생의 형태

호텔의 복리후생은 노조의 활동이나 종사원들의 복리후생에 대한 욕구 표출의 강도가 커짐에 따라 점차 개선되어가고 있는 추세이다. 그러나 아직까지도 등급별 그리고 호텔 자체의 여건이나 지불능력 등에 따라 많은 차이를 보이고 있다. 대부분의 특급호텔을 제외한 호텔의 복리후생은 상당히 미흡한 실정으로 종사원의 근무환경에 대한 불만족 요인으로 작용한다.

호텔의 복리후생의 제도 및 시설 내용은 일반 기업의 경우와 비슷하며, 출퇴근 문제, 급식, 유니폼 제공, 자녀 학자금 지원, 경조비 지급 등 생활 원조적이거나 공제지원적 성격의 현물 급여 등의 즉각적인 내용으로 선진국 복리후생제도에 접근하지 못하고 있는 실정이다.

〈표 14-12〉 복리후생 형태[70]

| 형태 | | 내용 |
|---|---|---|
| 법정 복리후생 | | 국민연금, 건강보험, 산재보험, 고용보험 등의 4대 보험과 산전후 휴가, 육아 휴직, 퇴직금제도 등 |
| 법정 외 복리후행 | 주택 | • 주택시설 지원 : 사원숙소 등<br>• 주택소유 지원 : 주택마련자금, 전세자금 등 |
| | 생활경제 | • 급식시설 : 사원식당, 식권 등<br>• 구매시설 : 매점, 물품알선 등<br>• 장학금 : 자녀교육비, 학비지원 등 |
| | 보건위생 | • 진료시설 : 의무실 운영 등<br>• 보양시설 : 보양소, 해변 휴양소 등<br>• 건강증진, 예방시책 : 정기검진, 건강상담 등 |
| | 시설 | • 문화시설 : 오락실, 도서실 등<br>• 체육시설 : 체육관, 운동장 등 |
| | 금융 | • 공제시책 : 경조관계 급부금, 재해 위로금 등<br>• 금융시책 : 각종 대부금, 사내예금 등 |

# 3. 이직관리

## 1) 이직의 개념

이직이란, 종사원이 자신이 소속한 조직으로부터 이탈함으로써 고용관계의 일시적 혹은 영구적인 단절을 의미하며, 인력의 자연감소, 일시해고, 해고를 포함한다.[71)]

이직의 개념은 종사원이 한 지역으로부터 다른 지역으로 이동하는 지역 간 이동, 한 직업으로부터 다른 직업으로 전직하는 직업 간 이동으로 구분할 수 있다. 그리고 한 산업에서 다른 산업으로 이동하는 산업 간 이동을 포함하는 거시적 측면과 조직 내부 이동과 조직 외부 이동을 포함하는 미시적 측면으로 나눌 수 있다. 그러나 인적자원관리 분야의 연구에서는 대개 조직 외부 이동을 이직으로 보고 있다.[72)]

호텔 종사원의 이직은 종사원에 대한 임금, 복지수준, 휴일근무 등의 내적인 측면과 직무, 작업환경, 역할 갈등 등의 외적인 축면으로 인하여 동종 또는 이종의 직장으로 이동하는 것을 말한다.[73)]

일반적으로 이직은 조직을 떠나는 개인과 관련되고 조직으로 들어오는 개인을 언급하지 않는 것이 보통이며, 이 분야의 여러 학자들은 이직을 결근, 지각 등과 함께 종사원의 조직 이탈행위의 한 형태[74)]로 해석하기도 한다.

따라서 호텔에서의 이직이란 넓은 의미에서 이직의 개념은 재직의 반대되는 개념으로서 현재의 담당업무를 그만두고 다른 직무나 조직으로 옮겨가는 것을 말한다.

## 2) 이직의 종류

이직은 종사원의 자발성 여부에 따라 자발적 이직과 비자발적 이직으로 구분[75)]할 수 있고, 또한 관리자의 통제 여부에 따라 피할 수 있는 이직과 피할 수 없는 이직으로 나누어진다.[76)]

① 자발적 이직은 종사원 개인 의사에 의한 이직으로 사직을 의미하는데, 이는 개인사정에 대한 문제가 발생할 때나 현재 직무조건에 불만을 내포하고 있을 때 나타난다. 예를 들어, 결혼, 임신, 출산, 질병, 가족의 이주 등으로 회사를 그만 두는 것을 의미한다.

② 비자발적 이직은 자발적 이직과는 달리 종사원의 개인 의사가 반영되는 것이 아니라 주로 관리자는 조직의 입장에서 강제로 이루어지는 이직으로 면직을 의미한다. 예를 들어, 해고, 사망 그리고 정년퇴임 등이 포함된다.

③ 피할 수 있는 이직은 관리자가 통제할 수 있는 임금, 복지, 업무시간, 작업 조건 때문에 이직하는 것으로 이는 대부분 다른 기업으로 전직하는 경우이다.

④ 피할 수 없는 이직은 정년퇴직, 사망 등 관리자가 통제할 수 없는 요인에 의해 나타나는 이직을 의미한다.

### 3) 이직의 원인

이직은 한 가지만 존재하는 것이 아니고 여러 가지 원인들이 복합적으로 작용하고 있다. 이직의 원인은 물론 개개인마다 다른 이유가 있을 수 있지만, Poter・Steers(1973)가 제시한 4가지 요인별 원인을 설명하면 〈표 14-13〉과 같다.

〈표 14-13〉 이직의 원인[77]

| 요인 | 주요 원인 |
|---|---|
| 조직 전체 | • 작업집단과 가까인 외부의 사람들이나 서거에 의해 기본적으로 결정되는 개인에 영향을 미치는 변수를 말함<br>• 임금, 승진 및 자기발전의 기회, 조직의 규모 등 |
| 외부 환경 | • 종사원은 개인이 어떤 이유에서든 기업에 대한 불만을 갖고 있을 때 이러한 불만이 이직으로 연결되는 데에는 당시의 노동시장의 환경이 결정적인 역할을 함 |
| 작업 환경 | • 종사원 자신이 처해 있는 작업 환경에 있어서의 감독 유형, 작업 단위의 규모, 동료 집단과의 상호작용의 성격 등의 변수를 말함<br>• 감독자, 동료, 근무환경(근무시간, 업무량, 작업시설의 배치, 사고의 위험성) 등 |
| 직무 내용 | • 직무 내용에 관한 전반적인 반응 : 즉 흥미로운가, 적성에 맞는가 하는 문제 등임<br>• 작업 반복성 :직무의 단조로움은 일의 흥미를 잃게 하며, 개인의 성취 욕구에 질적으로 영향을 줌<br>• 직무 자율성과 책임성 : 자기 스스로가 한 직무에 대하여 자율적으로 실시하고, 그에 대한 책임을 지는 것은 직무에 대한 만족도를 높여 이직과는 부(-)의 관계를 가지게 됨<br>• 역할 명료성 : 맡은 임무에 대한 자기의 역할을 확실하게 인식한다는 것은 자신의 과업 수행과 자기직무에 대한 경제적 보상과 정당성을 판단하는데 도움이 됨 |
| 개인 특성 | • 연령, 근속기간, 적성, 성격, 가족 관계 등은 이직의 한 요인이 될 수 있음 |

### 4) 이직의 영향

#### (1) 긍정적 영향

조직의 입장에서 불필요한 종사원이 자발적으로 이직할 때, 이는 보다 참신한 인적자원으로 대체할 수 있도록 해주는 계기가 된다. 이직의 긍정적 영향은 다음과 같다.

① 조직의 활성화 측면에서 긍정적 영향을 준다. 이직으로 인한 공석은 조직구성원에 대하여 인사이동에 대한 기대감과 신규사원 채용 등을 통한 조직적 활력을 제공한다.

② 이직으로 인해 호텔이 부담해야 하는 임금과 같은 인적자원에 대한 제반 비용 부담을 감소시킨다.

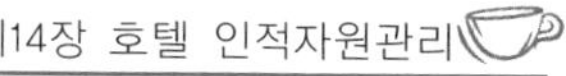

③ 잠재적인 갈등이 해소되는 이익을 얻을 수 있다. 예를 들어, 부서 내에서 혹은 부서 간에 갈등을 일으키는 원인이 되었던 사람이 이직을 하게 되었을 경우 얻는 갈등의 해소와 성과가 낮은 종사원의 이직으로 능률이 향상될 수 있다.

(2) 부정적 영향

이직에 대한 연구가 시작되는 초기에는 주로 자발적인 이직이 조직에 부정적인 영향을 미치는 것으로 가정하고 가급적이면 자발적 이직을 줄이는 방향으로 노력이 이루어져 왔다.[78] 이직의 부정적 영향은 다음과 같다.

① 이직은 호텔에 잔류해 있는 종사원들의 사기에 영향을 미치며, 조직 몰입도를 저해하여 조직 전체의 안정성을 저해한다. 다시 말해서 이직자로 인해서 잔류자들이 조직이나 직무에 대해 재평가를 하게 되어 부정적인 이미지를 갖게 되고 또 다른 이직자가 발생할 수 있다.

② 높은 이직률은 노동시장을 지나치게 유동적으로 만들고 종사원이 한 직장에서 다른 직장으로 옮기는 과정에서 일시적 실업이 발생하게 된다. 즉 국가 전체의 실업률 상승으로 인해 대내적으로는 물가 불안과 정치 불신, 대외적으로는 국가 신용도의 하락 등의 국가 경제와 사회에 악영향을 줄 수 있게 된다.

③ 이직은 조직 내의 직무의 상호 의존성 때문에 관리상의 혼란을 초래하게 된다. 이직자의 담당 직무가 일시적인 공백상태를 보이기 때문에 전체 시스템의 흐름에 있어 장애가 발생할 수 있다.

④ 높은 이직률의 발생은 대체 인적자원의 충원비용, 훈련비용 등 대체 비용에 대한 부담을 증가시켜 경영자에게 큰 부담요인이 된다. 또한 신입사원의 경우 숙련된 인적자원이 되기까지 교육비와 그 기간 동안 발생하는 생산성 저하에 대한 비용까지 부담해야 한다.

### 5) 이직의 관리 방안

자발적 이직은 호텔의 상태를 반영해 주기 때문에 기업의 중요 관심영역이 되고 있다. 자발적 이직을 감소시키기 위한 제도적 보완책은 고충처리제도, 인사상담제도, 인간관계 개선제도, 승진·임금·복리후생제도 등이 있다. 그리고 정년을 중심으로 전개하는 각종 프로그램에 의해 자발적 이직을 촉진시키거나 억제하도록 하는 방법을 활용하면 좋다.

비자발적 이직의 대표적 형태는 일시 귀휴, 일시 해고, 영구 해고, 명예퇴직, 정년 등이 있으며, 가급적 호텔과 종사원간의 마찰을 줄이면서 사회적 책임을 다하는 입장에서 관리되어야 한다.[79]

## 참고문헌

1) 이재호, 현대인사관리론, 일신사, 1987.
2) 황대석, 인사관리, 박영사, 1994.
3) 양운섭, 경영인사관리, 형설출판사, 1989.
4) 호원혜, "호텔 인적자원관리에 관한 연구," 동신대학교대학원 석사학위논문, 2010.
5) 원융희·박충희·이창욱, 디지털시대의 전략적 관광인적자원관리, 백산출판사, 2009.
6) Wright, P. W. & Boswell, W. R., Desegregating HRM : A Review and Synthesis of Micro and Macro Human Resource Management Research, Center for Advanced Human Resource Studies, Cornell University, Working Paper, 2002.
7) Barney, J. B. & Wright, P. M., On Becomming a Strategic Partner : The Role of Human Resources in Gaining Competitive Advantage, Human Resource Management, 37(1), 1998.
8) Pfeffer, J., Seven Practices of Successful Organizations, California Management Review, 40(2), 1998., 박종철, "호텔기업의 인적자원관리가 신뢰 및 조직성과에 미치는 영향," 배재대학교 일반대학원 박사학위논문, 2008. 재인용함.
9) Wright, P. M. & McMahan, G. C., Theoretical perspectives for strategic human resource management, Journal of Management, 18, 1992.
10) 배종석, "경쟁우위와 인적자원관리 전략적 인적자원관리 연구의 비판적 고찰과 연구방향 모색" , 인사·조직연구, 한국인사조직학회 7, 1999.
11) MacDuffie, J. P., Human resource bundles and manufacturing performance: organizational logic and flexible production system in the world auto, Industrial and Labor Relations Review, 48, 1995.
12) Schuler, R. S. & Jackson, S. E., Determinants of human resource priorities and implications for industrial relations, Journal of Management, 10, 1987., Wright, P. M. & McMahan, G. C., Theoretical perspectives for strategic human resource management, Journal of Management, 18, 19920., Wright, P. M. & Snell, S. A., Toward an Integrative View of Strategic Human Resource Management. Human Resource Management Review, 1, 1991.
13) Lengnick-Hall, C. A. & Lengnick-Hall, M. L., Strategic human resource management, A review of the literature and a proposed typology, Academy of Management Review, 13, 1988., Schuler, R. S. & Jackson, S. E., Determinants of human resource priorities and implications for industrial relations, Journal of Management, 10, 1987., Wright, P. M. &

McMahan, G. C., Theoretical perspectives for strategic human resource management, Journal of Management, 18, 1992.

14) 배종석, "경쟁우위와 인적자원관리 전략적 인적자원관리 연구의 비판적 고찰과 연구방향 모색" , 인사 · 조직연구, 한국인사조직학회 7, 1999.

15) 김준성, "인적자원관리의 효과성이 지식경영의 성과에 미치는 영향에 관한 실증적 연구," 인하대학교 대학원 박사학위논문, 2003.

16) 박종철, "호텔기업의 인적자원관리가 신뢰 및 조직성과에 미치는 영향," 배재대학교 일반대학원 박사학위논문, 2008.

17) 김봉규, "관광호텔의 인사관리 효율성 평가방법에 관한 실증적 연구," 경기대학교 대학원 박사학위논문, 1993.

18) Geutry, Dwight L. & Taff, Charles A., Element of Business Enterprise, New York : Ronald Press. Co., 1961.

19) Nagaraj, Sivasubramaniam, Matching Human Resource and Corporate Strategy, Unpublished Doctoral Dissertation, Florida International University, 1993., 박종철, "호텔기업의 인적자원관리가 신뢰 및 조직성과에 미치는 영향," 배재대학교 일반대학원 박사학위논문, 2008. 재인용하여 구성함.

20) 배종석, "인적자원관리와 기업성과 : 비판적 고찰과 한국기업적용과제," 인사관리연구, 25(3), 2001., 박종철, "호텔기업의 인적자원관리가 신뢰 및 조직성과에 미치는 영향," 배재대학교 일반대학원 박사학위논문, 2008. 재인용함.

21) 유기현, 인사관리론, 무역경영사, 1986., 김식현, 인사관리론, 무역경영사, 1991.

22) 김식현, 인사관리론, 무역경영사, 1991., 황대석, 인사관리, 박영사, 1994., 최종태, 현대인사관리론, 박영사, 1993.

23) 호원혜, "호텔 인적자원관리에 관한 연구," 동신대학교 대학원 석사학위논문, 2010. 바탕으로 재구성함.

24) 원융희 · 박충희 · 이창욱, 디지털시대의 전략적 관광인적자원관리, 백산출판사, 2009.

25) 호원혜, "호텔 인적자원관리에 관한 연구," 동신대학교 대학원 석사학위논문, 2010.

26) 김석희, 인사관리론, 무역경영사, 1989.

27) 호원혜, "호텔 인적자원관리에 관한 연구," 동신대학교 대학원 석사학위논문, 2010.

28) 허 진, "인적자원관리의 차별화 전략," LG주간경제 경영정보, LG경제연구원, 2001.

29) 류진순, "관광호텔 인적자원의 효율적 관리에 관한 연구," 경기대학교 대학원 석사학위논문, 1999.

30) 양창삼, 인적자원관리, 법문사, 1994.

31) 류진순, "관광호텔 인적자원의 효율적 관리에 관한 연구," 경기대학교 대학원 석사학위논문, 1999. 바탕으로 재구성함.
32) 최종태, 현대인사관리론, 박영사, 2003.
33) 지명원 · 민일식, 쉽게 읽는 관광인적자원관리, 새로미, 2009.
34) 21C 호텔관광연구회, 호텔경영학, 현학사, 2005.
35) 김우진, "호텔종사원의 통합적 채용관리시스템과 채용결정요인에 관한 연구 : 채용전문가와 지원자 간의 차이분석," 경희대학교 관광대학원 석사학위논문, 2007.
36) 지명원 · 민일식, 쉽게 읽는 관광인적자원관리, 새로미, 2009.
37) 김우진, "호텔종사원의 통합적 채용관리시스템과 채용결정요인에 관한 연구 : 채용전문가와 지원자 간의 차이분석," 경희대학교 관광대학원 석사학위논문, 2007.
38) 정수진 · 고종식, 인적자원관리, 삼우사, 2000., 김우진, "호텔종사원의 통합적 채용관리시스템과 채용결정요인에 관한 연구 : 채용전문가와 지원자 간의 차이분석," 경희대학교 관광대학원 석사학위논문, 2007. 참고하여 구성함.
39) 지명원 · 민일식, 쉽게 읽는 관광인적자원관리, 새로미, 2009.
40) 원융희 · 박충희 · 이창욱, 디지털시대의 전략적 관광인적자원관리, 백산출판사, 2009., 김우진, "호텔종사원의 통합적 채용관리시스템과 채용결정요인에 관한 연구 : 채용전문가와 지원자 간의 차이분석," 경희대학교 관광대학원 석사학위논문, 2007., 지명원 · 민일식, 쉽게 읽는 관광인적자원관리, 새로미, 2009. 참고하여 구성함.
41) 박경규, 신인사관리, 홍문사, 1997.
42) 류진순, "관광호텔 인적자원의 효율적 관리에 관한 연구," 경기대학교 대학원 석사학위논문, 1999.
43) 양창삼, 인적자원관리, 법문사, 1994.
44) 서도원, 인적자원관리, 대경, 2010.
45) 류진순, "관광호텔 인적자원의 효율적 관리에 관한 연구," 경기대학교 대학원 석사학위논문, 1999.
46) 서도원, 인적자원관리, 대경, 2010.
47) 지명원 · 민일식, 쉽게 읽는 관광인적자원관리, 새로미, 2009., 서도원, 인적자원관리, 대경, 2010.
48) 원융희 · 박충희 · 이창욱, 디지털시대의 전략적 관광인적자원관리, 백산출판사, 2009., 서도원, 인적자원관리, 대경, 2010., 지명원 · 민일식, 쉽게 읽는 관광인적자원관리, 새로미, 2009. 참고하여 구성함.
49) 황대석, 인적자원관리론, 문영사, 1996.

50) 정수영, 신인사관리, 박영사, 1997.
51) 원융희 · 박충희 · 이창욱, 디지털시대의 전략적 관광인적자원관리, 백산출판사, 2009.
52) 김권수 · 정혜란, 호텔경영의 이해, 기문사, 2010.
53) 지명원 · 민일식, 쉽게 읽는 관광인적자원관리, 새로미, 2009., 김권수 · 정혜란, 호텔경영의 이해, 기문사, 2010.
54) 정수영, 신인사관리, 박영사, 1997., 지명원 · 민일식, 쉽게 읽는 관광인적자원관리, 새로미, 2009., 김권수 · 정혜란, 호텔경영의 이해, 기문사, 2010., 서도원, 인적자원관리, 대경, 2010. 참고하여 구성함.
55) 원융희 · 박충희 · 이창욱, 디지털시대의 전략적 관광인적자원관리, 백산출판사, 2009.
56) 서도원 · 서인석 · 송석훈 · 이기돈, 인사관리 : 이론과 실제, 대경, 2010.
57) 서도원, 인적자원관리, 대경, 2010.을 참고하여 구성함.
58) 서도원 · 서인석 · 송석훈 · 이기돈, 인사관리 : 이론과 실제, 대경, 2010.
59) 서도원, 인적자원관리, 대경, 2010. 참고하여 구성함.
60) 김원경, 인사관리론, 형설출판사, 1992., 서도원 · 서인석 · 송석훈 · 이기돈, 인사관리 : 이론과 실제, 대경, 2010., 원융희 · 박충희 · 이창욱, 디지털시대의 전략적 관광인적자원관리, 백산출판사, 2009., 지명원 · 민일식, 쉽게 읽는 관광인적자원관리, 새로미, 2009.
61) 김식현, 인사관리론, 무역경영사, 1991.
62) 원융희 · 박충희 · 이창욱, 디지털시대의 전략적 관광인적자원관리, 백산출판사, 2009.
63) 류진순, "관광호텔 인적자원의 효율적 관리에 관한 연구," 경기대학교 대학원 석사학위논문, 19991.
64) 하영일, "호텔직원의 복리후생제도가 직무만족에 미치는 영향에 관한 연구," 한양대학교 산업경영대학원 석사학위논문, 2005.
65) 최종태, 인사관리, 박영사, 1995.
66) Werter, William B. & Keith Davis, Personnel management and human resources, Mcgraw-Hill Kogakusha, Ltd., 1982.
67) 김충호, 신호텔인사관리론, 백산출판사, 1998.
68) 안영면 · 박봉규 · 윤정헌, 관광인적자원관리, 대명, 2002., 김충호, 신호텔인사관리론, 백산출판사, 1998. 참고하여 구성함.
69) 최해진, 전략적 인사관리론, 형설출판사, 1998.
70) 신강현, 호텔인적자원관리론, 형설출판사, 2004., 지명원 · 민일식, 쉽게 읽는 관광인적자원관리, 새로미, 2009. 참고하여 구성함.
71) 박내희, 인사관리, 박영사, 1998.

72) 고석면 · 박인양, "관광호텔 종사원의 서비스지향성이 조직성과에 미치는 영향에 관한 연구 : 인천지역을 중심으로," 관광경영학연구 14, 관광경영학회, 2002.
73) 유승학, "서울시내 호텔직원의 직무의식에 관한 연구," 경희대학교 경영대학원 석사학위논문, 1993.
74) 이부일, "종업원 이직관리에 관한 실증적 연구," 조선대학교 경영대학원 석사학위논문, 1985.
75) Mobley, William H., Employee Turnover, Causes, Consequences, and Control, Addison-Wesley (Reading, MA), 1982., Augstructione, J. C., Personnel Turnover in Handbook of Modern Personnel Administration, McGraw-Hill, 1972. 재인용함.
76) Pigors, P. & Myers, C. A., Personnel Administration(7th), McGraw-Hill, 1999. 재인용함.
77) Poter, L. W. & Steers, R. M., "Organizational work and personnel factors in employee turnover and absenteeism," Psychological Bulletin, 80, 1973., 이강호, "개인적 특성, 종사원의 직무만족 그리고 이직의사와의 관계에 있어서 호텔등급이 미치는 영향에 관한 연구," 신라대학교 대학원 석사학위논문, 2002., 김선호, "관광호텔 종사원의 이직 개선방안에 관한 연구 : 중 · 소규모 호텔 중심으로," 경기대학교 국제 · 문화대학원 석사학위논문, 2005., 서도원, 인적자원관리, 대경, 2010. 참고하여 구성함.
78) 김영철, "식음료서비스 종사자의 직무 스트레스와 이직의도 연구," 경기대학교 대학원 박사학위논문, 2002., 함봉균, "호텔 종사원의 직무만족과 이직의도에 관한 연구," 경기대학교 국제 · 문화대학원 석사학위논문, 2002.
79) 서도원 · 서인석 · 송석훈 · 이기돈, 인사관리 : 이론과 실제, 대경, 2010.

Chapter

15

# 호텔 마케팅

Chapter

# 15 호텔 마케팅

## 제1절 호텔 마케팅의 이해

### 1. 마케팅 환경 변화

호텔은 유·무형적인 서비스를 중심으로 마케팅을 수행하므로 일반적인 상품의 마케팅 활동보다 더욱 환경적 영향력에 민감한 경향이 있다. 즉 호텔이 가진 여러 가지 특성상 외부 환경 변화는 호텔에게 매우 심각하고 직접적인 영향을 미친다. 인구 통계적 환경의 양적·질적 변화는 호텔의 잠재적 시장매출액 및 표적시장의 성장잠재력을 예측하게 해주고, 경제적 환경 변화는 호텔서비스에 대한 실질 구매력을 결정한다. 또한 기술적 환경 변화는 호텔서비스의 내용을 변화시키는 힘으로 서비스 제공 능력 및 고객만족에도 크게 관련된다. 자연적 환경 변화는 호텔의 마케팅 자원의 질적 수준에 밀접하게 관련되어 서비스 수요를 결정하는 요소가 된다. 그리고 사회·문화적 환경 변화는 사회구성원의 가치관 및 신념, 라이프스타일(Lifestyle) 등은 시간변화에 따라 달라진다. 또한 정치적·법률적 환경은 호텔의 행동반경 내지 지침을 제공하는 요소로 필연적으로 적응해야 할 환경 변화이다.

여러 가지 환경적 요인이 호텔에 긍정적 혹은 부정적인 영향을 미쳐 경영 활동의 범위와 방향을 결정짓게 만든다. 그러므로 호텔은 이러한 환경변화의 현황과 미래 추세를 잘 파악하여 그에 대한 적절한 대응책을 강구해 나갈 때 치열한 경쟁에서 살아남을 수가 있게 된다.[1)]

## 2. 마케팅 개념

마케팅의 정의는 관점에 따라서 달라질 수 있고, 학자들에 따라서 수많은 정의가 존재한다. 일반적인 세 가지 측면에서 정의하면 첫째, 법률적 관점에서 "마케팅이란 재화나 용역의 소유권에 대한 교환행위" 로 보았다. 둘째, 경제적 관점에서 "마케팅이란 시간효용, 장소효용 및 소유효용의 창조를 취급하는 경제학의 한 분야" 라든지 또는 "재화나 용역의 교환을 통해서 인간의 욕망을 충족시키는 행위" 를 강조하였다. 셋째, "사실의 기술" 이라는 관점*에서 마케팅을 "개인과 조직의 목표를 충족시킬 교환을 야기시키기 위하여 아이디어 및 상품, 서비스의 개념화와 가격결정, 촉진, 유통을 계획하고 수행하는 과정" 으로 제시하였다.[2)]

호텔 마케팅의 도입과정은 첫째, 생산지향적 개념은 소비자가 입수 가능하고 값이 적절한 상품을 선호할 것이라는 가정 아래 출발하므로 관리자는 생산과 유통의 효율을 높이는데 중점을 두었으며, 시설확충, 작업방법 및 대량 생산문제에 주된 관심을 가졌다. 둘째, 상품지향적 개념은 생산개념과 마찬가지로 내부지향적인 관점이다. 소비자가 기존 상품과 상품 형태를 선호하고 있어서 경영자는 이러한 관점에서 상품이 우수한 개량된 상품을 개발한다는 것을 의미한다. 셋째, 판매지향적 개념은 호텔이 충분한 판매와 판매촉진 노력을 기울이지 않으면 소비자는 호텔의 상품을 대량으로 구입하지 않을 것이라는 것을 가정하고 있다. 판매활동 목표는 가능한 한 판매를 달성하여 판매 후의 만족 또는 판매에 따른 수익의 기여에 대하여 염려하지 않는 측면이다. 넷째, 마케팅 지향적 개념은 1950년대 초부터 나타나 현재까지 적용되고 있다. 마케팅 지향적 개념이 가정하고 있는 것은 조직 목표의 달성이 표적시장의 현재욕구와 잠재욕구를 결정하는데 좌우되고, 경쟁 타사보다도 효과적이고 또한 효율적으로 바람직한 만족을 제공한다는 것이다. 다섯째, 사회지향적 마케팅 개념은 최근 많이 적용하는 마케팅 개념으로서 표적시장의 현재욕구와 잠재욕구 및 이익을 명확히 하여 소비자 및 사회복지를 유지하고 높여 갈 수 있게 경쟁 타사보다 효과적이며 효율적으로 만족을 제공하는 것을 말한다.[3)]

모든 호텔에서는 변화하는 소비자의 욕구를 정확히 파악하여 고객지향적인 서비스 품질의 강화와 호텔의 신뢰도를 구축하여 급변하는 환경변화에 대응할 수 있는 마케팅 전략의 수립이 요구되고 있다.[4)]

일반적으로 호텔 마케팅은 관광사업에 관련된 마케팅 활동이며, 호텔상품의 특징으로 인하여 일반기업에서 유형적인 상품 구매를 목적으로 하는 마케팅과는 생산유통과정, 판

*마케팅 분야에서 가장 권위가 있다고 인정되는 미국마케팅학회(AMA : American Marketing Association) 이사회가 채택한 정의이며, 미국마케팅학회는 경제환경 변화와 마케팅이론의 발전에 따라 1968년의 정의가 부적합함을 인식하고 1983년 새로운 정의를 발표하였다.

매촉진 방법 등에 있어서 기업의 특수성이 존재한다. 따라서 호텔 마케팅은 소비자에게 적용하는 일, 즉 소비자가 원하는 호텔상품 내지 서비스를 전력으로 판매하는 일련의 과정이다.[5)]

오늘날 모든 호텔의 공통된 과제는 호텔이 개발한 상품을 이용하는 소비자를 발견하는 일이다. 아무리 좋은 물건을 만들고 판매하고자 하지만, 소비자가 이를 외면하거나 정확한 소비자를 발견하지 못할 때 판매는 이루어지지 않으며 판매가 없으면 결과적으로 이윤을 확보할 수 없게 된다. 호텔은 소비자가 필요로 하는 것을 판매하여 이윤을 추구하는 기업이다. 그러나 이윤 추구는 반드시 소비자의 욕구충족을 통해서 이루어져야 한다. 또한 호텔상품의 판매는 호텔에 이익을 주는 것이 전제조건이 되어야 한다. 호텔 마케팅이 소비자 지향의 원리를 바탕으로 한다는 것은 고객의 필요와 욕구를 가장 우선적으로 생각하며, 그 욕구의 충족을 최대한 목표로 삼아야 한다. 그러한 소비자의 욕구가 충족되면 결과적으로 소비자의 만족을 낳게 되고 소비자는 자기의 욕구를 충족시킨 상품을 반복해서 구매하게 된다.[6)] 이러한 현상이 반복되면 자동적으로 호텔상품에 대한 충성도가 생겨 호텔은 장기적인 이익을 확보할 수 있게 된다.

Marrison(1989)은 호텔 마케팅은 기업의 목표와 고객의 필요와 욕구를 만족시키기 위하여 계획, 조사, 실행, 통제 및 평가를 하는 과정이라고 하였다.[7)] 고객의 요구와 욕구에 맞는 상품을 제공하며 비용과 수익을 고려한 가격설정과 잠재고객에게 구매동기를 유발할 수 있도록 해야 한다.

따라서 호텔 마케팅이란 "일관되고 신뢰성 있는 서비스 제공으로 특정서비스에 대한 고객의 욕구충족을 통한 조직의 목표를 달성하기 위하여 마케팅 믹스를 계획하고 실행하는 과정"으로 볼 수 있다.

## 3. 마케팅 특성

### 1) 높은 인적자원 의존성

호텔은 생산하는 상품이 실체가 아닌 행위의 결과이기 때문에 그 행위를 주도하는 주체는 사람이어야 한다. 즉 고객이 느끼는 상품의 진정한 가치는 고객에게 상품을 전달하는 과정에서 인적서비스가 가미되었을 때 발휘될 수 있다. 이렇게 호텔이 인적자원에 대한 의존성이 높기 때문에 제조업체처럼 생산공정의 기계화를 통한 대량생산이 곤란하다. 또한 호텔상품의 판매과정은 반드시 직원과 고객 간의 직접 접촉을 통하여 이루어지지 때문에 직원의 인간적인 갈등이 야기될 소지가 많다.

### 2) 무형의 소비재

일반 상품의 경우 동일한 공장에서 동일한 재료와 생산공정을 적용한다면 동일한 상품의 연속적인 생산이 가능하지만 호텔의 경우 동일한 장소에서 동일한 종사원이 동일한 공정으로 생산하는 서비스의 품질은 그 서비스를 소비하는 사람에 따라 천차만별로 나타난다. 즉 호텔상품을 평가받는 방법은 오로지 이를 소비하는 고객의 주관에 달려있으므로 고객의 만족을 극대화시키기 위해서는 해당 상품의 품질뿐만 아니라 직원의 접객태도, 판매장의 실내장식, 관련 부서간의 원활한 협조체제를 종합적으로 시스템화 시킨 토탈서비스 개념의 도입이 필요하다.

호텔상품은 무형의 주관적인 상품이므로 무단복제에 대한 방지책의 마련이 곤란하다. 이상과 같은 상품상의 특성은 결국 고객에 대한 정확한 서비스 상품의 전달과 홍보를 곤란하게 할뿐만 아니라 상품의 차별화조차 어렵게 하는 요인이 되고 있다.

### 3) 생산과 소비의 동시성

호텔상품은 생산과 동시에 소비가 이루어져야 하므로 일반상품과 같은 재고개념을 도입할 수 없으므로 도・소매상이나 대리점 같은 전통적인 유통경로에 의한 판매가 불가능하다. 따라서 광고나 홍보에 의한 예약판매에 의존할 수밖에 없다. 또한 서비스 상품의 생산과 판매의 비분리성, 무형성 및 소멸성으로 인하여 고객은 자신이 원하는 곳에서 구매를 할 수 없으므로 반드시 소비자가 직접 생산 현장을 방문하여 구매해야 하는 입지적인 제약을 받게 된다.

그리고 기후나 날씨 및 사회의 변동에 따라 수요의 극심한 변화가 야기되는데, 이에 따른 공급량의 신축적인 조절이 불가능하다. 공급량이 초과될 때 그 초과공급량의 저장이 불가능하므로 소멸될 수밖에 없으며, 또한 수요가 초과될 때 부족한 공급량을 즉시 생산하여 공급할 수 없다. 그러므로 호텔은 정확한 예측을 통해 최대한 수요에 맞추어 생산시설을 구비하였다가 비수기일 경우 가격할인이나 이벤트 등을 기획함으로써 새로운 수요를 창출할 수 있다.

### 4) 고객이 참여하는 생산과정

서비스 생산과정에는 고객이 적극적으로 참여하게 되며, 고객이 생산과정에 직접 있어야 하는 경우에 여러 가지 다른 서비스가 필요하게 된다. 이러한 고객의 참여 방법으로는 패스트푸드 식당에서 셀프서비스 하는 것처럼 자신이 서비스를 하거나, 미용실・호텔・병원 등에서처럼 종사원과 협조해야 할 경우이다. 고객이 호텔과 접촉하는 정도에 따라 마케팅 내용이 달라지게 된다. 즉 고객이 셀프서비스를 하는 경우 시설이나 설비를 사용자가 이용하기 편하게 해야 할 것이며, 고객이 서비스 직원과 협조해야 하는 경우에는 최선의 결과를 얻기 위해서 어떻게 서로 협조해 가야 하는가에 대해 양측에서 교육이나 지침을 제공해야 할 것이다.

### 5) 종사원은 제2의 상품

고객이 서비스 인도과정에 참여하는 정도가 높아질수록 고객은 종사원들과 접촉할 뿐만 아니라 다른 고객과 부딪히게 된다. 따라서 특정 서비스를 이용하는 고객의 유형에 따라서 서비스 경험이 달라지게 된다. 고객이 서비스를 평가할 때 종사원들의 업무능력뿐만 아니라 용모 및 사회적 기술도 보게 된다. 또한 고객은 같은 서비스를 이용하는 다른 고객들에 대해서 평가를 하여 그 서비스의 전체적인 평가에 반영하게 된다.

### 6) 서비스 품질의 통제 곤란성

고객이 특정 호텔상품을 접하기 전에 서비스 품질이 기준에 부합되는가를 체크하게 된다. 따라서 직원의 실수나 결점을 감추기 어려우며 서로 다른 특성을 가진 종사원과 고객이 함께 있기 때문에 서비스의 품질은 더욱 가변적이게 된다. 이러한 이유로 인하여 품질을 통제하거나 일관성 있는 서비스를 제공하기가 어려워지게 된다.

### 7) 서비스 불저장성

호텔서비스는 고객이 소지할 수 없는 유형적인 물건이 아니라 행위나 성과이기 때문에 재고를 남길 수 없다. 물론 서비스를 위해 필요한 기구, 설비, 인력 등의 서비스를 제공할 수 있도록 준비할 수 있지만, 이것은 생산능력이지 상품 자체는 아니다. 일단 생산된 서비스는 이용하는 고객이 없다면 사라지게 된다. 따라서 호텔 마케팅의 중요한 과제는 서비스 능력에 맞도록 수요를 관리하는 것이다.

### 8) 시간의 한계성

호텔로부터 서비스를 받기 위해서는 고객이 함께 있으며, 해당 서비스를 받기 위해서 고객이 기다릴 수 있는 시간에 한계성이 존재한다. 따라서 다른 고객이 보는 곳에서 서비스가 제공되는 경우에 한 고객에게 서비스를 제공하는데 지나치게 오랜 시간을 끌지 않도록 해야 한다. 서비스는 보이지 않는 곳에서 일어나는 경우에도 그 일이 어느 정도시간 내에 끝나야 하는지, 고객을 예상하게 되므로 서비스를 생산하는데 일정시간을 넘기지 않아야 한다.

## 제2절 호텔 마케팅 믹스

### 1. 마케팅 믹스의 개념

마케팅 믹스(Marketing Mix)란, 용어를 처음 사용한 자는 보덴(Borden)이며, 그것이 일반화된 것은 1960년대 초 멕카시(McCarthy)이다[8]. McCarthy는 마케팅을 상품 또는 서비스의 판매를 통해 특정 소비자집단의 욕구를 충족시켜 주는 것으로 파악하고, 이러한 목적달성을 위한 수단으로 4P' s, 즉 상품(Product), 유통경로(Place), 가격(Price) 및 판매촉진(Promotion)을 제시하고 있다. 따라서 마케팅 믹스는 마케팅전략을 수립하기 위한 전제조건이 되며, 호텔에서의 경우에는 호텔상품의 동질화 또는 모방화로 인해 기존의 제조업 중심의 마케팅 믹스를 그대로 적용하기보다는 꾸준히 새로운 마케팅 믹스를 개발하고 있다.[9]

따라서 마케팅 믹스(Marketing Mix)란 표적시장에서 자신의 목표를 달성하기 위하여 조직이 사용하는 통제 가능한 마케팅의 변수들의 독특한 조합이라고 정의할 수 있다.[10] 마케팅 믹스의 내용은 4P' s, 즉 상품(Product), 가격(Price), 경로(Place), 촉진(Promotion)으로 요약된다. 호텔 마케팅에서도 이러한 4P's의 개념은 적용될 수 있다. 마케팅 믹스에 대한 정의가 일반상품 마케팅에 있어서의 전통 마케팅 개념이라고 하면 호텔 마케팅 믹스는 호텔이 그들의 특정한 서비스를 이용하고자 하는 표적시장에서 호텔의 목표, 즉 고객만족을 통한 경영성과의 극대화를 달성하기 위하여 서비스조직이 사용하는 통제 가능한 마케팅 변수들의 독특한 조합이라고 할 수 있다.

마케팅 믹스 요소들이 상호보완성을 유지하게 되면 첫째, 마케팅 믹스 요소들의 결합은 시너지효과(Synergy Effect)를 유발해 더욱 효과적인 마케팅 전략개발이 가능하게 해주고, 둘째, 상충되는 믹스요소로 인해 고객이 느끼는 혼란이나 불만이 크게 줄어드는 효과가 있다.[11] 전략은 환경의 변동에 대처하여 전략적 이점을 연계시키는 종합적이고, 포괄적이며 통합된 계획으로, 적절히 수행함으로써 효과적 목표달성을 하기 위한 것이다.[12]

## 2. 마케팅 믹스의 구성요소

호텔에서의 판매증진을 위한 요소에 있어서 호텔상품 중에서 대부분 식음료상품에서 상품의 특징이 나타나고 있지만, 환경, 서비스, 가치, 경영관리의 5가지 예로 들 수가 있다.

첫째, 환경(Surrounding)을 들 수 있는데 위치, 시설, 분위기를 조성하는 요인이 된다. 위치에 있어서 일반적으로 생각하는 것과 같이 사람들이 많이 모이는 장소이며 교통이 편리해야 한다는 특징이 있다. 좋은 환경은 호텔이 지니고 있는 특징이나 음식, 메뉴 등에 특징이 있어야 한다. 또한 호텔내부에 있어 설비, 실내장식, 메뉴, 유니폼, 식사에 필요한 기물, 린넨류, 종사원의 서비스 등 내부 환경은 물론 외부의 제반시설, 공공장소, 주차시설, 안전성 등이 보장이 되어야 한다.

둘째, 서비스(Service)를 들 수가 있는데, 고객의 재방문에 있어서 크게 좌우된다고 할 수 있는 것은 종사원의 서비스라고 할 수 있다. 이는 정신적인 서비스가 결여되어 있다면 질좋은 서비스가 될 수 없다. 고객에게 진심으로 우러나오는 환대정신으로 고객을 맞이하는 종사원의 신속한 업무처리와 서비스는 환대산업에 있어서 중요한 요인이다.

셋째, 식사와 음료(Food & Beverage)를 들 수가 있는데, 성공적인 식당경영에서 나타나고 있는 사례연구에 있어서 음식에 대한 맛과 질은 중요한 성공요인이다.

넷째, 가치(Value)는 고객에게 유·무형을 상품을 제공 후 고객이 받은 정도에 따라서 만족도를 측정하며 이에 따라서 소비에 따르는 만족도의 가치를 측정한다. 따라서 고객의 서비스상품을 제공을 받은 후 고객에 대한 재방문을 하는 것은 가치를 고객에게 제공한다고 판단되어진다.

다섯째, 경영관리(Management)는 경영관리자의 합리적인 경영통제와 적절한 관리로 예를 들 수가 있다. 특히 오늘날에 있어 규모가 커짐에 따라서 복잡성과 다원성이 존재함에 따라서 호텔경영에 있어서 영업에 필요한 업무와 효율적인 조직체계에 대한 지속적으로 점검이 요구된다.[13] 또한 이와 관련하여 필요한 조직체계와 회계제도, 내부통제제도 등이 필수적으로 요구된다.

전통적인 마케팅 믹스의 구성요소들은 호텔의 특성상 마케팅 활동에 전개하기에는 적절하기 않기 때문에 호텔들은 고유한 마케팅 믹스를 변형하여 호텔 특성에 맞도록 새로운 마케팅 믹스를 개발하고 있다. 즉 다양한 호텔산업 내의 각 호텔들의 차이를 인정하고 수용하는 호텔 마케팅 믹스를 필요로 한다. 그리고 서비스의 무형성과 생산·소비의 동시성은 기존의 4p' s에서 서비스 참가자, 물리적 증거, 서비스 생산과정을 포함한 7P' s로 확장되어 사용되고 있다. 이렇게 확장된 마케팅 믹스는 현대 마케팅이 지향하는 고객지향 노력, 통합적 마케팅 노력, 고객만족 상태에서의 이익지향의 3가지 요소를 반영하고, 고객의 생산과정에 직접 참여한다는 점에서 고객지향, 통합적 노력 측면을 내세우고 있다.

〈표 15-1〉 학자별 마케팅 믹스 구성 요소[14)]

| 구분 | 학자 | 구성 요소 |
|---|---|---|
| 4P' s | McCarthy(1968) | 상품(Product), 가격(Price), 촉진(Promotion), 유통(Place) |
| 6Factors | Wahab&Crampton · Ruthfield(1976) | 시장조사, 신상품개발과 상품믹스, 가격정책, 유통정책, 판매력과 판매관리(One Sales Force and Sale Administration) |
| 12Factors | Coffman(1977) | 상품 계획(Product Planning), 가격(Pricing), 포장(Packaging), 진열(Display), 상표정책(Branding-individual of Chain Affiliation), 서비스(servicing), 유통경로(Channels of Distribution), 인적판매(Personal Selling), 광고(Advertising), 판매촉진(Promotion), 사실발견과 분석 및 시장조사(Fact Finding & Analysis or Marketing Research), 업무처리(Handling) |
| 4P' s | Doswell(1979) | 상품(객실, 식당, 식음료, 서비스, 이미지, 분위기), 유통(음식서비스, 재료관리), 가격(기본가격, 가격전략, 신용정책), 촉진(광고와 PR, 고객에 대한 촉진, 인적판매) |
| 5P' s | Brookers(1980) | 상품(Product), 가격(Price), 촉진(Promotion), 유통(Place), 대고객서비스(Provision of Customer Service) |
| 7P' s | Booms · Bitner(1981) | 상품(Product), 가격(Price), 촉진(Promotion), 유통(Place), 참여자(Participants), 물증(Physical Evidence), 과정(Process) |
| 3Factors | Renaghan(1981) | 상품-서비스 믹스(The Product-service Mix), 제시 믹스(The Presentation Mix), 정보교환 믹스(The Communication Mix) |
| 7Factors | Assael(1985) | 상품(Product), 상품라인(Product Line), 판매촉진(Sales Promotion), 광고(Advertising), 가격(Price), 분배(Distribution), 판매원(Sales Force) |
| 6P' s | Kotler(1984) | 상품(Product), 가격(Price), 촉진(Promotion), 유통(Place), 정치적 힘(Political Power), 대중의견(Public Opinion) |
| 5P' s | Judd(1987) | 상품(Product), 가격(Price), 촉진(Promotion), 유통(Place), 인적(People) |
| 15P' s | Baumgartner(1991) | 상품(Product), 가격(Price), 촉진(Promotion), 유통(Place), 인적(People), 정치(Politics), 홍보(Public Relations), 조사(Probe), 분배(Partition), 우선권(Priority), 지위(Position), 계획(Plan), 성과(Performance), 이익(Profit), 긍정적 수행(Positive Implementation) |
| 8P' s | Morrison(1996) | 상품(Product), 인적(People), 포장(Packaging), 유통(Place), 촉진(Promotion), 가격(Price), 참여자(Participants) |

〈표 15-2〉 마케팅 믹스별 세부 구성 항목[15)]

| 구분 | 구성 항목 |
|---|---|
| 상품 | 품질, 상품명, 서비스계열, 보증, 상품에 대한 편의제공, 유형적 단서, 가격, 종사자 환경, 서비스 인도과정 |
| 가격 | 가격수준, 지불조건, 품질가격의 상호작용, 할인 및 공제, 고객의 인지 가치, 차별화 |
| 유통 | 입지, 접근, 유통경로, 유통범위 |
| 촉진 | 광고, 인적판매, 판매촉진, 선전, 종사자, 실체적 환경, 상품의 편의제공, 유형적 단서, 서비스 인도의 과정 |
| 참여자 | 종사원, 훈련 분별화, 업무수행, 보상, 용모, 대인적 행동, 태도, 고객, 행동, 고객개입 및 접촉도 |
| 실체적 증거 | 환경, 가구, 색상, 배치, 소음도, 상품에 편의 제공, 유형적 단서 |
| 서비스 생산 과정 | 정책 절차, 제도적 장치, 종사자분별력, 고객개입, 고객반응, 활동의 흐름 |

## 3. 마케팅 믹스 7P's

### 1) 상품 믹스

상품이란 기능적·사회적·심리적 효용이나 편익을 포함하는 유·무형적 속성의 결합체로서 아이디어·서비스·재화 그리고 이 3가지의 혼합물을 포괄하는 개념이다. 상품은 고객에게 가치를 제공하는 사물이나 과정 모두를 포함하고 재화와 서비스는 2가지 유형의 하위상품 범주를 의미한다. 여기에서 문제가 되는 것은 고객이 구매하는 실체가 무엇인가 하는 것인데, 고객은 상품 그 자체를 구매하는 것이 아니라 특정 상품이 제공하는 편익이나 가치를 구매하는 것이다.

상품믹스는 서비스 무형성으로 인한 높은 고객 위험성을 감소시키며, 서비스의 내용을 알 수 있는 마케팅 수단을 포함해야 한다. 즉 호텔 마케팅 관리자는 시장에 좋은 상품을 제공하기 위해 서비스의 특성에 따른 요인들은 고려해야 하는데, 이중에서 특히 무형성에 따른 요인에 초점을 두어야 한다. 즉 서비스 구매자들은 과거의 경험, 사용료, 명성, 상표, 촉진, 캠페인 등에 근거를 두고 의사결정을 하게 됨에 따라 호텔은 서비스 자체를 판촉의 대상으로 하기보다는 서비스로 얻게 되는 홍보 및 정보를 중점으로 판매촉진활동을 하는 것이 좋다.

### 2) 가격 믹스

자신의 필요와 욕구의 충족을 위해 상품을 구입할 때 고객은 그에 상응하는 대가를 지불하게 되는데, 이러한 금전적인 대가가 곧 호텔이 제시한 가격이 된다. 따라서 가격은 시장에서의 상품의 교환가치로 볼 수 있으며 보다 구체적으로는 구매자들이 특정상품을 구매함으로써 얻게 되는 효용에 부여된 가치라고 할 수 있다.

서비스산업에서는 이러한 가격이라는 명칭을 가격 이외에 다양한 형태로 부르며*, 명칭의 다양성만큼 서비스를 둘러싼 가격결정 문제는 다양하고 복잡하다고 할 수 있다. 호텔서비스의 가격이 어떤 명칭으로 불러지든 간에 가격은 서비스의 가치를 나타내고 있으며, 고객들은 가격을 통해 서비스의 가치를 판단하게 된다. 특히 고객에게 제공되는 호텔서비스의 품질과 내용을 정확히 모를 때 가격은 서비스의 가치를 나타내는 지표로 활용된다.

가격결정은 그 상품의 효용에 대한 고객의 주관적 평가가 절대적인 영향을 미칠 수 있으므로 더욱 중요하며, 가격의 일반적인 중요성은 다음과 같다.

① 고객들은 호텔을 선택할 때는 일반상품을 고를 때보다 품질의 척도로서 가격에 더욱 많이 의존하게 된다.

② 서비스는 일반상품보다 비교적 가격차별화가 용이하며, 가격차별화를 통해 이익을 올릴 수 있는 가능성이 일반 상품보다 크다.

호텔의 기본적인 가격결정은 상품 생산과 같이 원가계산을 통한 가격결정이 일반적으로 채택되나 대부분의 서비스는 노동집약적인 특성이 있어 이에 소요되는 노무비와 자본비용을 기준으로 결정되며 수요와 공급에 의하여 가격이 영향을 받기도 한다. 따라서 호텔의 입장에서 볼 때 가격 믹스는 조직체로 하여금 수익을 창출하게 한다는 점에서 마케팅 믹스의 중추적 요인으로 간주된다.

### 3) 촉진 믹스

촉진은 고객들에게 자사의 상품을 알리고 고객들이 자사의 상품을 선택하게 하려는 마케팅 커뮤니케이션이라고 정의할 수 있다. 일반적으로 촉진의 목적은 정보를 제공하고, 호의적인 태도를 가지도록 설득하며, 최종적으로 소비자 행동에 영향을 주어 구매를 이끌어 내는 것이다.

촉진 믹스는 고객들에게 어떤 서비스나 상품이 어디에서 팔리고 있는지 알리고, 다른 서비스와 비교하여 장점을 인식시키며, 궁극적으로 기존의 구매성향을 바꾸거나 새로운

*예를 들어 임대료, 이자, 요금, 비용, 임금, 등록금 등을 말한다.

서비스를 사용하게 하는 것이다. 즉 호텔의 상품이나 서비스를 주어진 가격에 구매하거나 구매를 계속하도록 유도할 목적으로 해당 상품이나 서비스의 효능에 대해서 실제 및 잠재고객을 대상으로 정보를 제공하거나 설득하는 일체의 마케팅 노력을 말한다.

또한 호텔의 촉진은 서비스가 제공됨으로써 얻게 되는 효용을 중심으로 인적판매, 광고, 간접적 촉진활동 등을 광범위하게 활용해야 한다. 서비스의 촉진은 일반 상품과는 달리 서비스를 제공하는 종사원의 역할, 즉 인적판매에 중점을 두어야 한다. 왜냐하면 서비스 속성상 생산과 소비가 동시에 이루어지게 됨으로 서비스를 제공하는 판매원은 서비스를 생산하는 것과 동시에 인적판매 활동을 수행하고 있다고 볼 수 있기 때문이다. 즉 서비스는 무형이기 때문에 무엇보다도 좋은 명성을 얻는 것이 중요하다.

### 4) 유통 믹스

호텔은 효과적인 서비스를 전달할 시스템을 구축해야 한다. 호텔서비스 유통경로는 고객들이 원하는 시기에 편리한 장소에서 서비스를 받도록 하기 위해서 설계되고 수립된 것을 말한다. 이것을 서비스 유통의 이용 가능성과 접근 가능성이라고 하는데, 이용 가능성은 고객이 서비스를 필요로 할 때 이용할 수 있게 설계한 것을 말하고, 접근 가능성이란 호텔을 이용하는 고객이 거래를 수행하기에 편리하도록 한 것을 의미한다.

유통 믹스에서 유통경로의 선택은 유통정책에 있어서 중요한 사항으로 생산자에서 소비자인 고객이 직접 유통시킬 것인가, 아니면 도매업자나 소매업자 등의 유통업자를 선정하여 여러 단계를 거치도록 할 것인가를 결정해야 한다.

### 5) 과정 믹스

과정은 서비스 전달이나 운영시스템, 즉 서비스가 실제로 수행되는 절차나 활동의 메커니즘과 흐름을 말한다. 고객이 경험하게 되는 서비스 전달과정에서 고객은 서비스를 평가하게 된다. 어떤 서비스의 경우 고객들이 서비스 과정을 수행하는데 있어서 복잡하고 광범위한 참여를 하도록 요구하기도 하는데 고객에게 증거를 제공하는 과정상의 특성은 상품의 표준화·개별화 여부이며, 이러한 특성이 또 다른 서비스 평가의 주요 관건이 된다.

### 6) 물증 믹스

물리적 증거는 호텔서비스가 전달되고 호텔과 고객이 접촉하는 환경을 말한다. 즉 서비스 성과나 커뮤니케이션을 용이하게 해주는 유형적 요소이다. 예를 들어, 팸플릿, 명함, 간판, 설비 등의 모든 요소를 말한다. 이러한 물리적 증거는 고객에게 호텔의 이미지에 대한 일관성과 강한 메시지를 제공한다. 이것은 호텔의 목적이나 의도된 시장세분화, 서비스의 속성 등에 따라 다른 기준을 제시한다.

이러한 물리적 증거가 호텔 마케팅 믹스에서 중요한 위치를 차지하는데, 그 이유는 서비스 생산에는 반드시 필요한 장비나 기구가 있기 마련이며 고객들은 이러한 물리적 증거물을 보거나 이용하여 서비스를 구매하기 때문이다. 즉 고객들이 호텔에서 서비스의 일부로서 구입하는 것은 설비나 집기 혹은 비품이나 인테리어 그 자체가 아니라 그것이 수행하는 기능과 함께 그 모두가 일체화되어 빚어내는 느낌, 무드, 그리고 분위기인 것이다.

이와 같이 호텔에서 주요한 마케팅 믹스의 하나인 물증 믹스의 활용을 극대화하기 위해서는 마케팅 전략에서 다양한 설계 기법을 활용하여 호텔이 원하는 수준의 고객의 태도와 행위를 산출할 수 있는 능력을 증가시켜야 한다.

### 7) 인적 믹스

여기서 인적이란 사람을 의미하여, 서비스 전달과정에서 일정한 역할을 함으로써 구매자의 지각에 영향을 주는 모든 행위자를 말한다. 즉 직원, 고객, 서비스 환경 내의 다른 고객들이다. 사실상 컨설팅, 상담, 교육 등의 전문적 관계에 기반을 둔 서비스에서는 제공자 자체가 서비스이다. 또한 적은 역할을 하는 것처럼 보이는 항공 수하물 운반자나 전화설치 기술자들 역시 서비스 접점에서는 결정적 역할을 수행하게 된다.

서비스를 주된 업으로 하는 호텔에서는 모든 종사원이 사실상 마케팅 활동을 수행하고 있는데, 이는 고객들에게 의해서 인지되는 서비스는 통합적이기 때문이다. 다시 말해서 호텔을 찾거나 서비스를 이용하는 고객들은 이들 구성원 모두가 행동을 하나의 서비스로 생각하여 서비스 품질을 평가하기 때문에 인적서비스는 호텔에 있어서 성공하기 위한 하나의 중요한 요소가 되는 것이다.

그리고 호텔이 고객과의 빈번한 접촉으로 인하여 호텔 마케터들은 일반적으로 인식되고 있는 상품 마케팅에서의 교환과정 뿐만 아니라 고객과 종사원의 상호작용과정을 간과해서는 안 된다.

# 제3절 호텔 마케팅 조사와 믹스 계획

## 1. 마케팅 조사의 개념

마케팅 조사는 호텔시장의 현황 파악, 시장분석과 문제점 발견 및 장래의 질적·양적인 수요예측 등을 하는 단계이다. 호텔상품의 수요자(고객)의 생활양식, 자유재량소득, 자유재량시간 등의 생활패턴을 탐색하고 고객층을 분석하는 등 생활 스타일을 파악하며, 고객의 필요와 욕구, 동기 등을 명확히 하고 고객의 행동, 기대수준 등에 대해서도 면밀한 조사 연구를 다각적으로 행하는 사전, 사후 조사활동을 말한다. 이러한 조사에는 기존자료의 목록작성 및 활용, 신정보의 수집 등 필요한 제비용과 시간의 설정을 요하는 외에 전문적 인재확보가 필요하다. 그리고 마케팅 조사의 기능은 아래와 같다.

| 시장상황 | 시장에 대한 매력도 조사, 시장성장률 분석, 시장잠재력 측정, 고객의 특성 및 행동조사, 경쟁사에 대한 분석, 자사의 강점과 약점에 대한 조사, 마케팅활동과 관련된 법률조사 |
|---|---|
| 마케팅믹스 | 신상품·서비스의 수용과 잠재력 조사, 기존상품·서비스의 테스트, 브랜드 인지도 및 애호도 조사, 종사원(태도, 행동)에 대한 조사, 광고문안에 대한 조사, 광고매체에 관한 조사, 각종 판촉수단의 효과에 대한 조사 |
| 평가와 통제 | 광고효과에 대한 조사, 고객만족 수준에 대한 조사, 판매분석 조사, 수익성 조사, 마케팅믹스의 민감도 조사 |

## 2. 마케팅 조사의 필요성

호텔이 마케팅 조사를 실시하는 이유는 현재 자사가 어디에 있는지 파악하고자 할 때 실시한다. 즉 시장동향, 지역사회에 영향을 미치는 정도, 가장 유력한 경쟁사의 강점과 약점, 표적시장선정과 특성, 새로운 표적시장의 크기와 특성, 현재 시장에서의 위치, 마케팅 계획의 측정과 평가를 하게 된다.

그리고 호텔이 시장에서 자사가 원하는 위치를 가능하게 해준다. 즉 전체시장의 필요와 특성, 세분시장별 시장 동향, 세분시장의 필요에 맞는 편익과 서비스, 표적시장의 이용 가능성과 이용량, 각각의 표적시장에 대한 다양한 마케팅 믹스 접근법의 전체적인 효과, 각각의 표적시장에 맞는 특정 마케팅 믹스 접근법과 효과, 특정 포지셔닝 접근법과 효과를 통해 파악하게 된다.

또한 호텔이 원하는 위치에 도달하고 있는지와 확신을 제공하게 된다. 각 접근법의 정기적인 결과, 포지셔닝의 결과로서의 고객 인지도, 각 목표에 대한 임시 결과 등에 의해서 평가된다. 마지막으로 호텔의 목표를 달성하기 위해 마케팅 계획이 어느 정도 효과가 있는지, 어떠한 영향을 주었는지를 측정이 가능하게 된다.

## 3. 마케팅 조사과정

### 1) 문제의 제기

마케팅의 조사과정은 문제의 제기 및 조사목적 제시로부터 시작된다. 즉 조사문제를 정의하고, 조사목표와 방향, 범위, 관련 질문을 확립하고, 마케팅 조사목적에 따라 탐색적 연구, 서술적 연구, 인과관계 연구로 구분하게 된다.

### 2) 조사설계와 자료수집

문제의 제기 후 조사설계와 자료수집을 하게 된다. 자료는 2차 정보를 수집하고 분석하고, 조사설계와 1차 자료수집방법을 선택하는 하게 된다. 자료를 수집할 때 사용되는 연구방법으로 관찰, 서베이, 실험조사 등의 방법을 활용하게 된다. 그리고 자료를 수집하기 위한 차원으로 설문지나 기계 등의 연구도구를 사용하고, 표본설계는 전체 모집단에서 이들을 대표해주는 표본을 선정하여 조사대상, 표본의 크기, 표본추출방법을 결정하게 된다. 접촉방법은 우편, 전화, 조사원의 인터뷰, 컴퓨터를 통한 설문조사방법, 설문지 등을 주요 사용한다.

### 3) 조사 실시

자료수집단계는 마케팅조사과정 중 가장 비용이 많이 들고 오류가 발생하기 쉬운 단계이다.

### 4) 자료 분석 및 해석

분석된 자료가 조사자에게 무엇을 의미하는지 해석하는 단계이다.

### 5) 조사결과 보고

조사결과의 의미를 정확하게 이해하기 쉽게 전달하는 단계이다.

# 4. 마케팅 믹스 계획

## 1) 상품화 계획

상품화 계획의 단계는 고객들을 자사의 호텔상품에 유인하기 위하여 고객의 욕구를 구체화하고 상품화는 것을 목표로 연출하는 단계이다. 이러한 단계에서는 서비스의 원칙, 경제성의 원칙, 안정성의 원칙, 쾌적성의 원칙, 간편성의 원칙, 인간회복의 원칙 등을 충분히 배려한 상품화 계획의 노력이 필요하다.

호텔상품 그 자체가 복합적 상품이며, 고객행동도 구매에서 소비까지의 연속적 행동을 고려함으로써 이러한 특성의 적합을 고려하고 무리가 없는 주기적 상품을 만들지 않으면 안 된다. 그리고 호텔의 상품화 계획에서 중요한 대상은 고객의 적합성을 고려해야 한다. 즉 어린이로부터 청소년, 장년층을 대상으로 한 상품개발과 상품기획을 포함하여 상품화 계획을 세워야 한다.

## 2) 판매가격의 설정

호텔상품의 개발과 함께 그 상품의 가치평가로써의 적정한 판매가격 설정을 도모하는 것이 판매가격 단계이다. 즉 고객의 요구를 만족시킨 상품 내지는 서비스에 대한 효용 및 기대수준의 가치이기도 하고 동시에 적정마진을 더한 정가, 즉 시행가격이기도 하다.

판매가격은 이러한 종합적인 마케팅 믹스의 편성에 근거하여 구체적인 가격정책을 선택하고 전략에 의해 확정하게 된다. 판매가격이 시행가격이자 효과, 효용 혹은 성과임을 인정하는 것은 업자가 아니고 바로 고객인 수요자가 된다. 수요자의 만족도에 의해 판매가격이 용인되고 성립되는 것이며, 단순히 매출 대 비용의 관계도 아니고 비용을 더한 일정 마진율을 곱해서 결정되는 것도 아니다. 그리고 이러한 가격문제를 비롯하여 고객의 연령, 생활패턴, 가치관, 고객층별로 적합한 가격라인도 함께 고려해야 한다.

## 3) 판매촉진 활동

적합한 판매촉진 활동에 의해 호텔상품화 계획의 판매 범위를 넓혀서 일반대중, 수요자에게 호텔의 특정상품이나 서비스의 단기적 초기구매 또는 다량구매를 유도하기 위해서 한시적으로 여러 가지 유인책을 사용함으로써 고객의 흥미와 구매욕을 자극하는 일정의 마케팅 커뮤니케이션 수단을 결정해야 한다. 호텔이 선택할 수 있는 판매촉진 활동 방법으로는 광고, 인터넷 광고, 인적판매, 대중 이미지 관리 등이 있다.

### 4) 시장 세분화와 상품 차별화

시장 세분화란 몇 개의 공통요소를 기준으로 하여 서비스시장을 분할하는 것이다. 예를 들어, 고객의 연령, 직업, 소득, 거주지, 가족구성, 취미 등의 변수에 속하는 사회적, 경제적 위치로부터 표적시장을 설정한 후 이를 기준으로 하여 고객층에 적합한 상품화를 추진할 수 있다. 또한 같은 관점에서 고객의 심리적, 행동적, 질적 위치 등으로부터 수요자의 특성을 파악하여 상품화하여야 한다.

상품 차별화란 자사가 제공하는 호텔상품 또는 서비스에 대해서 이질성을 강조하고 유사한 경쟁사의 경쟁상품과 식별시켜 수요의 환기를 유리하게 유도하는 것이다. 호텔에서는 상품의 양과 질 모두 유사한 점이 많고 서로 경합하는 동일 수준의 상품이 대부분이기 때문에 자사상품의 우수성을 타진하는 연구가 필요하고 이에 따라 자사의 브랜드 상품, 오리지널 상품을 개발하여 타사 혹은 여타 경쟁사와 차등을 위한 정책을 취할 수 있다.

## 제4절 호텔 마케팅 전략

### 1. 마케팅 전략의 개념

호텔이 실제로 마케팅 활동을 전개함에 있어서 사전에 그러한 활동에 여러 가지로 영향을 미치게 되는 마케팅 환경을 일일이 분석·평가해서 이에 알맞은 대응책을 면밀히 강구함이 중요하다. 이 경우의 대응책이 마케팅 전략이다. 다시 말해, 마케팅 전략이란 마케팅 활동의 전개를 위해 사전에 구축되어야 할 마케팅 환경에의 전략적 대응책이라 할 수 있다.

결국 마케팅 전략의 구축 없이 마케팅 활동이 전개될 수 없다는 것을 의미한다. 그것은 호텔을 둘러싼 온갖 마케팅 환경이 급변하기 쉽기 때문이다. 또 사실 호텔의 입장에서는 급변하기 쉬운 그러한 마케팅 환경에 적응하기 위한 그 어떤 능동적인 대응책을 강구하지 않고선 결코 마케팅활동 자체를 전개할 수도 없는 것이다. 이것이 곧 마케팅 전략이다.

현재 마케팅 관리론에 있어서는 마케팅 전략이라는 표현이 출현하게 되는 빈도가 많아지는 이유는 한 마디로 호텔을 둘러싼 마케팅 환경이 날이 갈수록 복잡해졌기 때문이

다. 외부환경 자체가 전혀 예측할 수 없을 정도로 항상 급변하기 시작하고 있다는 추세와 함께 온갖 대외적인 경쟁조건이 까다로워졌기 때문이며, 때에 따라서는 호텔의 대내적인 관리문제보다도 우선 그 호텔을 둘러싼 외부환경에의 적응문제를 먼저 해결해야 할 입장이 조성되는 일도 잦아졌기 때문이다. 따라서 마케팅관리는 곧 마케팅 전략이라는 표현으로도 대치되는 일이 많아지게 된 것이다.[16)]

## 2. 시장 범위에 따른 마케팅 전략

시장 범위에 따른 마케팅 전략에는 비차별적 마케팅 전략, 차별적 마케팅 전략, 집중적 마케팅 전략, 시장적소 마케팅 전략 등이 있다.

### 1) 비차별적 마케팅 전략

비차별적 마케팅(Undifferentiated Marketing) 전략은 세분시장의 차이점들을 무시하고 단일의 마케팅 믹스로 전체시장을 대상으로 마케팅 활동을 벌이는 전략이다. 이는 고객의 욕구가 차이가 난다는 것은 인정하지만 차이보다는 공통점에 초점을 맞추고 있다. 고객의 구매가 있을 상품이나 서비스의 대량생산, 대량유통, 대량광고를 하여 비용절감의 효과가 가장 큰 매력이다. 호텔의 경우, 전적으로 이 전략에 의존하는 호텔은 거의 없다.

### 2) 차별적 마케팅 전략

차별적 마케팅(Differentiated Marketing) 전략은 전체시장을 여러 개의 세분시장으로 나누고 이들 모두를 목표시장으로 삼아 각기 다른 마케팅 믹스를 적용하는 전략이다. 이 전략을 채택하는 호텔은 주로 업계에서 선도적인 위치를 점하고 상품 및 호텔 마케팅 활동상 다양성을 제시함으로써 각 세분시장에 있어서의 지위를 강화하고 자사상품 및 서비스에 대한 고객의 식별정도를 노리며 반복구매를 유도해내려는 것이다. 호텔에 있어서의 상표세분화의 개념은 이러한 차별적 마케팅 전략을 적용한 것이다.

### 3) 집중적 마케팅 전략

집중적 마케팅(Concentrated Marketing) 전략은 호텔경영 목표상 혹은 자원 제약상 전체시장을 대상으로 마케팅 활동이 힘든 경우 세분화된 소수의 세분시장만을 목표시장으로 선정하여 거기에 마케팅 활동을 집중하는 전략이다. 즉 큰 시장에서 낮은 시장점유를 얻

기보다는 선택한 소수의 세분시장에서 보다 높은 시장점유를 추구해 강력한 시장지위를 확보하고자 하는 전략이다.[17)]

### 4) 시장 틈새 마케팅 전략

시장 틈새 마케팅(Market Niches Marketing) 전략은 세분화된 여러 시장부분 중 호텔의 목적과 자원에 적합한 단일의 목표시장을 선정하고 거기에 마케팅 활동을 집중하여 특화시키는 전략이다. 흔히 소규모 호텔이나 시장점유가 낮은 호텔에 의해 사용된다.

## 3. 업계 지위에 따른 마케팅 전략

업계 지위에 따른 마케팅전략으로는 시장 선도자 전략, 시장 도전자 전략, 시장 추종자 전략 등이 있다.

### 1) 시장 선도자 전략

대부분의 산업에는 시장 선도자(Market Leader)라고 할 수 있는 기업이 있는데, 이들은 특정산업에서 높은 시장점유를 가지고 있어 시장구조 및 성격에 지배적인 영향을 미치는 단일기업을 말한다. 따라서 이들은 가격변경, 신상품 도입, 유통의 범위, 촉진의 강도 등에 있어서 여타 기업들을 선도하게 된다. 이들 시장 선도자는 경쟁기업의 전략적 기준이 되어 이들에게 도전하거나 단순히 모방하든지 아니면 경쟁을 회피하는 전략을 택하게 된다. 시장 선도 호텔은 끊임없이 도전하는 경쟁호텔들의 공격을 방어하지 않으면 안 된다.

### 2) 시장 도전자 전략

시장 도전자(Market Challenger)는 업계에서 2, 3위 정도의 지위를 갖고 시장 선도자보다는 규모는 작지만 독자적인 전략을 전개하면서 시장점유를 확대하고자 하는 기업이다. 이들이 취할 수 있는 전략에는 경쟁호텔의 강점에 집중적으로 공격하는 방법과 경쟁호텔의 약점을 공략해서 경쟁사가 소홀히 하는 지역이나 세분시장의 수료를 충족시키는 방법이 대표적이다.

### 3) 시장 추종자 전략

모든 호텔이 시장선도자에 대해 도전적인 전략을 감행할 수는 없다. 그만한 강점을 보유하지 않는 한 오히려 역공을 당하기 십상이기에 많은 호텔들은 시장 선도자를 공략하기보다 추종하는 전략을 택하게 되는데, 이들을 시장 추종자(Market Follower)라 한다. 하지만 이들이 시장선도자를 추종한다고 해서 무조건 모방하는 것은 아니다. 이들 나름대로 명확한 성장경로를 확립하고 경쟁적 보복을 받지 않도록 노력해야 한다.[18)]

## 4. 수요공급 균형 마케팅 전략

수요공급 균형 전략은 수요의 변동을 축소시키기 위한 마케팅 전략이며, 수요전환 전략과 공급통제 전략으로 구분된다.

### 1) 수요전환 전략(Altering Demand)

수요전환 전략으로는 우선 저수요기 가격결정 전략(Off Peak Pricing)과 저수요기 수요개발 전략(Developing Nonpeak Demand), 유연적인 서비스전달 전략(Fixible Delivery), 서비스분할 전략(Decoupling), 보완적인 서비스 개발전략(Developing Complementary Services), 예약시스템 창출전략(Creating Reservation System) 등이 있다.

#### (1) 저수요기 가격결정 전략

저수요기 가격결정 전략은 저수요기에 가격을 인하함으로써 서비스 소비를 촉진하는 전략이다. 장거리 전화회사들은 특정일 및 특정시기에 저가격을 부과하고 있으며, 영화관과 골프장도 이러한 전략을 사용한다.

#### (2) 저수요기 수요개발 전략

저수요기 수요개발전략은 대부분의 호텔경영자들, 특히 높은 고정비와 낮은 변동비의 설비의 경우에는 저수요기 중 매출액을 증대시키려고 크게 노력한다. 예를 들어, 연중에 상용여행자를 대상으로 하는 도시호텔은 교외 주민들을 위한 주말의 소규모 휴일 패키지를 개발하고 있으며, 학교 방학 중 붐비는 관광지 호텔은 비수기 중에 상용 여행자 집단을 위한 특별 패키지를 개발하여 시행하고 있다. 이 전략은 현존 시스템의 효율성을 감소시키고 서비스 전달시스템의 균형을 파괴시킬 수도 있기 때문에 신중하게 사용되어야 한다.

### (3) 유연적인 서비스 전달 전략

서비스 전달의 방법 또는 지위를 변경시킴으로써 고객을 위한 시간 또는 공간적인 편의를 향상시키는 전략이다. 모든 호텔들이 복합적인 서비스 전달방법을 사용할 수 없지만, 호텔의 수용 가능한 서비스 전달수준, 경쟁적 우위 획득을 위한 혁신적 서비스 전달수준의 개발이 이루어져야 하고, 종사원은 서비스 전달방법의 결정 및 변경에 있어서 독창적이어야 한다.

### (4) 서비스 분할전략

서비스를 구성요소별로 분할하여 상이한 방법으로 전달하는 전략이다. 예를 들어, 기본적 서비스에 관한 수요는 변하지 않을지라도 주변적 서비스에 관한 수요는 고객의 불만을 감소시킴으로써 보다 균형적인 것이 된다.

### (5) 보완적인 서비스 개발전략

고객을 최고 수요시간의 혼잡한 운영으로부터 벗어나도록 유인하거나 또는 수용력제한적인 운영으로 대기 중에 있는 동안 대체적인 서비스를 고객에게 제공하는 전략이다. 예를 들어, 한 호텔경영자는 고객이 엘리베이터를 기다리는 동안 용모를 점검할 수 있도록 각 층의 중앙 로비에 거울 설치는 고객의 대기시간을 축소하기 위한 개발된 방법이다.

### (6) 예약시스템 창출전략

서비스 전달시스템은 생산적인 수용력을 사전 판매하는 것이다. 최근 세계적인 호텔들은 개인용 컴퓨터로 직접 예약할 수 있는 시스템을 개발하여 사용하고 있으며, 주요 유명한 호텔 역시 인터넷에 홈페이지를 개설하여 다양한 고객의 예약을 용이하게 하고 있다.

## 2) 수요제한 전략(Controlling Supply)

수요제한 전략으로는 시간제 직원 채용전략(Using Part-time Employees)과 효율성 극대화 전략(Maximizing Efficiency), 고객참여 증대전략(Increasing Consumer Participation), 고객 수용력 공유 전략(Sharing Capacity), 시설확장비용 투자전략 등이 있다.

### (1) 시간제 직원 채용전략

최고의 수요를 감축시키려고 시도하는 것보다 그것이 발생할 때마다 수요를 처리하는 것이 더욱 효과적이다. 최고 수요는 사업 유형에 따라 상이하지만, 가장 유명한 자원 중의 하나는 시간제 직원 채용하는 전략이다. 특히 학생, 시간제 근로를 희망하는 주부, 야간 부업자 등이 원천이 된다.

### (2) 효율성 극대화 전략

호텔경영자는 최고 수요기간 중에 서비스 전달시스템으로부터 최대한의 효율성을 얻기 위해서는 그 과정을 분석해야 한다. 그러한 분석은 호텔로 하여금 추가비용 없이 최고 수요기의 수용력을 증가시킬 수 있게 한다. 효율성의 극대화를 위해 경영자는 특정한 숙련이 결여되거나 비효율적으로 사용되는가를 발견하기 위해 최고 수요기 과업을 검토해야 한다.

효율성 극대화의 또 다른 방법은 교차훈련이다. 서비스 전달시스템은 다양한 요소로 구성되며, 전체 생산능력을 하나의 서비스를 전달하고 있는 경우 그 시스템 중의 몇몇 부분은 적게 사용될 가능성이 있다. 그러한 부분의 직원들이 최고 수요기의 서비스를 전달할 수 있다면 이러한 장애를 보조할 수 있다.

### (3) 고객참여 증대 전략

고객이 행하는 것이 많을수록 생산자의 노동 요구가 낮아진다. 대부분의 고객의 셀프서비스 형태가 많다. 그러나 여기에는 고객들이 참여한 대가를 지불하는 아이디어를 거부할 위험이 있으며, 서비스 전달에 관한 경영자의 통제가 축소되고, 서비스 자체에 관한 경쟁을 창출할 수도 있다.

### (4) 고객수용력 공유전략

호텔이 고가의 설비와 교육훈련에 많은 투자를 하지만 충분히 활용되지 않는 경우가 많다. 이러한 경우가 호텔경영자는 필요로 하는 고가, 저사용의 자원을 다른 호텔과 공동으로 사용하는 전략을 선택할 수 있다.

# 제5절 호텔 마케팅 사례

## 1. 감성 마케팅(Emotional Marketing)

고객의 기분과 정서에 영향을 미치는 감성적 동인을 통해 브랜드와 고객 간의 유대관계를 강화하는 마케팅기법이다. 마케팅 커뮤니케이션에 있어서 감성의 활용은 브랜드

이미지를 차별화하고 브랜드 충성도(Brand Loyalty)를 강화할 수 있는 핵심적인 방법이다.[19)]

"소리와 향기로 사로잡다" … 감성 마케팅 효과 '톡톡'[20)]

서비스와 상품에 대한 정보, 지식, 욕구 등이 다양하게 증대되면서 차별화된 마케팅이 소비자들의 발길을 끈다. 특정 자극에 주목하는 소비자들의 오감을 자극하는 마케팅기법은 서비스업계의 화두.

이런 추세 속에서 부산의 한 특급호텔이 독특한 마케팅으로 고객몰이를 하고 있어 눈길을 끈다. 부산 웨스틴조선호텔은 지난달부터 음악으로 숙성된 와인을 판매해 15% 이상 매출이 올랐다고 12일 밝혔다. 호텔은 와인셀러에 음악을 틀어 와인을 숙성시키고 있다. 이는 물이 음파(소리)에 반응하는 것에서 착안해 시작된 시도로, 음악이 와인의 발효·숙성을 촉진시켜 풍미를 더해 준다고 호텔 측은 설명했다.

식품의 음악 숙성법은 빵, 간장, 된장, 막걸리 등 다양한 식품에 적용돼 웰빙트렌드와 함께 주목 받고 있다. 호텔 와인숍 베키아에 누보에서는 베토벤, 쇼팽, 바흐, 모차르트, 차이코프스키, 슈베르트, 브람스, 비발디 등 70여 곡의 클래식 음악을 엄선해 하루 14시간씩 와인셀러에 들려주고 있다. 음악으로 와인을 숙성시킨다는 독특한 발상이 소비자의 귀까지 자극해 관심을 끌고 있는 것. 음악 숙성법으로 와인을 숙성시켜 판매한다는 사실이 고객들의 입을 통해 알려지면서 호텔 와인숍의 매출은 15% 정도 올랐다. 와인과 함께 베이커리 품목을 함께 판매하는 베키아에 누보에서는 오전 8시, 오후 1시, 5시 하루 세 차례 매장 내에서 직접 빵을 구워 소비자의 후각도 자극하고 있다. 향긋한 모카번 향기가 호텔 로비까지 퍼지면서 베이커리 품목의 매출도 10% 정도 증가했다.

호텔은 차별 마케팅을 객실에도 적용할 계획이다. 부시 전 미 대통령 부부, 아제르바이젠 대통령, 노르웨이 왕세자 부부, 영국 왕세자 등 수많은 국빈이 투숙해 유명해진 프레지덴셜 스위트에 5,000만원 상당의 명품 오디오 브랜드 뱅앤올룹슨(BANG & OLUFSEN)을 도입해 차별된 소리를 경험할 수 있는 공간을 오는 13일부터 선보일 예정이다. 프레지덴셜 스위트에 설치된 뱅앤올룹슨은 4개의 스피커와 엠프가 한 캐비닛에 있는 엠프 내장형 액티브 스피커로 강한 사운드를 제공하고, 음의 굴절이 자연음에 가깝고 스피커와 메인 오디오가 아무리 멀리 떨어져 있어도 악기연주를 현장에서 듣는 것 같은 생동감 있는 사운드를 들려준다. 또 버튼 하나로 방의 환경을 자동으로 분석해 최적의 사운드를 재현해 주는 기능을 갖춰 최적의 입체 음향을 즐길 수 있으며, 뱅앤올룹슨의 특허기술인 어쿠스틱 렌즈기술로 어떠한 위치에서 청음을 하더라도 음을 일관되게 수평적으로 전달해 최상의 사운드를 즐길 수 있다.

해운대와 광안대교가 걸쳐진 마린시티 야경을 함께 감상할 수 있는 최고의 전망을 갖춘 프레지덴셜 스위트에서의 명품소리 체험은 최상의 휴식과 함께 특별한 기억으로 고객에게 전달돼 호텔에서의 만족도를 더욱 높일 것으로 호텔 측은 기대하고 있다.

호텔 관계자는 "이처럼 소비자의 감각을 자극하는 감성 마케팅은 단순한 매출 증대뿐만 아니라, 특별한 경험으로 인식돼 브랜드에 대한 만족도를 높이고 궁극적으로 충성도를 높이는 효과를 가져 온다"고 말했다.

## 2. 스타 마케팅(Star Marketing)

스포츠·방송·영화 등 대중적 인지도가 높은 스타를 내세워 기업의 이미지를 높이는 마케팅전략을 말한다. 정보통신산업의 급속한 발달, 경제의 통합주의화 현상, 문화 산업주의의 등장 등과 함께 스포츠·방송·영화 등 대중스타들의 인지도가 높아지면서 나타난 마케팅전략이다. 현대의 대중문화는 단순한 문화 차원에서 벗어나 하나의 거대한 산업으로 자리잡은지 이미 오래이고, 이에 비례해 대중스타들의 이미지 역시 높아졌다.

스타마케팅은 대중적으로 인지도가 높은 스포츠·영화·방송 등의 대중스타를 내세워

기업의 이미지를 높이려는 마케팅전략이다. 그러나 넓은 의미에서는 대중문화에 한정하지 않고, 성악가 · 지휘자 · 화가 등 분야에 상관없이 한 국가 혹은 전 세계적으로 명성을 얻고 있는 인기스타를 내세워 펼치는 마케팅도 스타마케팅이다.

이런 점에서 영화나 드라마 등에서 특정회사의 상품을 노출시켜 광고효과를 노리는 간접광고 형태인 PPL(products in placement) 광고와는 구분된다. 스포츠 · 영화산업이 발달한 미국에서 가장 활발하게 이용되는 마케팅기법으로, 예를 들어 미국의 프로골프대회인 PGA에서는 출전선수들이 저마다 스폰서를 맡고 있는 기업의 로고가 새겨진 모자나 신발 등을 착용하고 경기를 한다.

PGA는 세계 각국의 텔레비전 방송으로 중계되기 때문에 잠깐 비치는 로고를 통해 알려지는 기업의 이미지 효과는 다른 광고효과보다 훨씬 크다. 실제로 LPGA의 박세리가 소속팀인 삼성전자(주)에 미친 광고효과를 금액으로 환산하면 수천억 원이 넘는다고 한다. 이와 같이 스포츠 스타를 내세워 하는 마케팅을 별도로 스포츠마케팅으로 부르기도 한다.

그 밖에 가수 · 영화배우 · 탤런트 등 인기 연예인을 내세운 스타마케팅 등 다양하다. 스타의 이미지와 상품의 이미지를 동질화함으로써 소비자의 구매욕을 자극하고, 많은 비용을 들이지 않고 높은 광고효과를 올릴 수 있으며, 스타의 인기상승과 함께 상품 판매량도 늘어난다는 점 등이 장점으로 꼽힌다. 반면 스타의 인기가 떨어지거나 스캔들 등으로 인해 갑자기 문제가 생길 경우, 상품의 이미지도 함께 나빠질 위험이 있다.[21)]

### "호텔에 '추신수룸', '롯데 자이언츠 스타룸' 생긴다고?"[22)]

미국 클리블랜드 인디언스의 선수 추신수와 롯데 자이언츠 홍성흔 · 조성환 · 강민호 · 전준우를 내세운 방이 호텔에 등장했다.

부산롯데호텔은 스위트룸 2개를 개조해 '추신수룸'과 '롯데 자이언츠 4스타룸'을 만들어 오는 25일 오픈할 것이라고 11일 발표했다.

두 객실은 호텔의 26층과 27층에 위치한 스위트룸을 개조해 생긴다. 호텔 측은 5개월에 걸친 관련 자료수집 · 설계 · 인테리어공사 등을 거쳤다고 발표했다.

특히 '추신수룸' 제작을 위해서는 미국 애리조나 추신수 자택까지 방문해 소장품을 수집하는 등 세심하게 준비했던 것으로 알려졌다.

실제 추신수룸에는 ▲단 하나뿐인 특수제작 배트 ▲본인이 직접 신었던 야구화 ▲아시안게임 국가대표 유니폼 ▲초등학교 야구부시절 사진 등이 전시되며, 롯데 자이언츠룸은 네 명의 스타들이 직접 착용하거나 입고 다녔던 소중한 물품들과 각종 트로피 등 평소 가장 아끼는 소장품들로 채워진다.

스타룸의 정상가격은 70만원이다. 하지만 호텔 측은 많은 야구팬들이 스타룸을 체험할 수 있도록 패키지성 상품을 만들어 판매할 예정이다.

스타룸 패키지는 스타룸(스위트룸) 투숙에 기념품(추신수룸은 사인 야구공, 자이언츠룸은 6종 배지 세트), 캐릭터 슬리퍼, 응원 캡슐, 사연 응모권, 자이언츠 쇼핑몰 30% 할인권 제공 및 호텔 피트니스센터 무료이용 등으로 구성됐다. 주중 27만원, 주말 30만원(세금, 봉사료 별도)으로 이용할 수 있다.

부산롯데호텔 이재현 마케팅홍보 과장은 "프로야구 개막일을 손꼽아 기다리고 있는 팬들에게 독특하고 색다른 체험과 추억을 선사하고, 야구도시 부산의 자존심을 세우며, 부산이 배출한 스타들의 위상을 드높일 것"으로 기대감을 드러냈다.

## 3. 한복 마케팅

한복은 우리 옷을 의미하며 본서에서는 한복을 우리 옷이라 정의한다. 우리 옷 시장은 90년대 이후에 생활한복이 출시되면서 '한복 입는 날' 과 같은 정부의 정책과 맞물려 급속도로 팽창하였으며 기존의 맞춤 형태의 한복업계에서도 생활한복과 전통한복을 기성복으로 출시하기 시작하였고, 중소기업은 물론 대기업의 참여와 인터넷의 보급은 우리 옷 쇼핑몰을 대거 등장시킴으로써 우리 옷도 다브랜드 경쟁시대를 맞이하게 되었다. 특히 IMF를 겪으면서 우후죽순격으로 참여했던 소규모업계는 탄탄하게 성장하지 못한 경우가 많다. 그러므로 우리 옷 업계에서도 시대의 요구에 의하여 고객관리에 중점을 두고 고객과 지속적인 관계를 구축하고 이것을 잘 관리하는 전략을 세우는 것이 필요시 된다. 한복마케팅을 위해서 우선 우리 옷의 현대화 과정에 나타난 변화를 주시하고 고객의 욕구에 따라 마케팅 전략을 세우는 것이 유리하다.[23)]

"신라엔 미안하지만" … 롯데호텔 '한복 마케팅' 롯데 한복 직원 전면배치[24)]…

인천국제공항 내 루이비통 매장 입점과 김포공항 면세점 사업권 등 주요 현안을 두고 자존심 대결을 벌여왔던 신라호텔과 롯데호텔의 신경전이 재점화 되는 분위기다.

두 호텔은 대표적인 국내 프랜차이즈 호텔로서 지금껏 다양한 분야에서 경쟁을 펼쳐온 것이 사실.

특히 지난 주 이슈가 된 이른바 '신라호텔 한복사건' 은 이들 호텔 사이의 경쟁구도를 다시금 촉발시키는 발단이 됐다.

한복을 입은 손님의 뷔페 레스토랑 출입 거부로 촉발된 신라호텔의 한복사건은 사회적인 이슈로까지 확대 재생산되며 세간의 이목을 집중시켰다. 사건발생 직후 다수의 시민단체와 네티즌들의 비난이 쇄도했고, 급기야는 정병국 문화체육부 장관까지 나서 이번 사건에 대해 엄중 경고하면서 논란은 확대일로를 걸었다.

더욱이 이번 사건의 논란이 계속되면서, 지난 2005년 폐쇄한 한식당 서라벌 운영 관련이나 2004년 일본대사관 행사 당시의 기모노 착용자 입장 허용 논란 등으로까지 번지자, 신라호텔 측은 적잖이 당혹스러워 하는 모습이다. 이에 신라호텔 측은 이번 사건이 본질과는 달리 호도되고 있는 분이 많다며 답답한 심경을 토로하기도 했다. 반면 경쟁자인 롯데호텔 측은 이러한 분위기를 내심 반기는 눈치다. 그간 호텔 입구와 안내 데스크 등에 한복을 착용한 직원들을 배치해 온 롯데호텔은 이번 사건을 계기로 해당 서비스가 주목받는 것과 동시에 한복과 우리문화에 대한 긍정적 이미지 구축에도 도움이 된 것으로 평가하고 있다. 특히 지난해 대규모 리모델링 후 재개장 한 한식당 무궁화가 서울 시내 특급호텔 20곳 중 단 4개뿐인 한식 레스토랑으로 부각되면서 그에 따른 반사이익도 기대되고 있는 상황이다.

뿐만 아니라 롯데호텔 측은 최근의 분위기를 활용해 루이비통 입점과 김포공항 면세점 사업권 등 그간 구겨졌던 자존심 회복에도 나설 것으로 보인다. 현재 롯데호텔은 루이비통의 인천국제공항 입점 문제와 관련해 법정에서의 판결을 기다리고 있고, 지난 3월의 김포공항 면세점 입찰에서도 B사업권(주류, 담배, 기타)의 운영을 맡게 됐지만 두 현안 모두 신라호텔의 판정승이라는 여론이 지배적이었던 것이 사실이어서 이번 사건이 반격의 기회로서는 가장 적절하다는 판단이다.

두 호텔의 자존심을 건 대결이 어디까지 진행될지 귀추가 주목되고 있다.

## 4. VVIP 마케팅(VVIP Marketing)

극소수의 최상류층 고객만을 상대로 하는 고급 마케팅기법을 말한다. 전체 고객 중 1~5%의 비율을 차지하는 특정한 고객을 대상으로 하는 고급 마케팅기법으로, 명품 브랜드나 프라이빗뱅킹을 중심으로 유행하기 시작하였다. 그러나 지금은 백화점이나 금융권은 물론, 건설업체 · 골프업계 · 화장품업계 · 패션업계 등 여러 분야에서 응용되고 있다.

VVIP는 최고로 중요한 사람이라는 뜻으로, 영어 베리 베리 임포턴트 피플(Very Very Important People)의 머리글자를 딴 것이다.

마케팅 실례로는 최상류층 고객만을 겨냥한 백화점의 명품관 및 특별룸 운영, 전용 쇼핑 도우미제도 활용, 유명 골프선수와의 라운딩 기회 제공, 해외여행 특전제도, 고객방문을 통한 맞춤옷 서비스, 고객 개개인이 원하는 색조화장품 개발, 몇몇 고객만을 위한 패션쇼 개최, 최상류층 전용카드 출시 등을 들 수 있다.[25)]

[당신도 귀족] 호텔이야? 병원이야?[26)]

상위 1%의 VVIP 고객을 향한 마케팅 경쟁이 치열해지면서 호텔과 병원의 경계도 모호해지고 있다. 병원은 호텔급 품격과 안락함을 제공하는 건강관리서비스를 강화하는가 하면, 호텔도 최고급 메디케어서비스로 특별한 고객몰이에 나서고 있다.

서울아산병원은 VIP만을 위한 전용 건강검진 병동을 보유하고 있다. 지난 2008년 5월 선보인 서울아산병원 신관증축과 함께 신관 15층에 호텔급의 프라이빗하면서도 세련된 인테리어가 돋보이는 고급의료서비스 공간을 선보였다.

VVIP Room 1실과 특실 4실, 1인실 4실로 구성돼 있으며 전 객실은 욕실 및 조리실이 갖춰져 있다. 한강이 내려다보이는 뛰어난 조망권도 자랑한다. 이외에도 맞춤 운동상담을 제공하는 운동처방실, 휴식공간인 '데이룸(Day Room)', 도심 속 휴식처와 같은 자연친화적 공간인 'Roof Garden' 을 운영하고 있어 병원이라기보다는 호텔이나 고급 리조트에 와있는 듯 착각을 불러일으킨다.

자생한방병원은 메디컬과 한방이 접목된 신개념 멤버십 운동공간인 '더제이(The J)' 로 VVIP 고객을 유혹하고 있다, 송파구 잠실 롯데월드 내에 있는 자생 웰니스센터 더제이는 자생한방병원의 양한방 검진시스템에 피트니스를 접목하여 개인의 상태에 따라 맞춤 운동처방을 제공한다.

잠실자생한의원, 골프연습장, 스파, 사우나 등의 부대공간도 매력적이다. 휴식 및 여가를 즐길 수 있을 뿐만 아니라 치료까지 받을 수 있는 품격 높은 맞춤서비스로 편리함을 더했다. 평소 비즈니스 미팅차 CEO들이 자주 찾는 호텔에서도 최고급 안티에이징 서비스를 누릴 수 있다. 특급호텔의 클리닉은 세련된 분위기에서 질 높은 서비스를 받으며, 호텔 내 여러 패키지와 시설들을 이용할 수 있다는 1석 3조의 특별한 혜택이 매력이다.

서울 그랜드 힐튼호텔의 안티에이징 클리닉인 '라 끄리닉 드 파리 에이징 매니지먼트 & 스파' 에선 호텔서비스가 결합된 피부 노화관리 프로그램이 운영되고 있다. 서울 임피리얼 팰리스 호텔 내에 위치한 메디컬스퀘어는 '로얄 안티에이징 케어' 가 콘셉트다. 안티에이징을 향한 전문화된 원스톱 진료서비스를 갖추고 있고 호텔에서만 느낄 수 있는 품격과 편의성을 동시에 제공해 만족도도 2배다. 여기에 풍성한 서비스는 덤이다. 전용주차공간, 발렛파킹에 호텔 내 객실 및 식음업장과의 연계 프로모션 및 이벤트 등도 마련돼 있다.

대한항노화학회 회장인 권용욱 박사가 2002년 개원한 노화방지 전문클리닉인 'AG클리닉' 도 2009년 10월 서울 강남 코엑스 인터콘티넨탈호텔로 확장 이전해 CEO들의 발길을 더욱 끌고 있다.

## 5. 공동 마케팅(Co-Marketing)

2개 이상의 기업이 판매전략, 가격책정, 판촉 등의 마케팅 활동을 공동으로 협력 전개하는 것이다. 기업 간 전사적인 경우도 있지만 대부분 상품별 협력체제를 유지하고 있다. 유형은 상품명을 똑같이 사용하는 방식(Joint Marketing)과 상품명을 서로 다르게 사용하는 방식(Parallel Marketing)이 있다. 제약·화장·문구 등 업계에서 코마케팅을 도입 운영하는 이유는 공동판촉으로 광고 및 판촉경비를 절감할 수 있으며 가격경쟁을 방지할 수 있고, 시장정보의 공유를 통해 단시일 내에 시장 확대를 이룩할 수 있기 때문이다. 그러나 코마케팅은 협력회사 간 철저한 역할 분담과 상호 신뢰를 바탕으로 전개되는 서구식 마케팅인데 비해, 우리 기업은 자본과 경영이 분리되지 않은 상태에서 경영주의 '내기업' 이라는 독점의식이 강해 쉽사리 경쟁사와 협력체제를 갖추기 어렵다는 문제점이 있다.[27)]

### 카지노·호텔업계 "상생으로 윈윈하라"[28)]

국내에도 싱가포르 마리나베이 샌즈 같은 초대형 카지노가 들어서기 위해 가장 필요한 인프라는 호텔이다.

카지노는 가장 돈이 많이 드는 놀이에 속한다. 때문에 카지노를 이용하는 고객이 좋은 잠자리와 음식이 담보되는 곳을 찾는 게 어찌보면 당연한 이치다. 숙소와 음식을 카지노가 자체적으로 해결하려면 엄청난 비용이 들겠지만 호텔과 상생관계를 통해 이런 것들을 해결한다면 큰 짐을 덜게 된다. 호텔 입장에서 카지노 고객은 일반고객에 비해 한 명당 소비하는 액수가 상대적으로 커서 매출에 많은 영향을 미친다. 카지노 고객은 게임을 목적으로 찾아오는 연유로, 일반 고객보다 경제적인 여유가 있어 좋은 객실, 값비싼 음식, 부대시설 등을 상대적으로 손쉽게 이용한다. 뿐만 아니라 단기 투숙하는 일반 고객에 비해 숙박기간도 길어지는 경우도 많다. 카지노 내방객의 특징은 장시간 게임에 열중하고, 관광·쇼핑 등을 위해 외부로 나가기보다는 호텔 내 머무는 시간이 길다. 거의 모든 동선이 호텔과 카지노 내에서 이뤄진다. 이로써 호텔 숙박 및 식음료 등 호텔영업에 미치는 의존도 및 파급효과가 높아 경제적 효용가치가 매우 크다는 결론이 나온다.

### 쉐라톤 그랜드 워커힐 내 파라다이스 카지노

세븐럭 카지노가 입점해 있는 밀레니엄 힐튼 호텔 관계자는 "카지노와 호텔의 공동 마케팅을 통해 얻는 시너지 효과 역시 무시할 수 없다" 는 의견을 보였다. 파라다이스 카지노와 한배를 타고 있는 쉐라톤 그랜드 워커힐에서는 "카지노 고객은 특히나 VVIP 고객" 이라며 "호텔을 집처럼 자주 이용하며, 호텔과 카지노 매장 직원을 가족처럼 생각하는 단골고객도 많다" 고 말했다. 카지노의 VVIP급 방문객들은 호텔에서도 극진한 대접을 받아 만족도 역시 뛰어나다. 워커힐의 경우 카지노 때문에 방문했던 VVIP급 고객이 다른 비즈니스를 위해 다시 들르는 사례가 잦다. 이같은 수치적 통계는 재미있는 일화도 만들어낸다. 값비싼 스위트룸을 흔히 찾다보니, 중화권 방문객 가운데 특정한 객실을 지정해 예약하는 때가 있다. 객실번호의 합이 '8' 이나 '9' 가 되는 곳이 유독 인기가 있다. 대조적으로 죽음을 뜻하는 '4' 가 들어가는 객실은 금기시된다.

미국이나 유럽에서 건너온 손님들은 '7' 이 들어간 방을 선호한다. '777호' 같은 잭팟 번호 객실이 있다면 최고의 명당이나 마찬가지다. 서양 풍습대로 불길한 숫자인 '666' 이나 '13' 은 기피되는 번호다. 특정한 이유가 없어 보이는 객실을 요구할 때는 그전 그 객실에서 묵었을 때 결과가 좋은 배경이 있다는 게 매장 관계자의 전언이다.

## 6. 소셜 네트워크 마케팅(Social Network Marketing)

웹상에서 이용자들이 인적 네트워크를 형성할 수 있게 해주는 서비스를 바탕으로 한 기업의 마케팅 전략기법을 말한다. 트위터 · 싸이월드 · 페이스북 등이 대표적이다.

웹상에서 친구 · 선후배 · 동료 등 지인(知人)과의 인맥관계를 강화시키고 또 새로운 인맥을 쌓으며 폭넓은 인적 네트워크(인간관계)를 형성할 수 있도록 해주는 서비스를 '소셜 네트워크 서비스(Social Network Service)' 라고 한다. 간단히 'SNS' 라 부르기도 한다. 인터넷에서 개인의 정보를 공유할 수 있게 하고, 의사소통을 도와주는 1인 미디어, 1인 커뮤니티라 할 수 있다.

개인의 표현욕구가 강해지면서 사람들 사이의 사회적 관계를 맺게 하고, 친분관계를 유지시키는 소셜 네트워크 서비스 또한 점점 발달하고 있다. 웹상의 카페 · 동호회 등의 커뮤니티 서비스가 특정 주제에 관심을 가진 집단이 그룹화 하여 폐쇄적인 서비스를 공유한다면 소셜 네트워크 서비스는 나 자신, 즉 개인이 중심이 되어 자신의 관심사와 개성을 공유한다는 점에서 차이점이 있다.

초기에는 주로 친목도모 · 엔터테인먼트 용도로 활용되었으나, 이후 비즈니스 · 각종 정보공유 등 생산적 용도로 활용하는 경향이 생겨났다. 또 인터넷 검색보다 소셜 네트워크 서비스를 통하여 최신 정보를 찾고 이를 활용하는 이들도 많다. 대부분 아는 사람의 아는 사람으로 연결되어 있는 특성상 일반 검색을 통해 찾는 정보보다 친구의 추천으로 공유하는 정보가 신뢰성이 높고 또 간결하게 전달되기 때문이다.

한국의 대표적인 소셜 네트워크 서비스로는 싸이월드를 들 수 있다. 1999년 시작된 미니홈피 싸이월드는 이용자들이 개인의 일상사와 삶을 표현하고 일촌이라는 관계를 통하여 서로 엮이면서 확장되어지는 서비스이다. 그밖에 트위터 · 페이스북 · 마이스페이스 · 링크드인 · 비보 · H15 · XING 등의 소셜 네트워크 서비스가 있다.[29)]

**호텔업계, 소셜마케팅으로 날개 단다 : 트위터 블로그 등 SNS 기반 마케팅 활발..고객들 반응도 긍정적[30)]**

호텔의 마케팅 전략이 변화하고 있다. 2010년 최대 화두 중 하나인 소셜네트워크(Social Network)가 호텔업계의 전통적인 마케팅 전략을 변모시키고 있는 것이다. 이에 호텔 업계는 소셜네트워크를 통한 보다 적극적인 마케팅 시도에 나서고 있다.

더욱이 스마트폰의 유행과 각종 IT기기의 등장, 그에 따른 환경 변화는 이를 더욱 부추기고 있다.

그간 호텔 업계는 온라인을 통한 마케팅에 큰 비중을 두지 않았던 것이 사실이다.

언론매체를 통한 시끌벅적한 마케팅을 자제하는 업계의 특성상 주로 입소문을 통한 마케팅 전략을 펼쳐왔다. 하지만 최근에는 각 호텔마다 앞다퉈 블로그, 페이스북, 트위터 등을 개설하고 소비자와의 접점 확대에 심혈을 기울이는 모습이다. 특히 올해 G20 정상회의, 해외관광객 증가 등 외부적인 이슈가 이어지면서 소셜네트워크 마케팅을 통한 보다 발빠른 대처가 요구되었고, 새로운 고객층으로 떠오른 젊은 층의 요구충족을 위해서는 변화가 필수적이라는 평가도 지배적이다.

실제로 소셜네트워크 마케팅을 실천하고 있는 호텔들에 대한 소비자들의 반응도 긍정적이다. 노보텔 앰배서더 강남이 2008년부터 운영 중인 블로그에는 현재 하루 1,000명 이상의 고객이 방문하고 있다. 호텔 측은 '노라보자' 란 이름의 이 블로그를 통해 '제2의 홈페이지' 기능을 수행하는 한편 다양한 할인혜택과 비하인드 스토리를 제공해 소비자들의 관심을 모으고 있다. 지난 10월 오픈한 뷔페 레스토랑 '더 스퀘어' 의 경우 공사 전 모습과 공사 중 모습 등이 블로그를 통해 전달되면서 호기심과 관심도가 높아져 재개장 이후 방문객이 증가했다.

최근 페이스북을 오픈한 W서울워커힐 역시 기존 홈페이지에서 볼 수 없었던 다양한 파티와 행사 등 현장 스케치 이미지와 페이스북 팬을 위한 이벤트 소식으로 차별화를 시도하고 있다. 소셜네트워크를 통한 고객과의 쌍방향 소통이 가능한데다 기존에 없었던 유용한 정보를 제공함으로써 고객들의 만족도도 높아지고 있다. 업계 한 관계자는 "소셜네트워크 마케팅은 저렴한 비용뿐 아니라 소비자의 니즈 또한 신속하게 파악할 수 있어 효과적" 이라고 설명하며 "더욱이 기존의 입소문에 비해 훨씬 빠른 전파력으로 모객률 상승에도 기여하기 때문에 향후 소셜마케팅을 통한 홍보는 더욱 강화될 것으로 보인다" 고 전망했다.

## 7. 체험 마케팅(Experience Marketing)

체험 마케팅이란, 소비자들의 직접 체험을 통해 상품을 홍보하는 마케팅기법을 말한다. 기존 마케팅과는 달리 소비되는 분위기와 이미지나 브랜드를 통해 고객의 감각을 자극하는 체험을 창출하는 데 초점을 맞춘 마케팅이다. 고객은 단순히 상품의 특징이나 상품이 주는 이익을 나열하는 마케팅보다는 잊지 못할 체험이나 감각을 자극하고 마음을 움직이는 서비스를 기대한다. 즉 상품생산 현장으로 고객을 초청하여 직접 보고, 느끼고, 만들어 볼 수 있도록 하는 것이다.

매장에서 제조과정을 설명하면서 상품 이해와 구매를 유도하던 종전의 시연회와는 차원이 다르다. 그러므로 단순히 상품 또는 서비스보다는 경험에 초점을 맞추어 훨씬 더 많은 부가가치를 얻을 수 있다는 것이 장점이다.

이 마케팅에는 5가지 유형이 있다. 첫째, 감각마케팅의 형태이다. 고객의 감각을 자극할 때 미적인 즐거움에 초점을 맞춘다. 둘째, 감성마케팅이다. 고객의 기분과 감정에 영향을 미치는 감성적인 자극을 통해 브랜드와 유대관계를 강화한다. 셋째, 지성마케팅이다. 고객의 지적 욕구를 자극하여 고객으로 하여금 창의적으로 생각하게 만든다. 넷째, 행동마케팅이다. 체험행동을 하는데 다양한 선택권을 알려주어 육체와 감각에 자극되는 느낌들을 극대화하고 고객으로 하여금 능동적 행동을 취하도록 한다. 다섯째, 관계마케팅이다. 브랜드와 고객 간의 사회적 관계가 형성되도록 브랜드 커뮤니티를 형성하는 데 중점을 둔다.[31)]

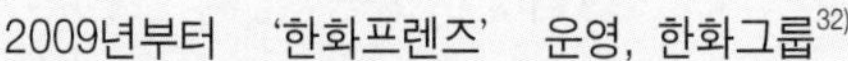
2009년부터 '한화프렌즈' 운영, 한화그룹[32)]

한화그룹은 한화의 상품과 서비스, 각종 문화행사를 직접 체험하는 '한화프렌즈'를 2009년부터 운영하고 있다. 대학생을 포함해 20~30대면 누구나 신청할 수 있는 프로그램으로 해마다 4월에 50명을 선발, 5월부터 활동을 시작한다. 2009년 모집 땐 50명 선발에 모두 2,117명이 응모, 42.3 대 1의 경쟁률을 기록했다.

한화프렌즈는 한화그룹과 계열사의 상품 및 서비스를 직접 체험하고 그 내용을 자신이 활동 중인 블로그나 커뮤니티 등에 소개하는 홍보대사의 역할을 수행한다. 지난 5월 15일 발대식을 시작으로 연말까지 6개월 동안 △서울세계불꽃축제 참석 △한화이글스 경기 관전 △청계천 정오음악회 관람 등과 같은 문화행사 프로그램과 대한생명, 한화건설, 더플라자호텔, 한화리조트 등 계열사의 상품과 서비스 체험 프로그램에 참여한다.

지난해 2기 한화프렌즈로 참여한 뒤 하반기 신입사원 공채에 합격해 ㈜한화에 입사한 최재혁 씨는 "한화프렌즈를 통해 한화그룹이 기간산업 중심으로 성장하면서 국가경제 발전에 기여해 온 훌륭한 기업임을 알게 됐다"며 "이를 계기로 입사를 결심하게 됐고, 지금도 자부심을 갖고 일하고 있다"고 말했다. 최영조 한화그룹 경영기획실 상무는 "한화프렌즈는 온라인상의 파워블로거들을 활용한 한화그룹만의 독특한 체험 마케팅 프로그램으로 효과가 기대 이상"이라며 "향후에도 파워블로거들을 활용해 온라인상의 한화그룹 이미지 제고에 보다 적극적으로 나설 것"이라고 말했다.

63빌딩은 대학생들을 대상으로 2009년부터 '63컬처 서포터즈'를 운영하고 있다. 가족고객에 한정됐던 타깃을 2030으로 확대하기 위한 노력의 일환이었다. 서류전형과 면접을 통해 12명을 선발, 3월부터 4명씩 3개팀으로 나눠 4개월 동안 활동하는 프로그램으로 3회의 공연 관람, 2회의 문화강연에 무료로 참여하게 된다. 활동이 마무리된 7월엔 3개 팀 가운데 최우수팀을 선발해 시상한다.

'63컬처 서포터즈'의 활동은 크게 온라인과 오프라인으로 나뉜다. 오프라인 활동으로는 주요 장소에 공연 포스터를 붙이는 것을 비롯 공연소품인 가면을 쓰고 캐치프레이즈가 한 글자씩 적힌 티셔츠를 입고 지하철역 및 객차에서 퀴즈 이벤트를 시행하기도 했다.

한화그룹 관계자는 "공연단과 함께 공연의 일부를 거리 퍼포먼스로 공연해 참관한 사람들에게 뜻밖의 즐거움을 선사하며 카메라 세례를 받을 수 있었다"며 "이러한 장면들이 사진으로 온라인에 올라오면서 오프라인 이슈를 넘어 구전되는 효과가 컸다"고 전했다.

온라인 활동으로는 참여자 개인 SNS(소셜네트워크서비스)를 활용해 기업 냄새가 나지 않는 방문후기를 지속적으로 업데이트했으며, 우호적 내용이 담긴 댓글들을 퍼나르는 활동을 함께 수행했다. 온라인상에서 부정적 내용 확산을 방지하기 위한 온라인 모니터링 활동도 병행했다.

## 8. 여성 마케팅(Women's Marketing)

여성 마케팅이란, 여성을 주요 목표고객으로 삼는 마케팅기법을 말한다. 여성의 사회적 참여가 활발해지면서 소비주체이자 유행을 창조하는 경제적 주체로서 여성이 부각되면서 점차 활발해지고 있다.

마케팅의 궁극적인 목적은 고객의 지갑을 여는 것이다. 그러기 위해서는 지갑을 여는 여성의 마음을 알고, 그 마음에 꼭 맞는 상품과 서비스를 전달해야 한다. 따라서 여성 마케팅의 핵심은 바로 여성의 마음을 아는 데 있다. 그러나 "여성의 마음은 갈대와 같다."는 옛말도 있듯이 여성의 마음은 어떻게 휘어질지, 어떤 모양으로 변할지 아무도 모른다. 그만큼 여성의 마음을 사로잡기가 어렵다.

그러나 여성을 이해하는 것이 불가능하지는 않다. 여성의 마음을 알기 위한 비밀은 잘게 쪼개어 보기에 있다. 여성의 마음을 큰 그림으로 보면 도대체 여성들이 무슨 생각으로 사는 것인지 도통 알 수 없지만, 작은 조각으로 쪼개어 보면 여성의 마음을 한결 쉽게 알 수 있다. 여성들이 구매할 때 나타나는 특성은 여성이 무엇을 중요하게 생각하고, 또 그에 따른 행동 유형이 어떠한지에 따라 관계 포커스, 멀티 포커스, 스토리 포커스, 이벤트 포커스로 나누어진다.

여성 고객시장은 크게 8가지로 구분되는데, 첫째, 여성 고객시장은 우리가 매일 접하는 것이며, 자본주의 시장이 형성된 이래로 가장 큰 세력을 형성하고 있다. 둘째, 여성 고객시장은 많은 트렌드 예언자들이 21세기 비즈니스 키워드라고 확인하는 시장이다. 셋째, 여성 고객시장은 지금까지 마케팅에서 세분화 전략의 대상이 되지 못했던 시장이다. 넷째, 여성 고객시장은 입소문 마케팅의 근원지이며, 가장 강력한 구매집단 시장이다. 다섯째, 여성 고객시장은 구매 결정권의 80% 이상을 소유하고 있다. 여섯째, 여성 고객시장은 매우 까다롭지만 만족시킬 경우 120%의 파급효과를 지닌다. 일곱째, 여성 고객시장은 21세기 블루오션 중의 하나이며 아무도 가지지 않은 신개척지이다. 여덟째, 그럼에도 불구하고 여성 고객시장은 아직도 연구할 대상이 무궁무진하다.[33]

### 특급호텔 여성편애 마케팅, 배경과 효과는?[34]

특급호텔들이 '여성 편애 마케팅'에 주력하고 있다. 레스토랑은 여성 고객에게만 할인혜택을 제공하고 패키지 상품은 아예 여성만 타깃으로 제작된다.

업계는 가장 중요한 이유로 '프로모션에 반응하는 속도가 빠르다'는 점을 꼽는다. 서울 중구 플라자호텔 관계자는 "각종 기념일에 민감한 여성은 호텔에서 특정 상품을 내놓았을 때 관심을 갖는 정도가 높고 전파력도 빠르다"면서 "쿠폰을 출력해 와야 한다는 등의 조건이 걸려있을 때, 여성은 이를 귀찮게 여기기보다 그 자체를 즐거운 이벤트로 생각한다"고 설명했다.

실제로 이 호텔의 뷔페레스토랑이 지난 3월부터 시행해온 '레이디스 이벤트'는 해당 업장의 여성 고객을 20% 증가시켰다. '레이디스 이벤트'는 뷔페레스토랑 세븐스퀘어를 찾는 4명 이상 여성 고객에 한해 명품 화장품을 선물로 주는 행사다. 준비한 사은품은 3월초에 이미 바닥을 드러냈으며 4월까지 이어지는 행사에 관한 문의도 계속되고 있다.

특정 이벤트에서 혜택을 본 고객들은 연쇄적인 마케팅 효과를 일으키기도 한다. 저렴한 가격으로 식사를 한 주부들이 각종 가족 모임과 동창회 등을 해당 호텔로 유치하는 것이 좋은 예다.

최근 리뉴얼한 서울 소공동 롯데호텔서울 뷔페레스토랑 라세느는 재개관을 기념해 내달 25일까지 매주 월요일마다 여성에 한해 식사값을 50% 할인해줬다. 원래 가격이 6만6,000원이니 반값인 3만3,000원에 식사를 할 수 있는 셈이다. 이 마케팅은 행사를 알리는 광고가 나가자마자 전 좌석이 모두 예약 마감될 정도로 폭발적인 인기를 끌었다.

롯데호텔 관계자는 "여성은 가족이 소비할 상품을 대신 구매하는 구매대리자인 동시에 구매결정자로 막강한 권한을 가지고 있다"면서 "향후 다른 외식업장과 롯데호텔 자체 매출에도 긍정적인 영향을 끼칠 것으로 본다"고 분석했다.

아예 여성만을 위한 서비스를 제공하는 곳도 있다. 서울 홍은동 그랜드힐튼 호텔이 3년째 판매중인 '그랜드 스위트 레이디즈 패키지'는 4~6명의 여성들이 특별한 메이크업을 하고 칵테일파티를 즐길 수 있게 고안된 것으로 이 호텔의 명물로 불린다. 그랜드힐튼 측은 "여성 전용 패키지 상품의 시초라고 자부할만큼 인지도와 예약률이 높다"면서 "마감 2개월 전에 패키지 판매가 마감될 정도로 반응이 좋은 편"이라고 분위기를 전했다.

서울 소공동 웨스틴조선호텔이 임산부를 위해 선보인 상품 '베이비 문 패키지'의 인기도 예사롭지 않다. 지난해 베이비문 패키지 판매량은 전년보다 6배나 높아졌다. 웨스틴조선 유좌린 마케팅 팀장은 "각종 스트레스와 환경 문제로 난임부부가 늘고 있는 만큼 임신에 대한 기대치가 높아져 임산부 관련 패키지는 더욱 성장할 것으로 본다"고 전했다.

롯데호텔이 지난 2008년부터 운영해온 '레이디스플로어'도 여성 출장객에게 큰 인기를 얻고 있다. 레이디스 플로어는 여성 전용 객실 22개와 라운지1개로 구성된 층으로 개인의 삶을 중시하는 독신 여성을 타깃으로 조성됐다. 레이디스 플로어에는 여성들이 좋아할만한 요리, 패션, 미용 뮤지컬에 관한 정보물과 영상물이 비치돼있으며 여성만 출입 가능하도록 엘리베이터 입구부터 출입을 통제하고 있다.

롯데호텔 측은 "비즈니스 우먼의 출장이 잦아지면서 특별한 휴식에 대한 요구가 높아졌다"면서 "여성이 요구하는 서비스의 수준이 남성보다 높은 만큼 여성의 수준에 맞추다보면 남성의 만족도는 저절로 충족되는 것이 또 다른 이유"라고 말했다.

## 참고문헌

1) 서성한 · 최덕철 · 이신모, 관광마케팅론, 법경사, 1997.
2) 안세길, "서비스마케팅 믹스의 중요도-성취도 분석(IPA)에 의한 호텔고객의 재구매 의도에 관한 연구," 한양대학교 대학원 박사학위논문, 2008.
3) 안세길, "서비스마케팅 믹스의 중요도-성취도 분석(IPA)에 의한 호텔고객의 재구매 의도에 관한 연구," 한양대학교 대학원 박사학위논문, 2008.
4) 이수범 · 이성희 · 류미라, "호텔기업의 관계마케팅 활동이 관계지속성에 미치는 영향에 관한 연구", 관광연구 19(2), 2004.
5) 김재민 · 신현주, 현대호텔경영론, 대왕사, 1996.
6) 최태광 · 정승환 · 김미경, 호텔마케팅실무, 백산출판사, 2000.
7) Morrison, Alastair M., Hospitality & Travel Marketing(2nd ed), New York : Delmar Publisher, Inc., 1996.
8) 정익준, 최신관광마케팅관리론, 형설출판사, 1996.
9) 이선희, 관광마아케팅개론, 대왕사, 1998.
10) Kotler, P., Principles of Marketing, Prentice Hall, 1980.
11) Witt, S. F. & Moutinho, L., Tourism Marketing and Management Handbook(eds), Prentice Hall, Inc., 1989.
12) 표성수 · 장혜숙, 최신관광계획개발론, 형설출판사, 1998.
13) 박종훈, "외식산업 식음료이벤트 속성에 관한 연구," 경기대학교 서비스경영전문대학원 석사학위논문, 2001.
14) 서영호, "호텔시장 환경이 마케팅믹스 및 경영성과에 미치는 영향," 동아대학교 경영대학원 석사학위논문, 2005. 재인용함.
15) Booms, B. H. & Bitner, M. J., Marketing Strategy and Organization Structure for Service Firms, in J. H. Donnelly & W. R. George ed., Marketing of Service, Chicago, AMF, 1981., 한동윤, "경영성과 위주의 관광호텔 마케팅전략 모형개발에 관한 연구," 경남대학교 대학원 박사학위논문, 1989. 재인용함.
16) 한희영, 마케팅원론, 다산출판사, 1991.
17) Kotler, P., Principles of Marketing(4th ed), Englewood Cliffs, N.J. : Prentice Hall, Inc., 1989.
18) 서성한 · 최덕철 · 이신모, 관광마케팅론, 법경사, 1997.
19) 자료 : 네이버 백과사전, http://terms.naver.com/entry.nhn?docId=269413

20) http://news.naver.com/main/read.nhn?mode=LSD&mid=sec&sid1=101&oid=003&aid= 0003686887, 뉴시스, 2011. 02. 12., 11:29
21) 네이버 백과사전, http://100.naver.com/100.nhn?docid=793140
22) http://www.ajnews.co.kr/view_v2.jsp?newsId=20110312000014, 아주경제, 2011. 03. 12., 10:06
23) 한복포털 비너스코리아, 전문가 칼럼, 이병화-한복마케팅, 2004. 03. 02., http://rp.venuscorea.com/in/ in_a_03.asp?id=buysun&num=34
24) http://www.ajnews.co.kr/view_v2.jsp?newsId=20110418000195, 아주경제, 2011. 04. 18., 15:00
25) 네이버 백과사전, http://100.naver.com/100.nhn?docid=784850
26) http://www.etoday.co.kr/news/section/newsview.php?TM=news&SM=0703&idxno=449454, 이투데이, 2011. 06. 17., 11:00:00
27) 네이버 백과사전, http://terms.naver.com/entry.nhn?docId=1828
28) http://sportsworldi.segye.com/Articles/LeisureLife/Article.asp?aid=20110506004523, 스포츠월드, 2011. 05. 06., 20:54
29) 네이버 백과사전, http://100.naver.com/100.nhn?docid=922657
30) http://www.ajnews.co.kr/view_v2.jsp?newsId=20101227000207, 아주경제, 2010. 12. 27., 11:26
31) 네이버 백과사전, http://100.naver.com/100.nhn?docid=750724
32) http://www.hankyung.com/news/app/newsview.php?aid=2011070336171, 한국경제, 2011. 07. 04., 15:31
33) 김미경, 성공과 실패에서 배우는 여성 마케팅, 위즈덤하우스, 2005.
34) http://www.fnnews.com/view?ra=Sent1001m_View&corp=fnnews&arcid=00000922264987&cDateYear=2011&cDateMonth=03&cDateDay=29, 파이낸셜뉴스, 2011. 03. 29. 14:55

저자약력

**김용순**

동양미래대학교 관광경영과 교수
호텔업 등급평가심사위원

**호텔경영론**

2011년 8월 30일 초　판 1쇄 발행
2014년 1월 25일 수정판 2쇄 발행

저　자　김　용　순
발행인　寅製 진　욱　상

발행처　백산출판사

서울시 성북구 정릉3동 653-40
등록 : 1974. 1. 9. 제 1-72호
전화 : 914-1621, 917-6240
FAX : 912-4438
http://www.ibaeksan.kr
editbsp@naver.com



값 18,000원
ISBN 978-89-6183-505-3